トランジスタ技術 SPECIAL

No.156

JN016923

回路データ集付きで動かしながら理解

設計のための LTspice回路解析101選

CQ出版社

回路データ集付きで動かしながら理解

回路101収録
付属 CD-ROM

設計のための LTspice 回路解析 101 選

トランジスタ技術 SPECIAL 編集部 編

CONTENTS

表紙／扉デザイン：ナカヤ デザインスタジオ（柴田 幸男）
表紙イラスト：iStock

CONTENTS

▶本書は，「トランジスタ技術」誌およびトランジスタ技術のメルマガ「トランジスタ技術便り」に掲載された記事を元に再編集したものです．

LTspice＆付属CD-ROM の始め方

トランジスタ技術SPECIAL編集部

本書の付属CD-ROMには，定番電子回路シミュレータLTspiceXVIIソフトウェア本体と101超の解析回路データを収録しています．LTspiceをインストールして回路ファイルを読み込めば，自宅のパソコンですぐに設計のための回路解析を始めることができます．

付属CD-ROMのコンテンツ

付属CD-ROMをパソコンのCD/DVDドライブに挿入したら，エクスプローラでファイル一覧を表示してみます．図1に示すように電子回路シミュレータ本体は「LTspiceXVII」フォルダに，記事関連のLTspice用回路データ101超は「contents」フォルダに収録されています．

「index.htm」というファイルをダブルクリックすると，図2に示すように収録コンテンツの一覧が表示されます．もし他のページが表示されている場合は，「LTspice用回路ファイル101」をクリックすると，このトップページを開くことができます．

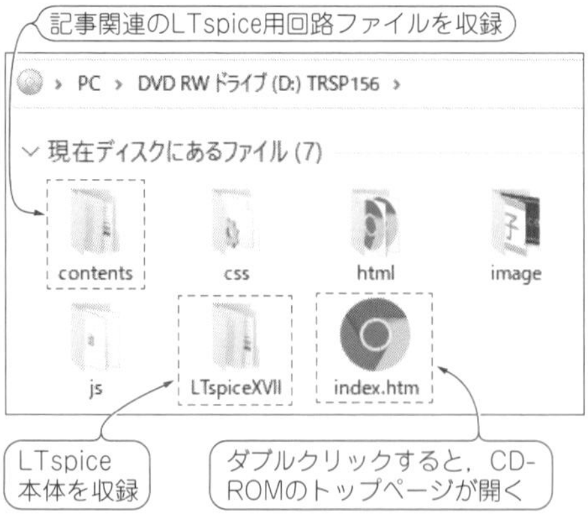

記事関連のLTspice用回路ファイルを収録

PC ＞ DVD RW ドライブ (D:) TRSP156 ＞

∨ 現在ディスクにあるファイル (7)

contents　css　html　image

js　LTspiceXVII　index.htm

LTspice 本体を収録

ダブルクリックすると，CD-ROMのトップページが開く

図1　付属CD-ROMの収録物

回路設計のためのLTspice解析入門データ集　トランジスタ技術 Interface

LTspice用回路ファイル 101　LTspiceインストーラ　LTspice関連リンク

定番電子回路シミュレータ LTspice本体

LTspice用回路ファイル 101

⊞ 第1章 SPICEシミュレータの効果的な活用法
⊞ 第2章 電子回路シミュレーションの基本技
⊞ 第3章 エレクトロニクスの基本法則
⊞ 第4章 電子部品の基礎知識
⊞ 第5章 トランジスタ基本回路
⊞ 第6章 MOSFET基本回路
⊞ 第7章 OPアンプ基本回路
⊞ 第8章 センサ応用回路
⊞ 第9章 フィルタ回路
⊞ 第10章 OPアンプ応用回路
⊞ 第11章 トランジスタ応用回路
⊞ 第12章 パワー・アンプ回路
⊞ 第13章 電源回路

LTspice回路データ集101

使い方＆説明

・このメニュー画面はJavaScriptを使っています．お使いのブラウザのJavaScriptの設定を有効にしてご覧ください．
・LTspice用回路ファイルの各章にある項目番号をクリックすると回路ファイルの収録フォルダが開きます．

CQ出版社の雑誌

CQ出版社の雑誌関連のリンクページが開く

トランジスタ技術　トラ技Jr.
毎月10日発売！トランジスタ技術　学生を応援！トラ技Jr.

トランジスタ技術 SPECIAL　RFワールド
次世代のエレクトロニクスを作る　無線と高周波の技術解説マガジン

MOTOR　FPGA

図2　付属CD-ROMには定番電子回路シミュレータLTspice本体や回路データ101が収録されている

図3 各記事に対応した回路データが101超収録されている

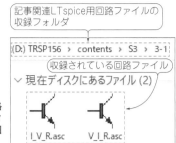

図4 LTspice用回路ファイルをダブルクリックすると図5の回路が開く

● 収録コンテンツ①…LTspice用回路データ101超

図3に示すように，章のタイトルをクリックすると，その章で紹介されている項目構成の一覧が表示されます．各項目番号をクリックすると，記事で紹介されたLTspice用回路ファイルが表示されます．

収録されているLTspice用回路ファイル（図4）をエクスプローラでダブルクリックすると，電子回路シミュレータLTspiceXVIIが起動し，図5のように解析する回路が表示されます．

● 収録コンテンツ②…電子回路シミュレータLTspiceXVII本体

付属CD-ROMには，図6に示すようにWindows用とMac用のLTspiceが収録されています．このページは，付属CD-ROMのトップページから「LTspiceインストーラ」をクリックすると開きます．

● 収録コンテンツ③…主なLTspice関連リンク

図7に示すように，付属CD ROMのトップページから「LTspice 関連リンク」をクリックすると，「LTspiceのダウンロード先」や，「アナログ・デバイ

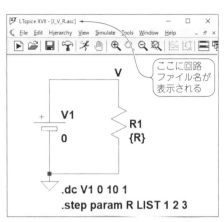

図5 回路データを使うとパソコン上で仮想的な実験ができる

セズ」のWebページ，「LTspice Users Club」といった主なLTspice関連のWebページを開くことができます．

LTspice提供元のアナログ・デバイセズのWebページからは，図8に示すように，最新のLTspiceをダウンロードできます．

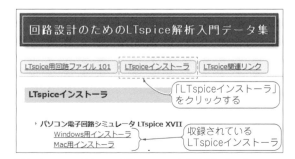

図6 Windows用とMac用のLTspiceも収録されている

図7 主なLTspice関連のリンクも用意してあるのでもし不明点があっても安心

図8 アナログ・デバイセズのWebページからも，LTspiceインストーラがダウンロードできる

定番電子回路シミュレータ LTspiceXVIIのインストール方法

図9に示すように，Windows用のLTspiceインストーラはCD-ROM内のディレクトリ「LTspiceXVII」の「1_Windows」フォルダに収録されています．まずは，実行ファイル（exeファイル）の「LTspiceXVII.exe」をダブルクリックしてインストーラを立ち上げます．

インストーラが立ち上がると，図10に示すようなLTspiceのソフトウェア使用許諾の画面が出ます．内容を確認して同意した上で「Accept」をクリックして許諾します．

「Executable Version(s):」では，使用しているWindowsパソコンにより，64ビットもしくは32ビットを指定します．ここでは，「x64（64-bit）」を選択しておきます．「Installation Directory:」では，インストール先のフォルダを指定します．ここでは，デフォルトのまま「C:¥Program Files¥LTC¥LTspiceXVII」にしておきます．「Instsall Now」をクリックすると

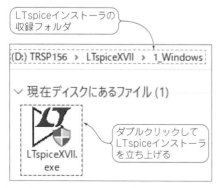

図9 エクスプローラで表示した付属CD-ROMに収録されているWindows用のLTspiceインストーラ

LTspiceXVIIのインストールが始まります．

インストールが成功すると，「LTspice XVII has been successfully installed」という画面が表示されるので，「OK」をクリックします．

最終的にLTspiceXVIIが立ち上がり，デスクトップにショートカットのアイコンが生成されて，インストールが終了します．

回路図エディタの基本操作

● 起動

デスクトップに自動生成されたLTspiceXVIIのアイコンをダブルクリックするとLTspiceが起動します．起動直後の初期画面のツール・バーを図11に示します．

ここで，ツール・バーの新規回路図の作成のアイコンをクリックするか，メニュー・バーの「File」から「New Schematic」を選択すると回路図を作成するための回路図エディタのウインドウが開きます．

● 基本的な機能

回路図を作成するための基本的な機能は，図11に示すツール・バーに設定されています．ツール・バーにマウス・ポインタを合わせると，各アイコンの機能が表示されます．ツール・バーのアイコンの表示は利用できるものは濃く，利用できないものは薄く表示されます．

図12に示すのは，メニュー・バーの「Edit」を選択したときに利用できる機能です．' 'で囲まれた文字はショートカット・キーです．例えば「R」なら，回路図エディタの画面上で抵抗のシンボルが呼び出されます．F2からF9まではファンクション・キーを示します．例えば「Ctrl + R」は，Ctrlキーを押しながらRのキーを押すことを示します．

図10 LTspiceXVIIの使用許諾とインストールの設定画面

図11 LTspiceの初期画面のツール・バー

LTspice解析の種類

● LTspiceで実行できる基本的な解析

LTspiceでは,「.」が付いたコマンドを回路図に記述することで,次の基本的な6種類の解析ができます.

▶ トランジェント解析(.tran)

電子回路に入力信号が入力されたとき,各電圧や電流の時間的変化を解析します.オシロスコープでプローブを用いた計測の方法と同じです.

▶ AC解析(.ac)

電子回路の周波数特性を解析します.

▶ DCスイープ解析(.dc)

電子回路の入力信号の直流電圧を変化させて解析します.トランジスタやOPアンプなどの直流特性(DC特性)を解析するのによく使われます.

▶ ノイズ解析(.noise)

電子回路のノイズの周波数特性を解析します.

▶ DC伝達関数解析(.tf)

直流の小信号の伝達関数を計算するため,電子回路で入力と出力を定義して,出力/入力,入力インピーダンス,出力インピーダンスを算出します.

▶ DC動作点解析(.op)

電子回路の定常状態での各ノードの直流電圧や電流を算出します.

● LTspiceで実行できる応用解析

ドット・コマンドを組み合わせることにより,基本的な解析(トランジェント解析,AC解析,DCスイープ解析など)と同時に,次の3種類の解析を行うことができます.

▶ パラメトリック解析(.step)

電子回路の抵抗,コンデンサ,コイル,電源などのパラメータを変更しながら解析します.ブレッドボードでの試作で電子部品を取り替えながら計測するよりも圧倒的に早く解析できます.

▶ 温度解析(.temp)

電子回路のOPアンプやトランジスタなどの半導体の温度特性の影響を解析します.

▶ モンテカルロ解析(mc)

電子回路の部品による誤差の影響を解析します.

LTspice解析の基本操作

LTspiceで解析を行うために回路図を用意します.図13に示すのは,OPアンプを用いたゲイン2倍の反転アンプ回路です.ここでは,一般的に使用頻度が高い「トランジェント解析(.tran)」と「AC解析(.ac)」について説明します.

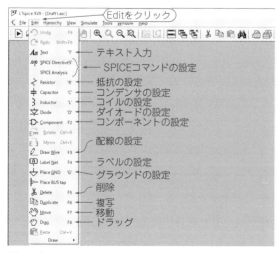

図12 「Edit」で利用できる機能

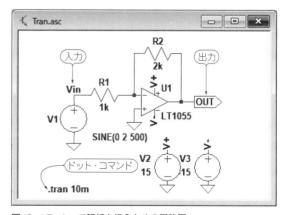

図13 LTspiceで解析を行うための回路図
OPアンプを用いたゲイン2倍の反転アンプ回路

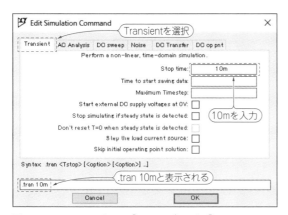

図14 メニュー・バーの「Simulate」から「Edit Simulation Cmd」をクリックして,「Edit Simulation Command」の画面を開く

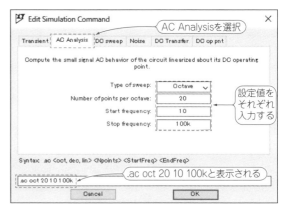

図16 「Edit Simulation Command」の画面から「AC Analysis」を選択する

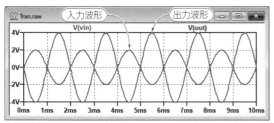

図15 波形表示画面に表れた入力 Vin と出力 OUT の電圧波形
出力信号が入力信号の2倍で反転増幅しているのがわかる

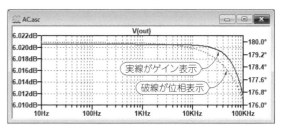

図17 波形表示画面に表れた出力の周波数特性
周波数が10kHzを超えたあたりからゲインの減衰,位相遅れが発生していることがわかる

● トランジェント解析(.tran)

メニュー・バーの「Simulate」から「Edit Simulation Cmd」をクリックして,「Edit Simulation Command」の画面を開きます.図14に示すように,「Transient」を選択し,「Stop time」に10mと記入します.すると,画面の下側に「.tran 10m」と表示されます.これで,10msの間,トランジェント解析を行う設定になります.

図11に示したツール・バーのシミュレーション実行のアイコン「Run」をクリックすると,回路図の上側に波形表示画面が表れます.シミュレーション後,カーソルを回路図の結線に近づけると,カーソルが「電圧プローブ」に変わります.ここで,入力Vinと出力OUTを電圧プローブでクリックします.図15に示すように,入力Vinと出力OUTの電圧波形が波形表示画面に表れます.出力信号が入力信号の2倍で反転増幅しているのがわかります.

● AC解析(.ac)

図16に示すように,「Edit Simulation Command」の画面から「AC Analysis」を選択し,「Type of sweep」をOctave,「Number of points per octave」を20,「Start frequency」を10,「Stop frequency」を100kと記入します.すると,画面の下側に「.ac oct 20 10 100k」と表示されます.これで周波数が2倍(Octave)ごとに,解析するポイントを20で,10Hz〜100kHzまでの間,AC解析を行う設定になります.

シミュレーションを実行したあとで,出力OUTを電圧プローブでクリックします.

図17に示すように,出力の周波数特性が波形表示画面に表れます.実線がゲイン波形,破線が位相波形になります.周波数が10kHzを超えたあたりからゲインの減衰,位相遅れが発生していることがわかります.

第1部

電子回路シミュレーションの始め方

シミュレータを使った回路設計ステップ 1・2・3

遠坂 俊昭 Toshiaki Enzaka

図1に示す教科書的なトランジスタ・アンプ「エミッタ共通増幅回路」を例にシミュレーションの始め方を解説します.

ステップ①…
パソコン上に回路を組み立てる

● 例題…トランジスタの直流特性の確認

トランジスタは,図2に示すように入力の電圧が変化すると出力の電流が変化する電圧-電流変換素子です.そして出力と電源との間に抵抗などのインピーダンスを接続すると,電流の変化で電圧降下が発生します.出力の電圧が大きく変動し,見かけ上信号が増幅された動作になります.トランジスタはコレクタ電流がベース電流にほぼ比例することから,電流増幅素子と呼ばれるようです.トランジスタのコレクタに流れる電流I_Cは次式で求まります.

$$I_C = I_S \{\exp(V_{BE}/V_T) - 1\} \cdots\cdots\cdots\cdots (1)$$

ただし,I_S:飽和電流(トランジスタ個々によって異なる,大電力トランジスタになるほど大きくなる.2SC1815では約10 fA,2SC5200では約5.5 pA),V_T:熱電圧(約25.84 mV@27℃時)

そしてベース-エミッタ間電圧V_{BE}の微小変化に対

するI_Cの微小変化の割合を相互コンダクタンスg_mといい,次式で決められます.

$$g_m = \frac{I_C の微小変化}{V_{BE} の微小変化} = \frac{I_C}{V_T} \fallingdotseq \frac{I_C}{25.84\,\mathrm{mV}} \cdots\cdots (2)$$

I_Cが変化してもg_mの値が同じならば好都合です.しかし式(2)に示すように,g_mはI_Cに比例して変化します.入力電圧波形(V_{BE}の変化)に対して出力電流波形(I_Cの変化)は比例しないので,ひずみが発生します.

一般的にトランジスタのg_mは,FETなどの他の素子に比べて大きく,非直線性も大きいです.

● 回路定数を設定する

図1に設計したエミッタ共通増幅回路を示します.回路定数を決定するために,図3に示すように2SC1815GRのV_{BE}に対するI_Cの変化を調べます.

決定するための要因としては,負荷インピーダンス,雑音特性,周波数特性など多数の項目があります.ここでは小電力アンプとして切りの良い1 mAとします.

図3のシミュレーションの結果からI_Cを1 mA流すためには,V_{BE}が約653 mV必要で,ベース電流I_Bは約3.2 μA流れます.$I_C = 1$ mAのときコレクタ電圧を電源電圧(12 V)の半分程度にするため,R_5はE系列から5.6 kΩにしました.

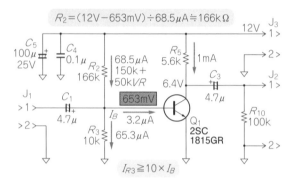

$$R_2 = (12\mathrm{V} - 653\mathrm{mV}) \div 68.5\mu\mathrm{A} \fallingdotseq 166\mathrm{k}\Omega$$

図1　教科書に出てくる1石のエミッタ共通増幅回路を例題に電子回路シミュレータの効果的な利用法を紹介する
本稿ではシンプルな回路を例に実測とシミュレーションをマッチさせる方法やひずみを低減するテクニックなどを紹介する

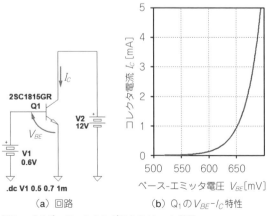

（a）回路　　　（b）Q_1のV_{BE}-I_C特性

図2　バイポーラ・トランジスタのV_{BE}-I_C特性

第1章 **シミュレータを使った回路設計ステップ1・2・3**

使い方の基本

基本法則

電子部品の基礎

トランジスタ基本

MOSFET基本

OPアンプ基本

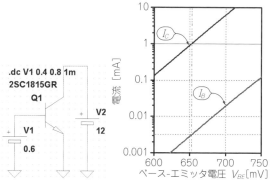

(a) シミュレーション回路

(b) V_{BE}に対するI_BとI_Cの電流

図3 シミュレーションで$I_C = 1$ mAのときのV_{BE}とI_Bを求める
I_Cが1 mAのときのV_{BE}は約653 mV，I_Bは約3.2 μA

コレクタ電圧V_Cは6.4 V（＝12 V − 1 mA×5.6 kΩ）です．無信号のときに$I_C = 1$ mAが流れるように，R_2とR_3でベースにバイアス電圧を加えます．一般的にはR_3にベース電流よりも10倍程度多い電流を流します．E系列から切りの良い10 kΩとしました．R_2には，I_BとR_3の電流が加算された値が流れます．V_{BE}を約653 mVにする必要があるので，R_2は次式で求まります．

$$R_2 = (12\,\mathrm{V} - 653\,\mathrm{mV}) \div 68.5\,\mu\mathrm{A} \fallingdotseq 166\,\mathrm{k}\Omega$$

ここでは実機実験と比較します．コレクタ電流を1 mAにするため，150 kΩの抵抗と50 kΩの半固定抵抗を直列接続しました．入力と出力を直流的にカットするため，C_1とC_3を挿入します．C_4とC_5は電源変動を抑えるためのバイパス・コンデンサです．

ステップ②…シミュレーションを実機に近づける

● シミュレーション回路は現実回路と異なる

図4(a)のシミュレーション回路の配線はインピーダンスがゼロなので，電源電圧の変動はなくバイパス・コンデンサは不要です．正確にシミュレーションしたいときには配線の寄生成分を盛り込みます．そのときにはバイパス・コンデンサが重要な働きをします．

図4(c)の過渡解析では，コレクタ波形が約6.7 Vを中心に入力電圧が増幅・反転しています．このときコレクタ電流によりg_mが変化します．コレクタ電流の少ない波形上部ではg_mが少なくなるため波形が詰まります．コレクタ電流が多くなる波形下部では波形が伸長し波形ひずみが顕著になっています．**図4(d)**はAC解析後に表示できるゲイン周波数特性です．高域遮断周波数が8.5 MHzと広帯域な結果が示されています．

● 実測との違いを確認してみる

シミュレーションで求めた結果が実測と一致しているかどうか確認してみます．実際に製作して市販の

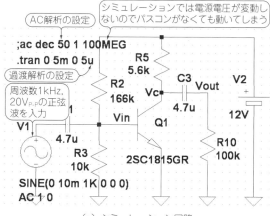

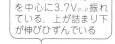

(a) シミュレーション回路

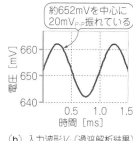

(b) 入力波形V_{in}（過渡解析結果）

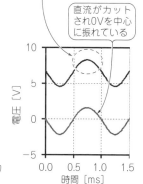

▶(c) コレクタ波形V_Cと出力波形V_{out}（過渡解析結果）

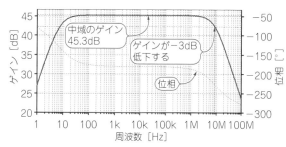

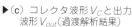

(d) ゲインの周波数特性（AC解析を実行）

図4 図1のエミッタ接地増幅回路のゲインの周波数特性
このシミュレーション上の特性と実際の回路の特性を比べる

FRA（Frequency Response Analyze）を使ってゲイン-位相周波数特性を測定してみました．**図5**にその結果を示します．**図4(d)**のシミュレーション結果とは大きく異なり，高域遮断周波数が約331 kHzになっています．中域のゲインはシミュレーションが45.3 dB，実測が46.0 dBで大差ない結果になっています．

この高域遮断周波数の乖離は実測するために信号ケーブルと計測器の入力インピーダンスが加わるのが原

因です．ケーブルも含めた容量を計測したところ約85 pFありました．FRAの入力抵抗は1 MΩです．

　計測のために接続される容量と抵抗を含めたシミュレーション回路を図6に示します．この結果をみると高域遮断周波数が356 kHzになり実測値との乖離が極わずかになりました．

● トランジスタのミラー効果によって生じる容量の影響で高域のインピーダンスが低下した

　図5で使用したFRAは，2チャネルの分析部をもち，入力と出力の波形振幅の比からゲインを計測しています．

　図1の回路の入力インピーダンスが低くなり信号源抵抗との分圧で入力電圧が低下しても入力と出力の振幅の比を計測するので，この低下は結果に影響しません．しかし実際に図1の回路を使用するときは信号源と入力インピーダンスの分圧の影響があるのでゲインが減少します．

　図7に信号源から見た入力インピーダンス(V_1/I)とQ_1のベースから見たインピーダンスを示します．

　1 kHz付近のグラフが平たんな箇所は抵抗成分が支配的になっています．R_2とR_3の合成抵抗値が約9.43 kΩです．Q_1の入力抵抗が約8.26 kΩなので中域の入力抵抗が約4.4 kΩとなっています．

　100 kHz付近では，入力インピーダンスが高域に向かって-20 dB/decの傾きで低下しています．これは

入力容量が支配的な要因だからです．100 kHzでのインピーダンスから容量を$C = 1/(2\pi fR)$によって算出すると約560 pFに相当します．2SC1815のデータシートにはC_{BC}，C_{BE}が記載されていませんが，数pFのはずです．この容量は図8に示すミラー効果により生じています．図1の回路のゲインは200倍程度あるのでC_{BC}がゲイン$+1$倍されこの容量が支配的です．周波数が300 kHzを超えると，ゲインが低下していくので容量も減少します．20 MHzでのインピーダンスから算出すると40.4 pFです．

● ケーブルの影響を低減してみる

　出力ケーブルの影響をなくすには出力インピーダンスを下げる必要があります．このため図9(a)に示すQ_2のエミッタ・フォロワ回路を追加しました．エミッタ・フォロワ回路はゲインがほぼ1倍で出力インピーダンスが入力インピーダンスの約$1/h_{FE}$になります．

　Q_1の出力インピーダンスが5.6 kΩ，Q_2のh_{FE}が300程度なので出力インピーダンスは約19 Ωになります．

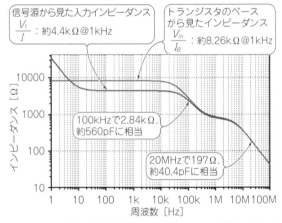

図7　1 kHz付近は抵抗成分が支配的なので平坦であるが100 kHz付近では入力インピーダンスが高域に向かって-20 dB/decの傾きで低下する
信号源からみた入力インピーダンスとトランジスタのベースからみたインピーダンスを確認した

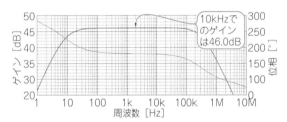

図5　実測ではゲインが-3 dB低下する高域遮断周波数は約331 kHz
シミュレーションに比べ高域遮断周波数が大きく異なる．中域のゲインはほぼ同じである

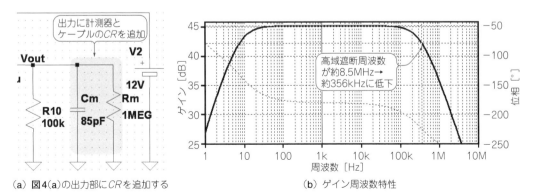

（a）図4(a)の出力部にCRを追加する　　（b）ゲイン周波数特性

図6　計測器の入力抵抗1 MΩ，計測器とケーブルを含めた容量85 pFを追加すると，高域遮断周波数は約356 kHzに低下する

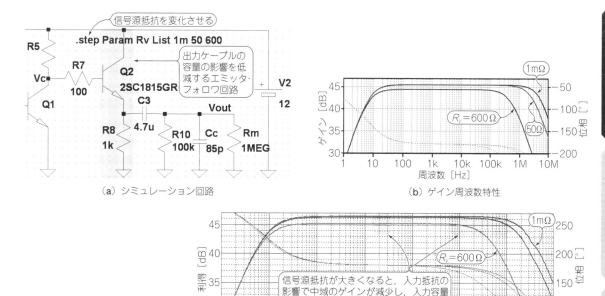

（a）シミュレーション回路

（b）ゲイン周波数特性

▶（c）FRAで測定したゲイン周波数特性

図9 エミッタ・フォロワ回路を追加して出力ケーブル容量の影響を少なくすると，シミュレーションと実測がほぼ一致する
信号源抵抗が大きくなると，入力抵抗の影響で中域のゲインが減少し，入力容量の影響で高域遮断周波数が低下する

85 pFの容量が接続されても19Ωとでは高域遮断周波数が100 MHz程度になり出力ケーブルの影響が無視できます．Q_2のベースに挿入した100ΩはQ_2が容量負荷で寄生発振してしまうのを防止するためです．入力インピーダンスの影響を調べるため信号源抵抗を挿入し，値を1 mΩ，50Ω，600Ωに変化させ，ステップ解析を実行してみます．

図9(b)にシミュレーション結果，図9(c)に実測結果を示します．ほぼ同じ結果が得られています．信号源抵抗が600Ωになると，入力抵抗約4.4 kΩの影響で中域のゲインが0.88（−1.1 dB）低下し，600Ωと560 pFの時定数が約474 kHzで，600Ωでの高域遮断周波数はこの影響が支配的です．

図8 ミラー効果により生じた容量が原因で高域のインピーダンスが低域する
C_{BC}の両端電圧の変化がゲイン倍になるのでグラウンドに接続されている場合に比べゲイン倍の電流が流れる．このため等価的にC_{BC}の容量が（ゲイン＋1）倍になる

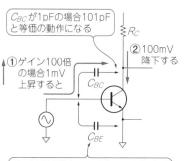

ステップ③…シミュレーションを生かして性能を上げる

● エミッタ共通増幅回路は温度ドリフトやひずみが大きい

▶温度変化の影響をみてみる

トランジスタは原理的にV_{BE}の値が約−2 mV/℃の温度係数を持ちます．シミュレーション回路に「.step Temp」というコマンドを追加し，温度変化の影響を調べてみました．図10(a)の解析結果をみると直流動作点が大きく変動しています．

図10(b)はディジタル・ストレージ・オシロスコープで観測した実測波形です．シミュレーション波形と

ほぼ同じ波形でコレクタ電流によりg_mが変動することが原因でひずみが顕著になっています．

▶FFTでひずみの高調波分析

ひずみのようすを定量的に知るため，図11(a)に示すシミュレーション・コマンドでFFT解析を実行しました（トランジェント解析で正弦波を表示した後，［VIEW］-［FFT］でFFT結果が表示される．回路図に「.four 1 kHz V(OUT)」というコマンドを書き込んでおくと，各ひずみ成分を詳しく表示できる）．

シミュレーションでは2次ひずみ，3次ひずみが基本波に対し約−20 dB，−50 dBの大きさです［図11(b)］．実測値では−25 dB，−60 dBです［図11(c)］．実測値のほうが少し良い結果になっています．

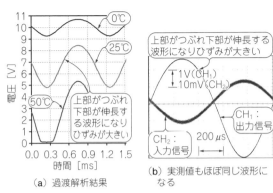

(a) 過渡解析結果

(b) 実測値もほぼ同じ波形になる

図10　出力波形は直流動作点の温度変動が大きい
コマンド「.step Temp List 0 25 50」を利用すると周囲温度の変化による影響を確認できる

```
.tran 0 1020m 1000m 1u
.options plotwinsize=0
.four 1kHz V(OUT)
```

(a) 高調波ひずみを実行するためのコマンド

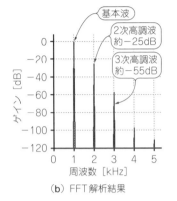

(b) FFT解析結果

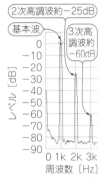

(c) スペクトラム解析結果（実測）

図11　2次高調波は約−25 dB，3次高調波は約−60 dB
シミュレーションと実測はほぼ同じような数値になっている．回路図に「.four 1kHz V(OUT)」コマンドを書き込むと，［VIEW］−［Err Log］でひずみが数値表示される．全高調波ひずみ（THD：Total Harmonic Distortion）が約5.7%

● **温度ドリフトやひずみを改善する**

▶エミッタ抵抗を挿入する

　前述したとおり基本的なエミッタ共通増幅回路では，温度ドリフトやひずみが大きく，実用には向きません．このエミッタ共通増幅回路に図12に示すエミッタ抵抗R_Eを挿入すると特性が激的に改善されます．ただしゲインの減少という副作用が伴います．

　エミッタに抵抗が挿入されるとQ_1のV_{BE}には直接入力信号が加わるのではなく入力信号からR_Eの両端電圧を差し引いた値が加わります．温度変化などでg_m，コレクタ電流が増大するとR_Eの両端電圧が増加します．入力信号を一定と考えると，V_{BE}の両端電圧が下がります．するとコレクタ電流が減少し，g_mの変動が抑えられることになります．

　このように入力信号から出力変動の情報を引き，増幅する手法を負帰還（Negative Feedback）と呼びます．

　図12で示したようにR_Eを挿入すると回路全体の電圧−電流変換率はg_mから図12の式(C)に示す値に低下します．ゲインが低下する代わりに図12の式(F)に示すように変動の大きいg_mの影響が減り，非線形成分や温度変化の少ない抵抗によって回路特性が決定されるために温度変動やひずみが改善されます．

　図12に示すような回路の一部分に負帰還をかけるのを部分帰還，オーディオのパワー・アンプのように複数段の増幅器の出力から入力にいっきに負帰還をかけるのをオーバーオールの負帰還と呼んでいます．OPアンプも内部が複数段の増幅器から構成されていますのでオーバーオールの負帰還になります．いずれの負帰還もひずみ，周波数特性が改善されますが，代償としてゲインが減少します．帰還のかけ方によって入出力インピーダンスが変化します．出力の電圧成分を帰還すると出力インピーダンスが低下し，出力の電流成分を帰還すると出力インピーダンスが上昇します．

▶エミッタ抵抗追加による性能改善効果を確認する

　図13はエミッタ抵抗を挿入した増幅回路です．

　R_Eの両端電圧分バイアス電圧が上昇するのでR_2の値を再計算しています．中途半端な値なのでE系列2本の抵抗を使って近い値にしています．R_Eが挿入さ

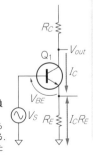

図12　エミッタ抵抗による部分負帰還
Q_1のV_{BE}に加わる電圧は入力信号から出力電流×R_Eの電圧を引いた値になる．入力信号から出力の情報（出力電圧または出力電流）を含んだ値を引き，ゲインを下げる手法を負帰還という

I_C，V_{BE}を微少変化分とすると，

$$g_m = \frac{I_C}{V_{BE}} \quad\cdots\cdots (A)$$

$$V_{BE} = V_S - I_C R_E \quad\cdots\cdots (B)$$

式(B)を式(A)に代入すると，

$$g_m = \frac{I_C}{V_S - I_C R_E}$$

$$g_m V_S - g_m I_C R_E = I_C$$

$$g_m V_S = I_C (1 + g_m R_E)$$

$$\frac{I_C}{V_S} = \frac{g_m}{1 + g_m R_E} \quad\cdots\cdots (C)$$

式(C)は左図全体の入力電圧変化に対するコレクタ電流変化になる

$$V_{out} = I_C R_C \quad\cdots\cdots (D)$$

左回路のゲイン$= \dfrac{V_{out}}{V_S} = \dfrac{g_m R_C}{1 + g_m R_E} \quad\cdots (E)$

$1 \ll g_m R_E$ならば，

左回路のゲイン$= \dfrac{g_m R_C}{g_m R_E} = \dfrac{R_C}{R_E} \quad\cdots (F)$

上式は非線形成分を含むg_mがなくなり線形な抵抗だけでゲインが決定されるので温度変動やひずみが減少する

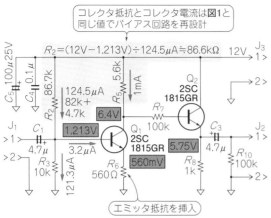

図13 Q₁のエミッタに抵抗を挿入して特性を改善する
ゲインが下がるのでシミュレーション回路では入力信号の値を200 mVと大きくする

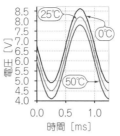

（a）過渡解析結果

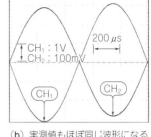

（b）実測値もほぼ同じ波形になる

図14 図13の回路では出力波形はきれいな正弦波になり温度変動も減少し，改善されている

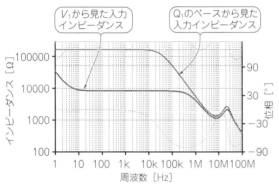

図15 Q₁のベースからみたインピーダンスが中域では8.24 kΩから165 kΩに増大し，入力容量が560 pFから30.4 pFに減少する

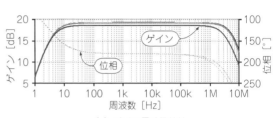

（a）ゲイン周波数特性

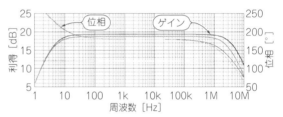

（b）実測値もほぼ同じ値が得られている

図16 入力抵抗が高くなり，入力容量が減少したので信号源抵抗による変化が少なくなり，高域遮断周波数が高くなる

れるとバイアス電圧の設定が容易になるので半固定抵抗での調整はしていません．

図14(a)は図10(a)の温度変動に比べひずみが大きく改善されています．その代わりに同じ出力電圧を得るのに入力電圧を大きくしなくてはならずゲインが激減しています．

図15に入力インピーダンスのシミュレーション結果を示します．負帰還をかけると入出力インピーダンスも変化します．Q₁のベースから見たインピーダンスが中域では8.26 kΩから165 kΩに増大し，入力容量が560 pFから30.4 pFに減少しています．

図16にゲイン・位相-周波数特性のシミュレーション結果を示します．入力インピーダンスが改善されたため信号源抵抗による減衰が少なくなり，高域遮断周波数がより広帯域になっています．

図17に高調波ひずみのシミュレーション結果を示すます．2次高調波は約－25 dB(5.6％)から約－50 dB(0.32％)，3次高調波は約－55 dB(0.18％)から約－70 dB(0.032％)へと改善されています．

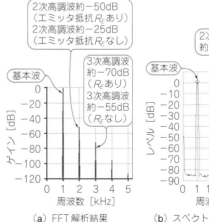

（a）FFT解析結果

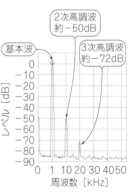

（b）スペクトラム測定結果

図17 Q₁にエミッタ抵抗を挿入すると部分負帰還の効果でひずみが激減する
THDは5.6％から0.27％に改善された

第2章

シミュレーションを
実機に近づけるポイント10

漆谷 正義, 山田 一夫 Masayoshi Urushidani, Kazuo Yamada

電子回路シミュレータLTspiceは，学生の学習から製品設計まで幅広く利用されています．

シミュレータは，入力した電子回路のふるまいをパソコン上で解析するだけなので，実際に回路を組んで実験を行ってみると，シミュレーション結果と合わないことがよくあります．実際には電子回路が測定器の入出力インピーダンスの影響を受けたり，周辺回路が発生する雑音を拾ったりします．

本稿ではシミュレーションと現実の相違点を実例を挙げて解説します．シミュレータや部品モデルの特徴をつかみ，道具をうまく使いこなしましょう．

ポイント①…プリント・パターンに隠れた容量を計算に入れる

● 周波数が数百MHz以上の回路ではプリント基板などの浮遊容量を無視できない

電子回路シミュレータはプリント基板の浮遊容量の影響を含みません．数百MHz以上の回路を動かすときは，シミュレーション回路の適所に浮遊容量相当のコンデンサを入れてみると実際に近くなります．

▶回路の構成

図1に示すのは高周波の測定器の1つ，ゲート・ディップ・メータのシミュレーション回路です．LC共振回路の周波数を非接触で調べられるので，RF機器のチェックに利用できます．基本は図1に示したようなコルピッツ型のLC発振回路です．

図1はシミュレーション回路です．実際の回路もほぼ同じです．C_1とC_2はバリコン（可変容量コンデンサ），L_1はインダクタです．インダクタを変更すると，650 k～250 MHzの範囲で発振します．

L_1を被測定共振回路のインダクタに近づけると，発振電力が吸収されて，発振振幅が減衰します．このときの容量（C_1とC_2の直列容量）とL_1の値から，共振周波数がわかります．

図1のバリコン（C_1, C_2）は，最小のときの容量です．L_1は最も周波数の高いバンドのインダクタになっています．$L_1 = 0.1\ \mu H$，C_1とC_2の直列容量3.5 pFのときの共振周波数は次式で求まります．

$$f = \frac{1}{2\pi\sqrt{LC}} = \frac{1}{2\pi\sqrt{0.1\ \mu H \times 3.5\ pF}} \fallingdotseq 269\ \text{MHz}$$

▶シミュレーション回路の発振周波数は255 MHz

図2は図1の出力波形のシミュレーション結果です．

発振周波数は255 MHzで，計算値より14 MHzほど低いです．これがMOSFET（M_1）の入力容量（仕様では3 $pF_{(typ)}$）に起因するものかどうか計算で確かめます．27 pFと3 pFの直列容量は2.7 pFです．これを含めて4.07 pF（9.7 pFと7 pFの直列接続の容量）として計算すると249 MHzになります．少しずれがありますが，

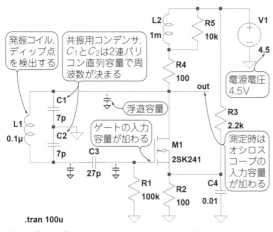

.tran 100u

図1 ディップ・メータのシミュレーション回路
基板パターンの浮遊容量の影響を調べてみる．L_1を被測定共振回路に近づけるとRF出力が減衰する

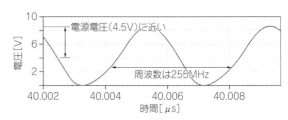

図2 図1の周波数は255 MHz，振幅は8.55 V_{P-P}
ディップ・メータのout端子の出力波形

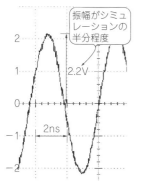

図3 **実機回路の発振周波数は226 MHz，振幅は4.3 V$_{P-P}$**（実測）
配線パターンの浮遊容量が原因で発振周波数がシミュレーションに比べ下がる

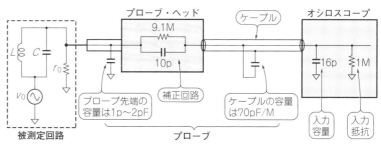

図4 **プローブの入力容量を考慮しないとシミュレーションの出力振幅が実機より低下する**
FETプローブの入力容量は2 pF．通常のプローブ（入力容量10 pF）を利用すると，振幅は2.3 V$_{P-P}$とさらに低下する

入力容量が含まれていることは間違いありません．

振幅は，電源電圧の9 V（＝4.5 V×2）になっています．

▶ **実機回路の発振周波数は29 MHz**

本回路を実際に製作し，オシロスコープで出力波形を確認しました．

図3にその結果を示します．シミュレーションに比べて，周波数が29 MHzほど低くなっています．振幅は4.3 V$_{P-P}$なので，シミュレーションの50 %しか出力されません．周波数が低下するのは，シミュレーションに基板や配線の容量が含まれていないからです．

● **配線容量は10 cmで10 p～20 pF**

プリント基板の配線パターン容量は10 cmで10 p～20 pFを見ておきます．インダクタなどの部品と基板のパターンの間にも1 pF程度の浮遊容量があります．

ポイント②… 実機オシロとのズレを理解しておく

● **プローブの入力容量は10 pF，FETプローブなら2 pF**

前述した振幅の低下は，プローブの入力容量が影響しています．

出力端子にオシロスコープのプローブを接続したときの等価回路を図4に示します．プローブ先端には，10 pFと9.1 MΩの並列回路が入っています．オシロ

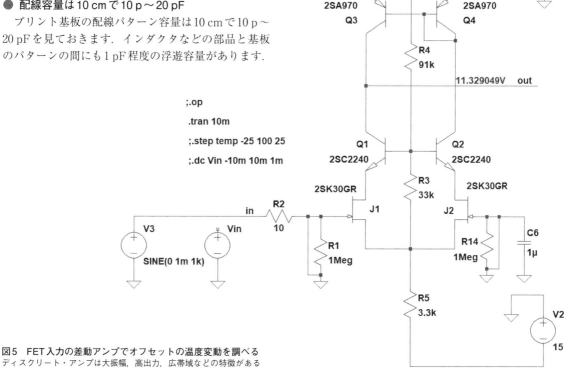

```
;.op
.tran 10m
;.step temp -25 100 25
;.dc Vin -10m 10m 1m
```

図5 **FET入力の差動アンプでオフセットの温度変動を調べる**
ディスクリート・アンプは大振幅，高出力，広帯域などの特徴がある

使い方の基本

基本法則

電子部品の基礎

トランジスタ基本

MOSFET基本

OPアンプ基本

19

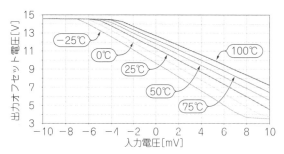

図6 出力オフセット電圧は，温度が上がると＋側に上昇する
DCゲインと出力オフセット電圧．入力電圧が±7mVを超えると出力が飽和する．DCゲインは56dB

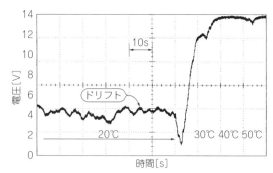

図7 温度が上昇するとオフセットが＋側に上昇する点はシミュレーションと同じであるが，温度依存性は実験の方が大きい（実測）
差動アンプの出力電圧の時間変化．左側は温度20℃でのドリフト，右は温度依存性

スコープ内部の入力抵抗は1MΩで，プローブの減衰率は10：1です．オシロスコープの入力容量とケーブルの容量は合計100pF近くになりますが，プローブに入っている10pFが直列に入るので，10pF（＝9pF＋1pF）程度が被測定回路の容量負荷となります．

図3を測定したときは，FETプローブ（帯域500MHz，インピーダンス10MΩ，入力容量2pF）を利用しました．通常のプローブ（帯域100MHz，インピーダンス10MΩ，入力容量10pF）だと振幅は2.3V$_{\text{P-P}}$とさらに低下します．

ポイント③…部品の温度特性を計算に入れる

トランジスタやOPアンプのオフセット電圧の温度特性は，シミュレーションと実験で傾向の差はありませんが，絶対値が大きく異なります．

帯域1MHzのヘッドホン・アンプを例にオフセット電圧の温度特性を確認してみます．

● 回路の構成

図5に示すのは，FET入力の差動アンプです．カスコード・アンプ，カレント・ミラーが縦続接続されています．ミラー効果による周波数劣化がなく，出力インピーダンスを高くでき，高ゲインです．

● シミュレーション回路では入力電圧が±7mVを超えると飽和する

まずDCレベルのシミュレーションを，.opコマン

ドで行います．図5では，出力端子outのDC電圧だけを表示しています．DC電圧のチェックするときは，FETのゲート（入力）は，グラウンドに落とします．

ゲート-グラウンド間のショート配線を外して，ACゲインを調べたところ，56dB（＠1kHz）でした．

次にDCゲインと，出力オフセット電圧の温度依存性を調べます．図6に示すように，入力電圧が±7mVを超えると出力が飽和します．出力のオフセット電圧は，温度が上がると＋側に上昇しています．

● 実験のほうが温度依存性が大きい

図5のように入力端子をショートして，出力端子のDC電圧を測定しました．2台試作して，おのおの，−0.7V，＋5.5Vでした．シミュレーションの11.3Vとも異なり，試作した2台の間でも異なっています．

出力電圧のドリフトは，図7のように1V以上あります．図7の右側は，出力オフセットの温度特性です．

温度が上昇するとオフセットが＋側に上昇する点はシミュレーションと同じですが，温度依存性は実験の方が大きいです．

差動アンプのオープン・ループのシミュレーションは，オフセットの影響をまともに受けるので，直流動作点，オフセットなどの値は，実際とはかなり異なります．これは2台試作した回路の間でも，大きく異なることからもわかります．ACゲインとDCゲインのシミュレーション結果は，実験と一致します．

フィードバックのかかった回路ばかり扱っていると，理論やシミュレーションが実際と同じになるように思えますが，現実には差があります．

ポイント④…部品と部品の間にある結合定数を計算に入れる

SPICEシミュレータは，インダクタどうしの相互誘導は考慮しません．一般に静電誘導や，電磁界による影響など，部品どうしの相互干渉はSPICEシミュ

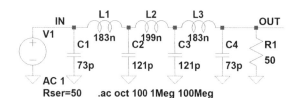

図8 チェビシェフ型LPFのシミュレーション回路
インダクタ同士の相互干渉を調べる．カットオフ周波数60MHz，100MHzで50dBの減衰量をもつ

使い方の基本

基本法則

電子部品の基礎

トランジスタ基本

MOSFET基本

OPアンプ基本

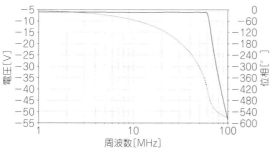

図9 カットオフ周波数は60 MHz, 100 MHzの減衰量は54 dB
予測したとおりの結果になっている

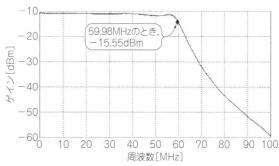

図10 回路図のようにインダクタを配置すると，70 M〜100 MHz
のゲインがもち上がる（実測）

レータでは確認できません.

USBワンセグ・チューナに100 MHz以上の信号が入らないようにするローパス・フィルタを例にシミュレーションと実験の差を確認してみます.

● 回路の構成

図8に示すのはチェビシェフ型のローパス・フィルタ（LPF）です. カットオフ周波数は60 MHz, 100 MHzでの減衰量は50 dBです.

LTspiceによるシミュレーションは，図9に示すように，所望の特性を満たしています.

● インダクタを1列に並べた場合70 MHz〜100 MHzの減衰量が十分ではない

実際に図8の回路を組んでみました. 図8ではL_1〜L_3が一直線に並んでいるので，これに倣ってインダクタを配置しました. 図10に実験結果を示します. カットオフ周波数までは平たんなので問題ありませんが，70 MHz近辺からカーブが持ち上がって100 MHzの減衰が十分ではありません.

● 隣接するインダクタを互いに直角に配置する

図11にインダクタの配置と磁束の関係を示します. 図11(a)は，すべて同じ方向に並べた場合で，巻き方向はすべて同じです. 磁束は隣接するインダクタに貫通し，相互誘導係数が大きくなり高域特性が劣化します. 図11(b)は，磁束が交差しないので，相互誘導係数が小さく干渉は最小になります. 相互誘導を避けるため，実機で図11(b)のように真ん中のインダクタL_2を両側のL_1, L_3に対して直角に配置しました.

図12に測定結果を示します. シミュレーションに近い特性になりました.

ポイント⑤…部品の製造ばらつきを計算に入れる

はんだごてやリフロ炉など200℃を超える温度の測定には，熱電対が適しています. 熱電対の起電力は数百 μVと小さいので，DCアンプで数Vまで増幅します. ゲインは80 dBになるので，アンプのオフセットやドリフトが問題になります.

半導体メーカや部品メーカが提供しているシミュレーション・モデルは，仕様の標準値で作られています.

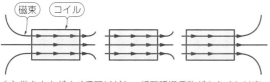

（a）巻き方向がすべて同じだと，相互誘導係数が大きくなり高域特性が劣化する

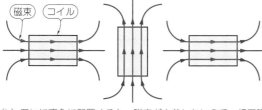

（b）互いに直角に配置すると，磁束が交差しないので，相互誘導係数が小さくなり，干渉を低減できる

図11 インダクタの配置と磁束の関係

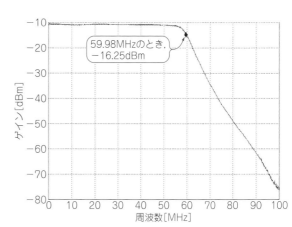

図12 インダクタを直角に配置するとシミュレーションの通過特性に近い結果が得られる（実測）

表1　汎用品LT1364
のオフセット特性（デ
ータシート）

項　目	最大値
入力オフセット電圧	1.5 mV
入力バイアス電流	2 μA
入力オフセット電流	350 nA

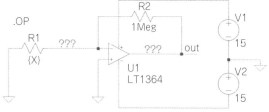

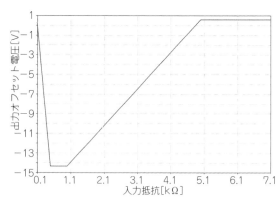

図14　入力抵抗と出力オフセット電圧の関係

.step param X list 100 500 1k 5k 10k

図13　例題…オフセット電圧を調べるための回路
ゲイン決定用抵抗R_1を変化させてオフセットを調べる

したがってオフセットの影響を出力端子で見たときの
値がシミュレーション通りになりません.

● 汎用OPアンプは高ゲインのDCアンプには向かない

▶シミュレーション

　汎用品ながら，ゲイン帯域幅積（GBW）が70 MHz
の優れた特性をもつLT1364（アナログ・デバイセズ）
でオフセットを調べてみます. 表1にオフセットの特
性を示します. オフセットは，汎用でよく使われる
NJM4558（新日本無線）やLM358（テキサス・インスツ
ルメンツ）と同等レベルです.

　図13に示すのはLT1364のオフセットを調べるため
の例題回路です. 入力抵抗R_1の値を変えたときの，
出力オフセット電圧を調べました. 図14にシミュレ
ーション結果を示します.

　入力抵抗R_1＝5 kΩ以下では，出力オフセット電圧
が最大－14 Vになり，直流アンプとしては使えませ
ん. ゲインは46 dB（＝1000/5＝200倍）です.

▶実測

　図13の回路を組んで実際にオフセットを調べてみ
ました. 図15に入力抵抗R_1と出力電圧の関係を示し

ます.

　出力電圧の値は，シミュレーション結果とは全く異
なります. これはシミュレーション・モデルと実際の
オフセット特性が異なることが原因です. 異なると言
っても，表1に示したように，仕様を満たしています.
実際の値は0から最大値までばらつきます. オフセッ
トのばらつきは，ゲインが大きいときはこのように極
端な結果として現れます.

　図15は，R_1＝1 kΩ以上で出力電圧がほぼ一定にな
ることに着目すれば正しい判断ができます.

● ゼロ・ドリフトOPアンプのオフセットはメーカ
の規格内に収まる

▶シミュレーション

　計装アンプの分野では，チョッパ・アンプを使って
ゼロ・ドリフトを実現します. このために開発された
OPアンプ，LTC1050（アナログ・デバイセズ）を使っ

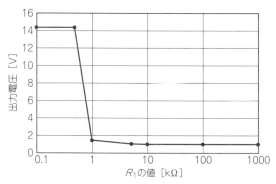

図15　実際に測定したオフセット電圧の傾向（実測）
R_1の値が1 kΩ以上で使える

表2　ゼロ・ドリフト・
OPアンプLTC1050の
オフセット特性（デー
タシート）

項　目	値
入力オフセット電圧	± 5 μV$_{max}$
入力バイアス電流	± 30 pA$_{max}$
入力オフセット電流	± 60 pA$_{max}$

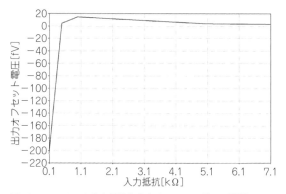

図16　LTC1050の入力抵抗と出力オフセット電圧の関係

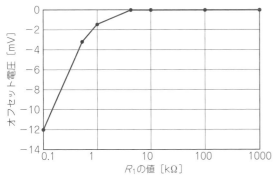

図17 ゼロ・ドリフトOPアンプLTC1050のオフセット電圧の傾向(実測)
オフセット電圧は規格内には入っているが，メーカ提供のOPアンプ・モデルはばらつきの中央値となっている

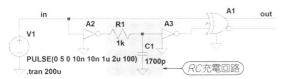

図18 例題…周波数2逓倍回路のシミュレーション用回路
周期2μs（500 kHz）の矩形波パルスを加える

てオフセットを見てみます．LTC1050のオフセット特性を**表2**に示します．

図13の回路でOPアンプ・モデルを変更してシミュレーションしてみます．**図16**にその結果を示します．オフセット電圧はほぼ0Vです．**図16**では大きく変化しているように見えますが，y軸の単位は，f（フェムト）Vなので，0Vと言ってよいでしょう．

▶ゼロ・ドリフト・OPアンプの実測結果

実際に回路を組んで，出力電圧とR_1の値の関係を測定した結果を**図17**に示します．

シミュレーションでは0.2 μV，出力換算で2 nVです．実測では12 mV，入力換算で1.2 μVです．1000倍異なっていますが，**表2**の±5 μVに入っているので仕様内です．

メーカ提供のOPアンプ・モデルは，ばらつきの中央値となっています．

● **ディスクリートの部品モデルも仕様の標準値で作られている**

OPアンプだけでなく，トランジスタなどのディスクリート・モデルも仕様の標準値で作られています．そのため，シミュレーション条件によっては，実測と異なることが多々あります．

回路シミュレータでは抵抗などの受動部品も理想素子で，誤差が含まれていません．シミュレーションと実測の差が異なるときは，シミュレーション・モデ

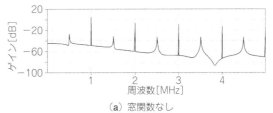

（a）窓関数なし

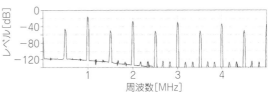

（b）窓関数にフラット・トップを指定

図19 FFTの窓関数としてフラット・トップを選ぶと実機のスペクトラムに近づく

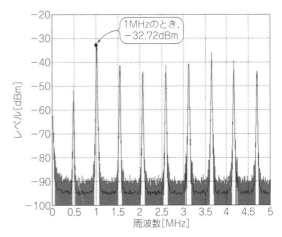

図20 実測では500 kHzごとのスプリアスが出ている
実際に回路を組んでスペクトラム・アナライザで出力波形を測定した

ルに問題がないか調べてみるのも1つの手です．

ポイント⑥…SPICEでFFT解析には注意する

● **FFTの窓関数によってスペクトル分布が異なる**

水晶振動子は正確な周波数が得られます．

所望の周波数のタイプがないときは，発振周波数を2倍にする「周波数2逓倍回路」を使います．本回路は，出力波形のデューティがそろわないため，FFT解析を取ると高調波がたくさん出ます．LTspiceのFFTはデフォルトで窓関数がないため，スペクトルの形状，分布に誤差を含んでいます．このため，実測とは異なるデータになることがあります．

回路シミュレータでFFT解析を実行するときは，

表3　LTspiceのFFT解析モードで利用できる窓関数
通常はハニングに設定することがおすすめ

窓関数	表記	特　徴
なし	none	窓関数がないので，スペクトラムに誤差が出る
ハニング	Hann	連続的でかつ周期的でない信号に有効
ハミング	Hamming	ハニングより周波数分解能が良いが振幅分解能が悪い
ブラックマン	Blakman	単一周波数の信号，高次高調波の検出に有効
フラット・トップ	Flat Top	正弦波や方形波などの周期的な信号の検出に有効

適切な窓関数を選ぶことが大切です．

● シミュレーション

図18に示すのは周波数2逓倍回路（シミュレーション用）です．出力波形のデューティは50 %ではありません．この波形（out端子）をFFT変換します．図19にそのスペクトラムを示します．

● 実験

実際に回路を組んでスペクトラム・アナライザで出力波形を測定しました．図20にその結果を示します．

図19（a）のFFT解析結果と比べると，シミュレーションでは，3次，5次と奇数次の高調波が大きく，偶数次スペクトルが小さいです．

図19（b）はLTspiceで過渡波形を表示後，［View］－［FFT］で起動するFFTダイアログで「Windowing Function」を窓関数なし（none）からフラット・トップ（Flat Top）に切り替えた結果です．図20に近い結果が得られています．

表3に主なFFTの窓関数を示します．通常はハニング窓を使うのが無難ですが，本回路例では，フラット・トップが適しています．

窓関数の判断基準はフロア・レベルが平たんであること，ダイナミック・レンジが取れること，ローブが鋭いことです．このほかの留意点として，10サイクル以上の波数を使い，タイム・ステップ，打ち切り誤差なども考慮します．　　　　　　　　　〈漆谷　正義〉

ポイント⑦…電流や発熱をモニタするしかけを入れておく

● 部品の極性が間違っていても動作する

回路シミュレータによっては，部品の発熱量と限界温度を設定しておいて大電流が流れて部品の破損に至る状況を表示してくれるタイプがあります．

通常のSPICEシミュレータでは発熱の制限がなく，シミュレーション結果で大電流が流れる状態になっていても見落とす場合があります．

熱破壊の可能性がある半導体デバイスなどには，電流プローブや電圧プローブを追加して許容される電流が流れていることをチェックするようにしましょう．

電解コンデンサで大容量／高電圧のものは，実回路で逆接続すると，場合により爆発することがあります．しかしシミュレータの中では何も反応しません．

ダイオードなども極性を逆にして電源を入れると実回路では部品が破損する場合があります．実際に回路を組んだり，基板を作ったりするときは部品の極性を誤らないよう留意します．

ポイント⑧…高周波回路を解析するときはSパラを使う

高周波や高速回路基板は，配線パターンの各所で電圧・電流が異なります．配線パターンの途中で信号が戻ってくる反射も起こります．RF回路のシミュレーションはSPICEモデルではなく，Sパラメータ・モデルを使うのが一般的です．

Sパラメータは高周波部品の通過特性や反射特性を表したファイルです．振幅だけでなく位相情報も含んでいます．

LTspiceはSパラメータ・ファイルを直接読み込むことができないので，専用のRFシミュレータまたはSパラメータ・モデルをSPICEモデルに変換する市販のツールを使う必要があります．

ポイント⑨…雑音を含む部品モデルを使う

現実の部品は抵抗でも温度に応じた雑音を持っています．

シミュレータでも熱雑音を加えることは可能ですが，通常のシミュレーションでは理想状態で計算します．現実の回路では信号よりも雑音の方が大きくなってしまうこともあります．特にゲインが大きく帯域も数MHz以上と広い回路では雑音レベルの確認をしておきます．

ポイント⑩…計算能力が十分なパソコンを使う

コンピュータのビット数が大きくなってきていますが，シミュレータ自体は32ビットのことがあります．

大きなゲインのアンプを使って差動回路を構成したり，大規模な回路で細かいステップのシミュレーションを実行したりする場合は，計算のレンジが不足して正しく計算されないことがあります．

ちなみにLTspiceは64ビットのアプリケーション・ソフトウェアです．　　　　　　　　　　　　〈山田　一夫〉

第2部

基本回路の解析

エレクトロニクスの基本法則

小川　敦，平賀　公久　Atushi Ogawa・Kimihisa Hiraga

3-1　オームの法則と電圧，電流，抵抗

〈小川　敦〉

● その1：電流と抵抗から電圧を求める

電気回路において，電圧と電流の関係式はオームの法則として広く知られています．図1の回路において，抵抗の両端に発生する電圧は，その抵抗に流れる電流に比例し，その比例係数が抵抗値となります．それを表したものが次式です．

$$V = RI \cdots\cdots\cdots\cdots\cdots\cdots\cdots\cdots (1)$$

式(1)の比例係数 R は電気抵抗と呼ばれ，単位は Ω です．1Aの電流を流したとき，1Vの電圧を発生させる抵抗値が 1Ω ということになります．

図2に示すのは，式(1)で示した「電流と抵抗から電圧を求める」をLTspiceで確認するための回路です．R_1 の抵抗値を R という変数にして.stepコマンドで 1Ω，2Ω，3Ω の3段階に変化させます．LTspiceで抵抗値に変数を使用する場合は，変数を ‖ でくくる必要があります．そして，電流源(I_1)の電流値を.dcコマンドで0～10Aを1Aステップで変化させるシミュレーションを行います．

図3に示すのは図2のシミュレーション結果です．シミュレーション後にマウス・カーソルをV端子に近

づけるとカーソルの形が図2のように変化します．そのとき，マウスの左ボタンをクリックすると電圧が表示できます．

図3はV端子の電圧を表示しています．抵抗の一端がGNDのため，これは抵抗の両端電圧となります．電圧は電流の大きさに比例し，その傾きが抵抗値になります．そのため，抵抗値が大きくなるほど直線の傾きも大きくなります．

● その2：電圧と抵抗から電流を求める

式(1)は抵抗に電流を流したときの両端電圧を表した式でした．次式は抵抗に電圧を加えたときに流れる電流を表します．

$$I = V/R \cdots\cdots\cdots\cdots\cdots\cdots\cdots\cdots (2)$$

抵抗に流れる電流は電圧に比例し，その比例係数は

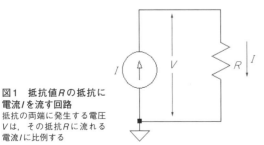

図1　抵抗値 R の抵抗に電流 I を流す回路
抵抗の両端に発生する電圧 V は，その抵抗 R に流れる電流 I に比例する

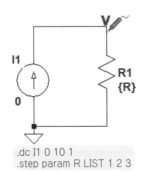

.dc I1 0 10 1
.step param R LIST 1 2 3

図2　オームの法則を確認するための回路
R_1 の値を 1Ω，2Ω，3Ω とし，R_1 に流れる電流を0～10Aまで変化させる

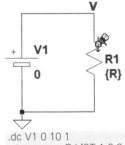

.dc V1 0 10 1
.step param R LIST 1 2 3

図4　電流と電圧を確認するための回路
R_1 の値を 1Ω，2Ω，3Ω とし，R_1 に加える電圧を0～10Vまで変化させる

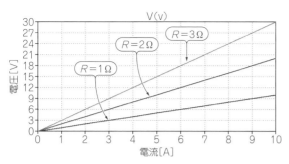

図3 オームの法則①…抵抗値が大きいほど直線の傾きは大きくなる
抵抗に流れる電流を0〜10Aまで変化させたときのシミュレーション結果

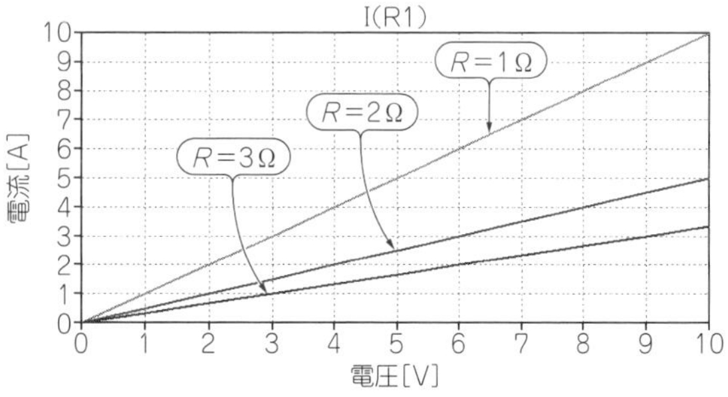

図5 オームの法則②…抵抗値が小さいほど直線の傾きは大きくなる
抵抗に加える電圧を0〜10Vまで変化させたときのシミュレーション結果

1/Rということになります．この式(2)の「電圧と抵抗から電流を求める」を，シミュレーションで確認するための回路が図4になります．

図2と同様に，R_1の抵抗値をRという変数にして.stepコマンドで1Ω，2Ω，3Ωの3段階に変化させます．そして，電圧源V1の電圧値を.dcコマンドで0〜10Vを1Vステップで変化させるシミュレーションを行います．

図5に示すのは図4のシミュレーション結果です．シミュレーション実行後，マウス・カーソルを抵抗R_1に近づけるとマウス・カーソルが，図4のように変化します．そのときマウス左ボタンを押すと，R_1に流れる電流が表示できます．

図5を見るとわかるように，抵抗R_1に流れる電流は，電圧の大きさに比例しています．そしてその傾きは1/Rに比例し，抵抗値が小さいほど傾きが大きくなります．

● その3：電流と電圧から抵抗値を求める

式(1)をさらに変形すると，次式に示すように電圧および電流から抵抗値を求める式になります．

$$R - V/I \cdots\cdots (3)$$

LTspiceのグラフ表示ツールには，数式を入力してグラフ表示する機能があります．そこで，式(3)の数式を入力して抵抗値をグラフ化してみます．グラフ・ウィンドウの上部の「I(R1)」という文字を右クリックすると，図6のようなウィンドウが表示されます．この中に数式を入力してOKボタンを押すと，その数式をグラフ化することができます．

ここでは，抵抗を表示するため，式(3)のように，電圧を電流で割るという式を入力します．V端子の電圧を，抵抗に流れる電流で割るため，「V(V)/I(R1)」と入力します．そして，OKボタンをクリックすると，図7のようなグラフが表示されます．

縦軸の単位が自動的にΩとなり，抵抗値を表示していることがわかります．それぞれのグラフの抵抗値は1Ω，2Ω，3Ωと読み取れます．これは.stepコマンドで変化させた抵抗値と同じ値になっています．

＊

以上，電圧と電流と抵抗の関係式（オームの法則）について解説しました．オームの法則は電気回路の解析や設計に必要不可欠なものです．数式は非常にシンプルですが，さまざまな場面で活用することができます．

図6 LTspiceのグラフ表示ツールで数式をグラフ化する方法
I(R1)という文字を右クリックして数式を入力する

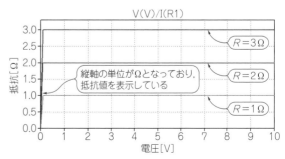

図7 LTspiceのグラフ表示ツールで数式をグラフ表示したもの
V(V)/I(R1)を表示することで抵抗値を表示している

3-2 キルヒホッフの法則で抵抗値を求める

〈平賀 公久〉

● キルヒホッフの法則

回路を解析するときに重要なのは，回路内の電圧と電流の値とその方向です．これらを規定するのがキルヒホッフの法則で，オームの法則と同様によく使われます．

図1に示すのはキルヒホッフの法則の説明図です．次の2つのキルヒホッフの法則が成り立ちます．

▶ キルヒホッフの電流則（第1法則）

　回路内のある1つのノードに流れ込む電流の総和はゼロである

▶ キルヒホッフの電圧則（第2法則）

　回路内の閉路において枝電圧の総和はゼロである

回路方程式は，回路内の電圧や電流，その方向を表し，これらを使って回路解析を行います．

● キルヒホッフの「電流則」と「電圧則」を使って抵抗値を求める

図2の50Ωで整合をとったT型アッテネータについて，回路の方程式を立て，R_1とR_2の抵抗値を導きます．50Ωで整合をとるため，V_1とV_2のノードから左右のインピーダンスを見たとき，R_3と同じ抵抗値の50Ωでなければなりません．V_1とV_2の電圧は，オームの法則より「$V_1 = I_1 R_3$」，「$V_2 = I_2 R_3$」となります．R_3の抵抗値が同じですから，アッテネータの減衰

(V_{OUT}/V_{IN})は，I_{OUT}/I_{IN}の電流比で決まることになります．

Bノードの電流則より，次式が導けます．

$$I_{R2} = I_1 - I_2 \cdots\cdots\cdots (1)$$

また，式(1)を使い「B→C→D→B」の閉路の電圧則より，次式の電圧の関係があります．

$$R_2(I_1 - I_2) = I_2(R_1 + R_3) \cdots\cdots (2)$$

式(2)を整理してI_1とI_2の電流比Kを求めると，次式のようになります．

$$\frac{I_1}{I_2} = K = \frac{R_1 + R_2 + R_3}{R_2} \cdots\cdots (3)$$

次にV_1から右側を見たインピーダンスの計算をします．このインピーダンスは50Ω（$= R_3$）と同じにすることから，次式のようになります．

$$R_3 = R_1 + (R_2 \parallel (R_1 + R_3))$$
$$= R_1 + \frac{R_2(R_1 + R_3)}{R_1 + R_2 + R_3}$$
$$= R_1 + \frac{R_1 + R_3}{K} \cdots\cdots (4)$$

式(4)を整理すると次式のようになり，R_1とR_3の関係になります．

$$R_1 = \frac{K - 1}{K + 1} R_3 \cdots\cdots (5)$$

R_2を求めるため，式(3)へ式(5)を代入すると，次式のようになります．

$$K = \frac{\dfrac{K - 1}{K + 1} R_3 + R_2 + R_3}{R_2} \cdots\cdots (6)$$

式(6)を整理すると次式のようになり，R_2とR_3の関係が求められました．

$$R_2 = \frac{2K}{K^2 - 1} R_3 \cdots\cdots (7)$$

式(5)と式(7)を使いR_3が50Ωのとき，アッテネータの減衰ごとにR_1とR_2を求めたのが表1です．

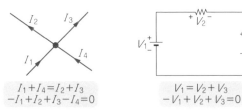

$I_1 + I_4 = I_2 + I_3$
$-I_1 + I_2 + I_3 - I_4 = 0$

$V_1 = V_2 + V_3$
$-V_1 + V_2 + V_3 = 0$

(a) キルヒホッフの電流則　　(b) キルヒホッフの電圧則

図1　キルヒホッフの電流則と電圧則

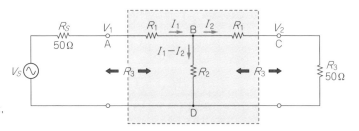

図2　T型アッテネータの解説図
V_1, V_2のノードから左右のインピーダンスをみると，
R_3（$= 50\Omega$）となるようにR_1とR_2を選ぶ

使い方の基本

基本法則

電子部品の基礎

トランジスタ基本

MOSFET基本

OPアンプ基本

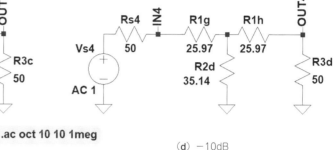

図3　T型アッテネータのシミュレーション回路図
（a）～（d）の抵抗値についてV_{OUT}/V_{IN}の減衰とIN端子から右側のインピーダンスを調べる

● T型アッテネータをLTspiceで確かめる

　図3は**表1**の4つの条件についてシミュレーションする回路です．この4つの回路ごとにV_{OUT}/V_{IN}の減衰をプロットした結果が**図4**です．（a）～（d）は，**表1**の「ATT」の列にある減衰と同じ結果で，目標とした設計値とシミュレーション値は一致しています．

　また，IN端子から右側のインピーダンスをプロットしたものが**図5**です．IN端子から右側をみたインピーダンスも，4つの回路すべてにおいて，目標とした50Ωとなっています．このようにT型アッテネータの抵抗（R_1, R_2）を適切に調整することにより，アッテネータの減衰をコントロールできます．

表1　50Ωで整合したときの各減衰量に対するR_1, R_2の抵抗値
式（5）と式（7）を使用

回路図	減衰量	電圧比	抵抗値	
（図3）	ATT [dB]	$K = V_1/V_2$	R_1 [Ω]	R_2 [Ω]
（a）	－3	1.41	8.55	141.93
（b）	－4	1.58	11.31	104.93
（c）	－6	2.00	16.61	66.93
（d）	－10	3.16	25.97	35.14

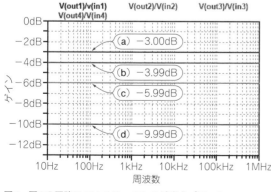

図4　図3の回路についてV_{OUT}/V_{IN}の減衰をプロット
表1の減衰と同じ結果となる

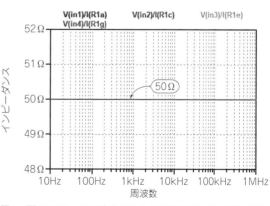

図5　図3のIN1～IN4端子からみた右側のインピーダンスをプロット
4つの回路とも，インピーダンスは50Ωとなる

3-3 オームの法則とキルヒホッフの法則で合成抵抗を求める

〈小川　敦〉

● 抵抗を直列接続したときの抵抗値

図1に示すのは，2本の抵抗を直列に接続した回路です．抵抗を直列に接続した場合，その抵抗値は2つの抵抗値を加算したものになることが直観的にわかりますが，計算でも確認してみます．図1において，R_1とR_2には同じIという電流が流れています．R_1の両端電圧(V_1)はオームの法則により次式で表されます．

$$V_1 = IR_1 \cdots\cdots\cdots\cdots\cdots\cdots (1)$$

同様にして，R_2の両端電圧(V_2)は次式で表されます．

$$V_2 = IR_2 \cdots\cdots\cdots\cdots\cdots\cdots (2)$$

ここで，V_1とV_2を足したものは，電源電圧(V)と等しくなり次式になります．

$$V = V_1 + V_2 \cdots\cdots\cdots\cdots\cdots (3)$$

また，R_1とR_2の合成抵抗をRとすると，オームの法則により次式が成立します．

$$V = IR \cdots\cdots\cdots\cdots\cdots\cdots\cdots (4)$$

式(4)と式(1)，式(2)，式(3)をまとめると次式になります．

$$IR = IR_1 + IR_2 \cdots\cdots\cdots\cdots (5)$$

この式の両辺をIで割ると次式のように合成抵抗(R)はR_1とR_2を加算したものになります．

$$R = R_1 + R_2 \cdots\cdots\cdots\cdots\cdots (6)$$

図2に示すのは，式(6)をシミュレーションで確認するための回路とその結果です．

回路は，電源電圧を0Vから5Vまでスイープさせるシミュレーションを行い，V端子の電圧を電源に流れる電流で割って，抵抗値を表示しています．LTspiceでは電源の電流は負の値となるため，「V(V)/(−I(V))」とマイナス符号をつけて計算しています．図2のように，1kΩと2kΩを直列接続した合成抵抗は3kΩとなります．

● 抵抗を並列接続したときの抵抗値

図3に示すのは，2本の抵抗を並列に接続したものです．抵抗を並列接続した場合にその合成抵抗値がいくつになるかは，若干，わかりにくいかもしれません．

図3を使用して，抵抗に流れる電流から，合成抵抗値を計算してみます．抵抗R_1およびR_2に流れる電流をそれぞれI_1, I_2とすると，I_1の値はオームの法則により次式で表されます．

$$I_1 = V/R_1 \cdots\cdots\cdots\cdots\cdots (7)$$

同様にして，I_2は次式で表されます．

$$I_2 = V/R_2 \cdots\cdots\cdots\cdots\cdots (8)$$

電源に流れる電流(I)と合成抵抗(R)の関係は，オームの法則により次式で表されます．

$$I = V/R \cdots\cdots\cdots\cdots\cdots\cdots (9)$$

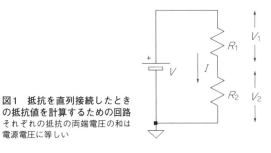

図1　抵抗を直列接続したときの抵抗値を計算するための回路
それぞれの抵抗の両端電圧の和は電源電圧に等しい

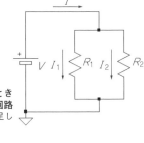

図3　抵抗を並列接続したときの抵抗値を計算するための回路
電源に流れる電流はI_1とI_2を足したものになる

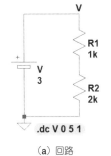

図2　抵抗を直列接続したときの抵抗値をシミュレーションする回路とその結果
V端子の電圧を電源に流れる電流で割って，抵抗値を表示している

（a）回路

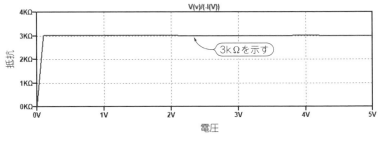

（b）シミュレーション

キルヒホッフの法則により，電源に流れる電流は，I_1とI_2を足したものであることを踏まえ，式(7)～式(9)をまとめると次式になります．

$$V/R = V/R_1 + V/R_2 \quad \cdots\cdots\cdots\cdots\cdots (10)$$

式(10)の両辺をVで割り，さらに，逆数を取ると式(11)のように抵抗を並列接続したときの抵抗値を計算する次式が完成します．

$$R = \frac{1}{1/R_1 + 1/R_2} \quad \cdots\cdots\cdots\cdots\cdots (11)$$

図4に示すのは，式(11)をシミュレーションで確認するための回路です．

3kΩの抵抗と6kΩの抵抗が並列接続されており，式(11)に値を代入すると，式(12)のように合成抵抗値は2kΩになります．図4のシミュレーション結果も2kΩとなっています．

$$R = \frac{1}{1/R_1 + 1/R_2} = \frac{1}{1/3\,k\Omega + 1/6\,k\Omega} = 2\,k\Omega \cdots (12)$$

● 抵抗を並列および直列接続したときの電流値のシミュレーション

図5に示すのは，抵抗を並列および直列接続した回路の電流をシミュレーションするための回路です．DC動作点解析(.opコマンド)を実行し，回路図上にノード電圧とR_1の電流を表示しています．

この回路の合成抵抗値は次式で計算することができ，3kΩになります．

$$R = R_1 + \frac{1}{1/R_2 + 1/R_3} = 1\,k + \frac{1}{1/3\,k + 1/6\,k} = 3\,k$$
$$\cdots\cdots\cdots\cdots\cdots\cdots (13)$$

そのため，R_1に流れる電流(I)は次式のように1mAと計算できます．

$$I = V_1/R = 3/3\,k = 1\,m \quad \cdots\cdots\cdots\cdots\cdots (14)$$

図5に表示したR_1の電流値も1mAとなっていることがわかります．なお，LTspiceで回路図上に動作点電圧を表示するには，シミュレーションが終わったあと，ノード上でマウス右クリックします．すると，図6のようなメニューが表示されるので「Place .OP Data Label」を選択します．するとノード電圧を表示するラベルが回路図上に表示されます．

素子の電流を表示する場合は，ノード電圧を表示するラベルをコピーしたあとで，そのラベルを右クリックし，図7のように表示したいものを選択します．

＊

以上，抵抗を直列に接続した場合や，並列接続した場合の抵抗値の計算方法について解説しました．回路設計や回路の動作解析を行う場合，抵抗の直列回路や並列回路の合成抵抗値が知りたい場面は頻繁にありますが，式(6)および式(12)を使って簡単に計算できます．

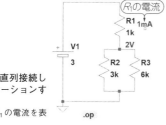

図5 抵抗を並列および直列接続した回路の電流をシミュレーションするための回路
回路図上にノード電圧とR_1の電流を表示している

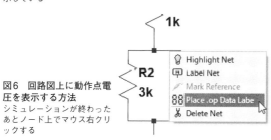

図6 回路図上に動作点電圧を表示する方法
シミュレーションが終わったあとノード上でマウス右クリックする

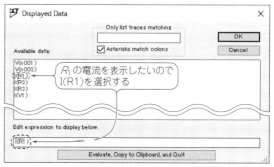

図7 回路図上に素子の動作電流を表示する方法
ノード電圧を表示するラベルをコピーした後，そのラベルを右クリックする

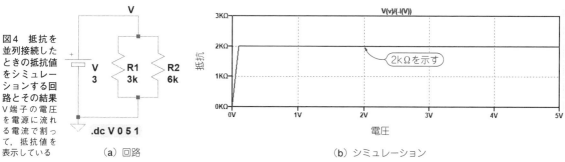

図4 抵抗を並列接続したときの抵抗値をシミュレーションする回路とその結果
V端子の電圧を電源に流れる電流で割って，抵抗値を表示している

(a) 回路

(b) シミュレーション

3-4　テブナンの定理で電流源⟸⟹電圧源変換

〈小川　敦〉

● 性質は全然違うが同じ働きをする「電圧源回路」と「電流源回路」

　電流源回路を電圧源回路に変換して見方を変えると，理解できなかった動きがわかることがあります．

　図1に示すのは，出力電圧が1.5 V，出力抵抗が100Ωの信号源に，100Ωの抵抗(R_1)を直列に接続した回路です．これは，図2の15 mAの定電流源に100Ωが並列に接続された回路と働きが等価です．等価とは，負荷抵抗(R_L)の値を変えても，R_Lに加わる電圧やR_Lに流れる電流が同じになる，という意味です．例えば，図1も図2も$R_L = 100$Ωのとき，V_{out}は0.75 Vです．

● 電圧源回路（図1）の負荷抵抗と出力電圧の関係

　図1の負荷抵抗と出力電圧の関係を計算してみます．

　出力電圧(V_{out})は，V_1をR_1とR_Lで分圧したものなので，次式で計算できます．

$$V_{out} = V_1 \frac{R_L}{R_1 + R_L} \quad\cdots\cdots\cdots\cdots\cdots\cdots (1)$$

　無負荷時($R_L = \infty$)の出力電圧は，次式のようにV_1と同じ1.5 Vです．

$$V_{out} = V_1 \frac{R_L}{R_1 + R_L} = V_1 \frac{R_L/R_L}{R_1/R_L + R_L/R_L}$$
$$= V_1 \times \frac{1}{0+1} = V_1 = 1.5\,\text{V} \cdots\cdots\cdots (2)$$

　負荷抵抗が100Ωのとき，つまり$R_L = R_1$のとき，V_{out}は次のようにV_1の半分(0.75 V)になります．

$$V_{out} = V_1 \frac{R_L}{R_1 + R_L} = V_1 \frac{R_1}{R_1 + R_1} = V_1 \times \frac{1}{2}$$
$$= 0.75\,\text{V} \cdots\cdots\cdots\cdots\cdots\cdots (3)$$

● よく似ているけれど等価でない回路①

　図3は，電流源と並列抵抗で構成された図2に似た回路です．無負荷のときの出力電圧は1.5 Vで同じですが，図1と等価ではないことを証明します．

　まず負荷抵抗の値と出力電圧の関係を調べます．

　R_1とR_Lの並列回路に電流源I_1の電流が流れます．出力電圧(V_{out})は，次のように，R_1とR_Lの並列接続抵抗に電流I_1を掛け合わせたものです．

$$V_{out} = I_1 \frac{R_1 R_L}{R_1 + R_L} \cdots\cdots\cdots\cdots\cdots\cdots (4)$$

　$I_1 R_1 = V_1$と定義すると，式(4)は次のようになります．

$$V_{out} = I_1 \frac{R_1 R_L}{R_1 + R_L} = I_1 R_1 \frac{R_L}{R_1 + R_L} = V_1 \frac{R_L}{R_1 + R_L}$$
$$\cdots\cdots\cdots\cdots\cdots\cdots (5)$$

　式(5)が式(1)と同じ場合は，次の2つが成立します．
- 図2と図3の$I_1 R_1$が図1のV_1と同じ値
- R_1が図1のR_1と値が等しい

　図2と図3の定数から，$I_1 R_1 = 1.5\,\text{V} = V_1$です．$R_1$が，図1と同じ100Ωなのは図2です．図1と等価な働きができるのは図2であり，図3はできません．

　図2と図3のR_Lを100Ωとして，V_{out}を計算すると次のようになり，図1と同じ結果になるのは図2です．

$$V_{out(A)} = I_1 R_1 \frac{R_L}{R_1 + R_L} = 1.5\,\text{V} \cdots\cdots\cdots (6)$$

$$V_{out(C)} = I_1 R_1 \frac{R_L}{R_1 + R_L} = 0.75\,\text{V} \cdots\cdots\cdots (7)$$

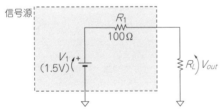

図1　この電圧源でできた信号源と等価な回路を電流源を使って作り変えるとどうなる？

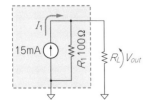

図2　図1の回路と等価な働きをする電流源でできた回路

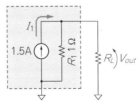

図3　図2と似ているけれど図1と等価ではない回路①

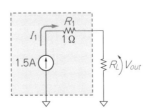

図4　図2と似ているけれど図1と等価ではない回路②

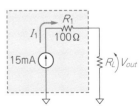

図5　図2と似ているけれど図1と等価ではない回路③

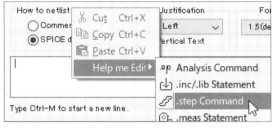

図6 電圧源回路と電流源回路は行ったり来たりできる

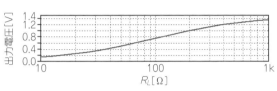

図8 図1〜図5の負荷抵抗と出力電圧の関係をシミュレーションする準備②
.stepコマンド編集画面で開始値，終了値，ステップ数を入力

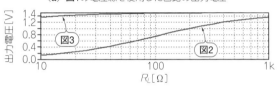

（a）図1の電圧源を使用した回路の出力電圧

図7 図1〜図5の負荷抵抗と出力電圧の関係をシミュレーションする準備①
Rを変化させる設定を行う．.stepコマンドを入力する

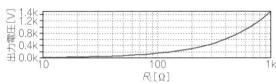

（b）図2と図3の電流源を使用した回路の出力電圧

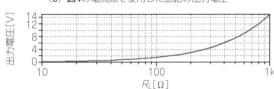

（c）図4の電流源を使用した回路の出力電圧

● よく似ているけれど等価でない回路②，③

図2と似た回路に，図4と図5のように，電流源I_1とR_1とR_Lが直列につながる接続も考えられます．

図4と図5の負荷抵抗（R_L）に流れる電流はI_1と同じで，出力電圧（V_{out}）は次式で計算できます．

$$V_{out} = I_1 R_L \cdots\cdots\cdots\cdots\cdots (8)$$

式(8)を見るとわかるように，無負荷時（$R_L = \infty$）の出力電圧は無限大になります．R_Lが100 ΩのときのV_{out}を計算すると，図4のV_{out}は次式から150 Vです．

$$V_{out(B)} = I_1 R_L = 1.5 \times 100 = 150 \text{ V} \cdots\cdots (9)$$

図5のV_{out}は次式のとおり1.5 Vになります．

$$V_{out(B)} = I_1 R_L = 0.015 \times 100 = 1.5 \text{ V} \cdots\cdots (10)$$

図4と図5が，図1と等価でないことは明らかです．

● 電圧源回路と電流源回路の等価変換

式(1)の定電圧源と直列抵抗の回路と出力電圧の関係式と式(5)の定電流源と並列抵抗の回路と出力電圧の関係式は同じ形でした．このことから，電圧源回路と電流源回路は変換できることがわかります（図6）．

変換のルールは次のとおりです．

▶ 電圧源回路から電流源回路に変換する
- 抵抗値は同じ値にして電流源と並列に接続する
- 電流源の出力電流は，電圧源の出力電圧がVなら$I = V/R$とする

▶ 電流源回路から電圧源回路に変換する
- 抵抗値は同じ値にして電圧源の直列に接続する
- 電圧源の出力電圧は，電流源の出力電流がIなら$V = I_R$とする

（d）図5の電流源を使用した回路の出力電圧

図9 図1〜図5の負荷抵抗値と出力電圧の関係

● パソコンで実験

図1〜図5の負荷抵抗を変えたときの出力電圧の変化のようすを調べてみます．

Rという変数にして，負荷抵抗の値を.stepコマンドで変化させます．.opアイコンをクリックすると現れる編集画面（図7）で，エディット領域を右クリックします．メニューが出たら，[Help me Edit]-[.step Command]を選びます．.stepコマンドを編集する画面が表示されたら（図8），スイープする変数名や開始値などを入力します．図9からわかるように，図1と一致しているのは図2だけです．

第4章

電子部品の基礎知識

小川 敦 Atushi Ogawa

4-1 電荷を蓄える「コンデンサ」のふるまい

〈小川 敦〉

コンデンサは，抵抗やコイルとともに，電子回路の基本となる3大受動部品とも呼ばれています．コンデンサの充放電による電圧変化を利用した回路には，タイマ回路や発振回路などがあります．

● コンデンサの構造と性質

基本構造は絶縁体を2つの電極板で挟んだもので，電極と電極の間に電荷を蓄えられます．次式のように電荷の量は電極間の電圧に比例します．比例定数Cは静電容量（キャパシタンス）と呼ばれています．

$$Q = CV \cdots\cdots\cdots\cdots\cdots\cdots\cdots\cdots\cdots (1)$$

静電容量値は電極の面積に比例し，絶縁体の厚さに反比例します．電極の間の絶縁体は誘電体とも呼ばれ，その材質によっても容量値が変わります．

● コンデンサの充電電圧は電荷量に比例する

式(1)は次式のように変形できます．電圧は電荷量に比例し，静電容量値に反比例します．

$$V = Q/C \cdots\cdots\cdots\cdots\cdots\cdots\cdots\cdots (2)$$

電流は単位時間に移動する電荷の量として定義され，1秒間に1クーロンの電荷が移動するときの電流値が1Aです．電流値Iに時間tを乗算すると，次式のようにt秒の間に移動した電荷の量が求められます．

$$Q = It \cdots\cdots\cdots\cdots\cdots\cdots\cdots\cdots\cdots (3)$$

式(2)および式(3)より，コンデンサCに電流Iを印加したときのt秒後の電圧は，次式で表されます．

$$V = It/C \cdots\cdots\cdots\cdots\cdots\cdots\cdots\cdots (4)$$

コンデンサを一定の電流で充電したとき，特定の電圧になるまでの時間は，式(4)を変形した式(5)で求められます．1μFのコンデンサを1μAの電流で充電した場合，電圧が1Vになるまでの時間は1秒です．

$$t = VC/I = (1V \times 1\mu F)/1\mu A = 1s \cdots\cdots (5)$$

● 一定電流で充電すると電圧は直線状に上昇する

図1に示すのは，コンデンサを一定電流で充電したときの電圧をシミュレーションするための回路です．

電流源I_1はPWL（Piece-Wise Linear）を使用して電流値をステップ状に変化させます．PWL(0 0 1n 1u)にすると，初期値が0Aで1ns後に1μAになります．

図2に示したシミュレーション結果では，1μFのコンデンサを1μAの電流で充電すると，コンデンサの電圧は直線状に上昇し，1秒後に1Vになります．

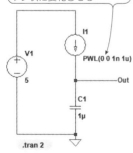

電流値を初期値0Aで1ns後に1μAになるようにステップ状に変化させる

図1 コンデンサを一定電流で充電したときの電圧をシミュレーションするための回路
電流源I_1はPWLを使用して電流値をステップ状に変化させる

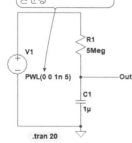

電圧値を初期値0Vで1ns後に5Vになるようにステップ状に変化させる

図3 抵抗でコンデンサを充電したときの電圧をシミュレーションするための回路
電圧源V_1はPWLコマンドにより0Vから5Vにステップ状に変化させる

使い方の基本

基本法則

電子部品の基礎

トランジスタ基本

MOSFET基本

OPアンプ基本

column 01 コンデンサは高い周波数の信号ほど電流が流れ「やすい」

小川 敦

コンデンサの基本的な性質として，直流電流は流れず高い周波数の交流信号ほど電流が流れやすくなります．

図Aに示すのは，低い周波数の信号を減衰させ，高い周波数成分だけを通過させるハイパス・フィルタ回路です．信号の減衰と通過の境界の周波数をカットオフ周波数と呼び，次式で計算できます．

$$f_C = \frac{1}{2\pi R_1 C_1} = \frac{1}{2\pi \times 1.6\,\text{k}\Omega \times 1\,\mu\text{F}} \fallingdotseq 100\,\text{Hz}$$

100 Hzのゲインは−3 dBでカットオフ周波数以下では周波数が1/10ごとに20 dB減衰します（図B）．

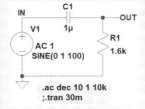

図A ハイパス・フィルタで，高い周波数の交流信号ほど電流が流れやすいコンデンサの基本的性質を調べる

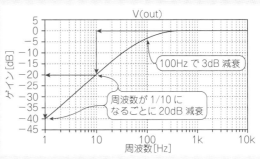

図B 図AのAC解析結果から，100 Hzのゲインは−3 dBで，それ以下では20 dB/decで減衰することがわかる

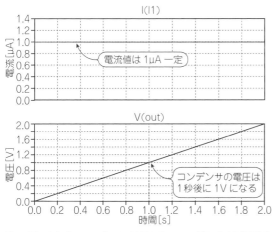

図2 図1のシミュレーション結果から，コンデンサの電圧は直線状に上昇し1秒後に1Vになることがわかる

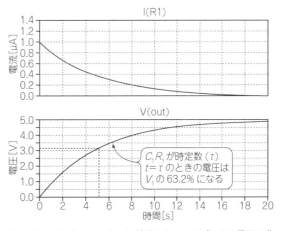

図4 図3のシミュレーション結果から，コンデンサの電圧は曲線になりV₁の電圧に漸近していくことがわかる

● **抵抗を介して充電するとコンデンサの電圧は電源電圧に漸近し，充電電流は徐々に減少する**

図3に示すのは，定電流源の代わりに抵抗でコンデンサを充電したときの電圧をシミュレーションするための回路です．電圧源 V_1 をPWLコマンドにより0 Vから5 Vにステップ状に変化させます．抵抗 R_1 の値が5 MΩなので，抵抗の両端の電圧が5 Vのとき，充電電流は1 μAになります．

図4に示すように，抵抗で充電した場合は電圧は曲線になり，V_1 の電圧に漸近していきます．充電電流が徐々に減っていくためです．

C_1 の電圧は電荷量 Q を C_1 の容量値で割ったものです．R_1 と C_1 の電圧を足したものが V_1 になります．

時間 t における電荷量 Q は，電流の時間関数 $i(t)$ を t 秒間積分したものになります．方程式を立てて解くと，図3の回路のOut端子の電圧は次式で表されます．

$$V_{out} = V_1 \left\{ 1 - \exp\left(\frac{-t}{C_1 R_1}\right) \right\} \quad\cdots\cdots\cdots\cdots (6)$$

ここでコンデンサと抵抗値を掛け合わせた CR を時定数 τ と呼びます．時間 t が CR と等しくなったときの出力電圧は，V_1 の63.2 %の電圧になります．

4-2 電流を蓄える「コイル」のふるまい

〈小川 敦〉

コイルは抵抗やコンデンサとともに，電子回路の基本となる3大受動部品の1つで，インダクタとも呼ばれています．コイルはパルス的な電流に対して抵抗のように作用し，周波数が高くなるほど信号を通しにくい性質があります．コイルは電流の安定化やノイズの除去などに利用され，コンデンサと組み合わせて発振回路やフィルタ回路にも応用できます．

● コイルの構造と性質

コイルはインダクタとも呼ばれ，その基本構造は導線を巻いたものです．単純に導線を巻いただけのものや，コアと呼ばれる磁性体に導線を巻いたものがあります．

図1に示すように，コイルに電流 I を流すと磁界が発生します．磁界の強さを表すものとして磁束 ϕ があります．次式のように磁束は電流に比例し，比例係数がインダクタンス L になります．

インダクタンスの単位には H（henry：ヘンリ）が使用されます．

$$\phi = LI \cdots\cdots\cdots\cdots\cdots\cdots\cdots (1)$$

インダクタンスの大きさはコイルの巻き数 N の2乗に比例します．コイルの中の磁束が変化すると，コイルの両端に電圧 V が発生します．電圧の大きさは磁束の変化速度に比例します．

式(1)からわかるように，コイルに流れる電流が変化すると磁束が変化します．磁束の変化速度は電流の変化速度と同じです．磁束変化によってコイルの両端には電圧が発生します．これを式で表すと，次のようになります．ここで $\Delta I / \Delta t$ は電流の変化率を表します．

$$V = L\, \Delta I / \Delta t \cdots\cdots\cdots\cdots\cdots\cdots (2)$$

● 電圧 V を加えたコイル L に流れる電流は変化率 V/L で，時間とともに増大する

コイルに直流電圧を加えた場合は，流れる電流はコイルの直列抵抗値で決まります．コイルの直列抵抗値が $1\,\mathrm{m}\Omega$ の場合，$1\,\mathrm{V}$ の電圧を加えると電流 I は，$1000\,\mathrm{A}(=1\,\mathrm{V}/1\,\mathrm{m}\Omega)$ になります．

ただし，初期電圧 $0\,\mathrm{V}$ から $1\,\mathrm{ns}$ 後に $1\,\mathrm{V}$ になるように，ステップ状に変化させた場合は，最初から直列抵抗で決まる電流が流れるわけではありません．

コイルに電圧を印加し，$0\,\mathrm{A}$ だった電流が少し変化すると，電流と同じ速度で変化する磁束が発生します．するとその変化する磁束に対応した電圧がコイルの両端に発生します．

コイルの直列抵抗成分での電圧降下が無視できる範囲では，コイルに発生した電圧と外部から加えた電圧がつりあうように，電流が変化します．

式(2)より，$1\,\mathrm{H}$ のインダクタンスをもつコイルに，1秒間に $1\,\mathrm{A}$ の割合で変化する電流を流したときの電圧は $1\,\mathrm{V}$ になります．逆に $1\,\mathrm{H}$ のコイルに $1\,\mathrm{V}$ の電圧を印加すると1秒間に $1\,\mathrm{A}$ の割合で変化する電流が流れることになります．

式(2)を変形して電流の変化率を求めると，次式のようになります．

$$\Delta I / \Delta t = V/L \cdots\cdots\cdots\cdots\cdots\cdots (3)$$

式(3)から，コイルに流れる電流は変化率 V/L で，時間とともに増大していきます．時間 t におけるコイルの電流を $I(t)$ とすると次式のように表せます．

$$I(t) = V/L \cdot t \cdots\cdots\cdots\cdots\cdots\cdots (4)$$

● コイルにステップ状の電圧を加えると直線状に電流が流れ始めるが，最終的にコイルの直列抵抗で電流値が決まる

図2に示すのは，コイルにステップ状の電圧を加えたときの電流をシミュレーションするための回路です．電圧源 V_1 は PWL コマンドで $0\,\mathrm{V}$ から $1\,\mathrm{ns}$ 後に $1\,\mathrm{V}$ に変化させます．LTspice では，コイルの直列抵抗のディフォルト値は $1\,\mathrm{m}\Omega$ になっています．

図3に示すのは，コイルにステップ状の電圧を加えたときのシミュレーション結果です．L_1 の電流は初期値が $0\,\mathrm{A}$ で，電圧がステップ状に変化したあと，1

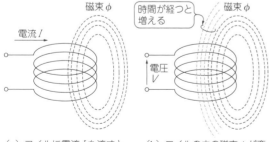

（a）コイルに電流 I を流すと磁界が発生する

（b）コイルの中の磁束 ϕ が変化すると，コイルの両端に電圧 V が発生する

図1 コイルに電流 I を流すと磁束 ϕ が発生し，磁束が変化すると電圧 V が発生する

column 02 コイルは高い周波数の信号ほど電流が流れ「にくい」

小川 敦

コイルに交流信号を加えた場合，その周波数が高くなるほど電流が流れにくくなります．加える電圧の周波数が高いほど，交流抵抗（インピーダンス）が大きくなります．

図Aに示すのは，高い周波数の信号を減衰させ，低い周波数成分だけを通過させるローパス・フィルタ回路です．信号を減衰させるか通過させるかの境界の周波数のことをカットオフ周波数f_Cと呼び，次式で計算できます．

$$f_C = \frac{R_1}{2\pi L_1} = \frac{6.2\ \Omega}{2\pi \times 1\ \text{mH}} \fallingdotseq 1\ \text{kHz}$$

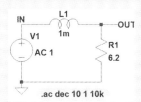

図A ローパス・フィルタで，高い周波数の交流信号ほど電流が流れにくいコイルの基本的性質を調べる

図Bに示すのはシミュレーション結果です．1 kHzのゲインは－3 dBとなっており，カットオフ周波数以上では周波数が10倍になるごとに20 dB減衰します．

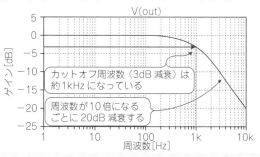

図B 図AのAC解析結果から，1 kHzのゲインは－3 dBで，それ以上では20 dB/decadeで減衰することがわかる

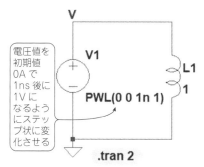

図2 ステップ状の電圧を加えたときの電流をシミュレーションするための回路
PWLコマンドで電圧源V_1を0 Vから1 ns後に1 Vに変化させる

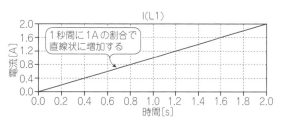

図3 図2のシミュレーション結果から，L_1の電流は1秒間に1 Aの割合で直線状に増加することがわかる

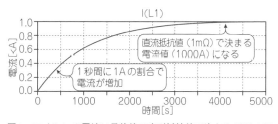

図4 コイルL_1の電流は最終的に直列抵抗値で決まる1000 Aになる
図2の回路で5000秒後までシミュレーションした結果

秒間に1 Aの割合で直線状に増加しています．

L_1の直列抵抗は1 mΩと小さいため，電流が小さい場合は無視できます．しかし，電流が大きくなるとその影響が現れ始め，L_1の電流は最終的には，直列抵抗の値で決まる電流値になります．

図4に示すのは，図2の回路でシミュレーション時間を5000秒に伸ばしたときの結果です．

電圧を加えた直後は電流が小さいため，直列抵抗の影響が表れず，1秒間に1 Aの割合で電流が増加していきます．しかし，時間と共に電流増加量が減りはじめ，最終的に流れる電流は，直列抵抗値で決まる1000 Aになります．

*

シミュレーションで使用するコイルは，電流値が変わってもインダクタンスの値は変化しません．しかし，実際のコイルでは，電流が大きくなるとコア材が磁気飽和し，インダクタンスが小さくなる場合があります．そのため，使用できる最大電流に注意が必要です．

使い方の基本
基本法則
電子部品の基礎
トランジスタ基本
MOSFET基本
OPアンプ基本

4-3 共振回路のQと素子定数の関係

〈小川　敦〉

● LCR並列共振回路のインピーダンス特性

図1に示すのは，LCR並列共振回路です．図1のA-B間のインピーダンスを考えてみます．

周波数が低いときは，Lのインピーダンスが小さく，周波数が高くなると，Cのインピーダンスが小さくなることから，特定の周波数でインピーダンスが最大になることが予想されます．A-B間のインピーダンスは，3つの素子が並列になっているため，次式のようになります．

$$Z = \cfrac{1}{\cfrac{1}{R} + \cfrac{1}{j\omega L} + j\omega C} = \cfrac{1}{\cfrac{1}{R} + j\left(\omega C - \cfrac{1}{\omega L}\right)} \cdots (1)$$

式(1)で分母の虚数部が0のとき$Z = R$となります．虚数部が0になるのは，次式の条件を満たしたときです．

$$\omega C = \frac{1}{\omega L} \cdots\cdots\cdots\cdots\cdots\cdots (2)$$

式(2)を変形してωを求めると次式になります．

$$\omega = \frac{1}{\sqrt{(LC)}} \cdots\cdots\cdots\cdots\cdots\cdots (3)$$

また，式(3)を周波数に変換すると次式になります．

$$f = \frac{1}{2\pi\sqrt{(LC)}} \cdots\cdots\cdots\cdots (4)$$

式(4)のfが共振周波数で，その周波数でインピーダンス最大となり，そのときの値はRと同じになります．LCR並列共振回路のQは，抵抗と，コイルおよびコンデンサの共振周波数(f_0)におけるインピーダンスの比で，次式のように表されます．

$$Q = \frac{R}{2\pi f_0 L} = \cfrac{R}{\cfrac{1}{2\pi f_0 C}} = 2\pi f_0 CR \cdots\cdots\cdots (5)$$

式(5)より，LCR並列共振回路のQは，RとCの値に比例し，Lの値に反比例することがわかります．

● シミュレーション結果からカーソルを使用してQを求める

図2に示すのは，コイルL_1とコンデンサC_1，抵抗R_1で構成された共振回路です．定数を式(5)に代入すると，次式のように$Q = 15.9$になります．

$$Q = 2\pi f_0 CR = 2\pi CR \frac{1}{2\pi\sqrt{(LC)}}$$
$$= \frac{252\,\text{p} \times 10\,\text{k}}{\sqrt{(252\,\text{p} \times 100\,\mu)}} = 15.9 \cdots\cdots\cdots\cdots (6)$$

図3に示すのは，図2の回路のシミュレーション結果です．信号源が電流源となっているため，縦軸は電圧の絶対値となります．dB表示となっており，値が一番大きくなる，共振周波数のときの値は80 dBとなっています．交流電流源の値が1 Aとなっているため，80 dBはインピーダンスの絶対値が$10^4\,\Omega = 10\,\text{k}\Omega$ということで，$R_1$の値と同じであることを表しています．

Qは，共振周波数を帯域幅で割ったもので，共振周波数をf_0とすると，次式で表されます．

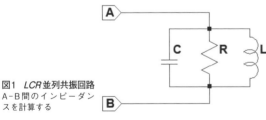

図1　LCR並列共振回路
A-B間のインピーダンスを計算する

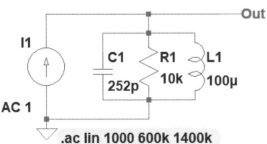

図2　コイル(L_1)とコンデンサ(C_1)および抵抗(R_1)で構成された共振回路
それぞれの素子の特性は理想とする

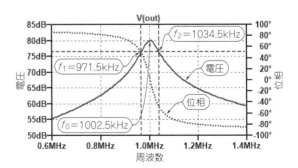

図3　LCR並列共振回路のシミュレーション結果
カーソルを使用して周波数を読み取り，Qを計算する

$$Q = \frac{f_0}{f_2 - f_1} \quad \cdots\cdots\cdots\cdots (7)$$

ここで，f_1，f_2はインピーダンスが$1/\sqrt{2}$，$(-3\,\mathrm{dB})$となる周波数です．

図3のグラフから，カーソルを使用してf_0，f_1，f_2を読み取り，Qを計算すると，次式のように15.9になります．これは，式(6)で計算したものと同じです．

$$Q = \frac{f_0}{f_2 - f_1} = \frac{1002.5\,\mathrm{k}}{1034.5\,\mathrm{k} - 971.5\,\mathrm{k}} = 15.9 \cdots\cdots (8)$$

● .measコマンドを使用してQを求める

シミュレーション結果から，カーソルを使用して周波数を読み取り，Qを計算するのはかなり大変です．そこで，LTspiceの.measコマンドを使用して，Qの計算を自動化してみます．

.measコマンドは，シミュレーション結果の中から，いろいろな条件を設定して，データを取り出すことができます．図4に示すのは.measコマンドを使用して，Qを求めるための回路です．.stepコマンドでR_1の値を5kΩ，10kΩ，20kΩと変化させ，そのときのQを求めます．

5行の.measコマンドでQを求めていますが，各行の意味は次のようになります．

①.meas AC GMax MAX mag(V(out))

AC解析結果からV(out)の最大値を探し出し，GMaxという変数に代入します．

②.meas AC fo when mag(V(out)) = GMax

V(out)がGMaxという値になる周波数をfoという変数に代入します．これが共振周波数になります．

③.meas AC BW trig mag(V(out)) = GMax/sqrt(2) rise = 1 targ mag(V(out)) = GMax/sqrt(2) fall = last

V(out)が大きくなっていくときと小さくなっていくとき，それぞれで，V(out)がGMaxの$1/\sqrt{2}$（$-3\,\mathrm{dB}$）になるときの周波数の差分を，BWという変数に代入します．これが帯域幅です．

④.meas AC QfdB param fo/BW

共振周波数(fo)を帯域幅(BW)で割って，QfdBという変数に代入します．この行でQの値を計算していますが，ここで得られる値は，単位が自動的にdBになっています．

⑤.meas AC Qf param pow(10, QfdB/20)

dBの値をリニアな値に変換し，Qfという変数に代入します．これがQの最終結果になります．

図5に示すのは，R_1の値を変えたインピーダンス特性のシミュレーション結果です．R_1を変えることで波形の最大値が変化し，また波形の鋭さも変わっていることがわかります．

.measコマンドの結果は，Ctrl + Lキーを押してエラー・ログを表示することで確認できます．Qfの計算結果だけを図6に示します．単位にdBがついてしまっていますが，値はリニアに変換したものが表示されています．R_1が10kΩのとき，Qは15.9なっており，図3のカーソルで読み取った値から計算した結果と一致しています．また，R_1が20kΩのときは，Qは31.7で10kΩのときの倍になり，R_1が5kΩのときはQは7.9と10kΩのときの半分になっています．

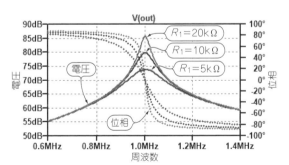

図5　R_1の値を変えたインピーダンス特性のシミュレーション結果

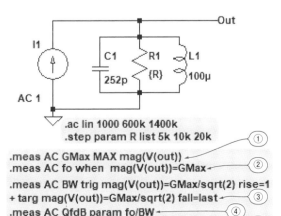

図4　.measコマンドを使用して，Qを求めるための回路
.stepコマンドでR_1の値を5kΩ，10kΩ，20kΩと変化させる

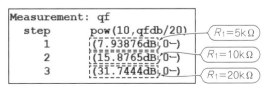

図6　.measコマンドの出力の中から，Q_fの計算結果だけを表示したデータ

4-4　電圧変換や絶縁に使う「トランス」のふるまい

〈小川　敦〉

　トランスは電気的に絶縁されつつ，磁気で結合してエネルギーの伝達を行います．交流電圧の変換（変圧），インピーダンス整合や平衡系-不平衡系の変換などに利用されています．

● トランスの性質

　トランスは直流電圧は伝えられませんが，1次側と2次側を絶縁した状態で交流電圧を伝えることができ，交流電圧の大きさを簡単に変えられます．そのため，発電所から送られた高電圧を，家庭で使用される電圧に下げるためなどに使用されています．

　1次巻き線に加えた電圧をE_1，2次巻き線に発生する電圧をE_2とします．1次巻き線の巻き数をN_1，2次巻き線の巻き数をN_2として巻き数比をnとすると，これらの関係は次式のように表せます．

$$E_2/E_1 = N_2/N_1 = n \cdots\cdots\cdots\cdots\cdots (1)$$

　1次巻き線と2次巻き線の巻き数比がわかれば，1次側の電圧と2次側の電圧比がわかります．

　コイルのインダクタンスLは巻き数Nの2乗に比例し，比例係数をαとすると，次式で表されます．

$$L = \alpha N^2 \cdots\cdots\cdots\cdots\cdots\cdots\cdots\cdots (2)$$

　巻き数N_1のコイルをL_1とすると，N_1のn倍の巻き数のコイルL_2は次式のように計算できます．

$$L_2 = \alpha (nN_1)^2 = n^2 L_1 \cdots\cdots\cdots\cdots (3)$$

● トランスの電圧比は巻き数比で決まる

　LTspiceでトランスを使用する場合，図1のように1次側のコイルL_1と2次側のコイルL_2を配置します．次に［s］キーを押してコマンド入力画面を表示し，2つのコイルの結合係数を「K1 L1 L2 1」のように記入して回路図に配置します．この場合，係数を1にしているので，損失のない理想的なトランスになります．

　1次側のインダクタンスを100 μHとし，2次側への

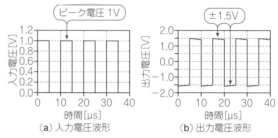

（a）入力電圧波形　　　　　（b）出力電圧波形

図2　図1のシミュレーション結果から，ピーク電圧1Vの入力信号に対し，出力電圧は±1.5 Vの矩形波になったことがわかる

電圧比を3にしたい場合は，巻き数比nが3となるため，2次側のインダクタンスは次式のように900 μHにします．

$$L_2 = n^2 L_1 = 3^2 \times 100\ \mu H = 900\ \mu H \cdots\cdots\cdots (4)$$

　図2に示すように，ピーク電圧1Vの入力信号に対し，出力電圧は±1.5 Vの矩形波になっています．

● 周波数が低くなるとゲインが低下し，直列抵抗が大きいほどゲインは低下しやすい

　コイルに直列に抵抗が入っていると，低い周波数で電流が制限され，理想的なトランスとして動作しなくなります．抵抗値R_1とL_1のインピーダンスが等しくなる周波数をf_Cとすると，f_Cは次式で計算できます．

$$f_C = R_1/2 \pi L_1 = 15.9\ kHz \cdots\cdots\cdots\cdots (5)$$

　R_1が10 Ωのときは，15.9 kHzよりも低い周波数では，理想的なトランスとしては動作しません．

　図3に示すように，周波数が低いとゲインが小さく，R_1が大きいほどゲイン低下の周波数が高くなります．

　ここでは結合係数を1にしましたが実際のトランスは損失があるため，結合係数は1よりも小さくなります．

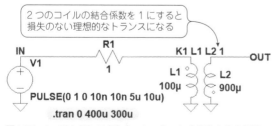

　2つのコイルの結合係数を1にすると損失のない理想的なトランスになる

図1 LTspiceでトランスのシミュレーションを行うための回路
電圧源V_1をピーク電圧1 V，周波数100 kHz，デューティ50 %の矩形波に設定した

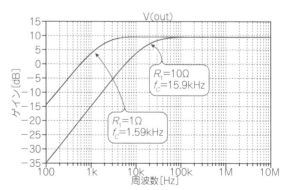

図3　図1のR_1を変更したときの周波数特性
R_1が大きいほどゲイン低下をはじめる周波数が高くなる

4-5 「ダイオード」の種類と特性

〈小川 敦〉

ダイオード(Diode)は，電流を一定方向にしか流さない作用(整流作用)をもった電子素子です．半導体のpn接合の整流性を利用した最も一般的な整流用ダイオードの他に，逆方向に電圧を掛けたときに電流が流れてしまう電圧(ブレーク・ダウン電圧)を故意に低くしたツェナー(Zener)ダイオードがあります．また，金属と半導体とのショットキー(Schottky)接合の整流作用を利用したショットキー・ダイオードがあります．

● ダイオードの種類

ダイオードにはいろいろな種類があります．代表的なものは以下の3種類です．

▶汎用的によく使われている整流ダイオード

最も一般的なものは整流用ダイオードで，図1のような記号を使用します．図1に示した左側の端子がアノード(Anode：A)と呼ばれ，右側の端子がカソード(Cathode，ドイツ語でKathode：K)と呼ばれます．

アノード側にプラスの電圧を加えると電流が流れます．カソード側にプラスの電圧を加えたときは電流が流れません．電流が流れる方向を順方向，流れない方向を逆方向と呼びます．

▶逆方向の定電圧特性を利用するツェナー・ダイオード

逆方向に電圧を掛けたときに電流が流れてしまう電圧(ブレーク・ダウン電圧)を故意に低くしたダイオードです．ブレーク・ダウン電圧が一定であることを利用するもので，定電圧ダイオードとも呼ばれます．

▶順方向電圧が小さく低損失なショットキー・ダイオード

順方向に電圧を加えたときに電流が流れ始める電圧を小さくしたダイオードです．スイッチング電源などで，無駄な電力消費を減らすために使用されます．

ツェナー・ダイオードとショットキー・ダイオードは整流用ダイオードと区別するため，図2のような記号が使用されます．カソード側の直線がZに似ているのがツェナー・ダイオードで，Sに似ているのがショットキー・ダイオードです．

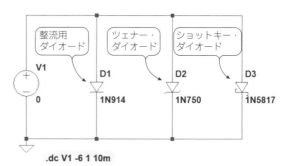

.dc V1 -6 1 10m

図3 3種類のダイオードのDC特性をシミュレーションするための回路
V_1の電圧を-6Vから1Vまで10mVステップで変化させる

● 種類により電流が流れ始める電圧が異なる

図3に示すのは，3種類のダイオードのDC特性をシミュレーションするための回路です．

3種類のダイオードを並列に接続し，電源V_1の電圧を-6Vから1Vまで10mVステップで変化させ，ダイオードの電流をシミュレーションします．

▶負電圧を加えたときは電流がほとんど流れないが，ツェナー・ダイオードは急激に電流が増加する

図4(a)に示すのは，印加電圧が負電圧となる逆方向特性です．整流用ダイオードD_1には電流が流れません．ショットキー・ダイオードには，30μA程度でほぼ一定の逆方向電流が流れます．用途によっては，この電流が無視できない場合があるため注意が必要です．

ツェナー・ダイオードは逆方向電圧が3.5Vを越えたあたりから電流が流れ始め，その後急激に電流が増加していきます．急激に電流が流れ始める電圧をブレーク・ダウン電圧と呼び，電子回路の電圧源として使用されます．そのため，さまざまなブレーク・ダウン電圧のツェナー・ダイオードが製品化されています．

▶正電圧を加えたときは0.6～0.7Vで電流が流れるが，ショットキー・ダイオードは0.2V程度と低い

図4(b)に示すのは，印加電圧が正電圧となる順方向特性です．整流用ダイオードとツェナー・ダイオードが0.6～0.7Vで電流が流れ始めるのに対し，ショットキー・ダイオードは0.2Vあたりから電流が流れ始

図1 アノードからカソードに向かって電流が流れる一般的なダイオードの記号

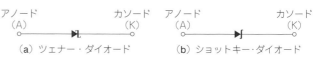

図2 ツェナー・ダイオードとショットキー・ダイオードの記号は，カソード側の直線の形状を変えて区別する

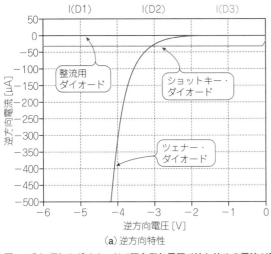

(a) 逆方向特性

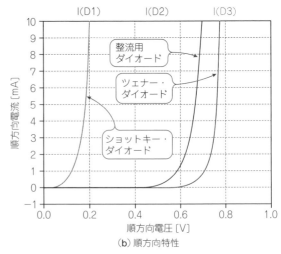

(b) 順方向特性

図4 それぞれのダイオードで正負印加電圧で流れ始める電流が異なっている

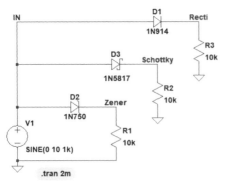

図5 3種類のダイオードの整流特性をシミュレーションする回路
ピーク電圧10Vで1kHzの正弦波を発生させて抵抗の電圧を調べる

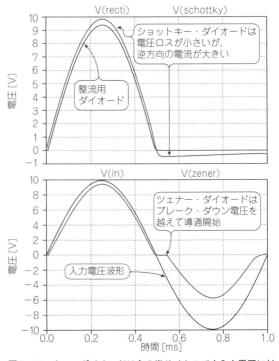

図6 ツェナー・ダイオードは負の半サイクルでも入力電圧に対応した電圧が現れている
図5のシミュレーション結果

めています. このようにショットキー・ダイオードは順方向の電圧ドロップが小さくなっています.

電圧ドロップと流れている電流を乗じたものが, ダイオードで消費する電力になります. スイッチング電源などにショットキー・ダイオードを使用すると, ダイオードで消費する無駄電力が小さくなり, 電源の効率を高くできます.

● 交流信号の片側の電圧を取り出す性質があるが, ツェナー・ダイオードは負の半サイクルで電圧が現れる

一般的なダイオードの用途として, 交流信号の片側の電圧だけを取り出すための整流回路があります. 図5に示すように, V_1にピーク電圧10Vで1kHzのサイン波を発生させ, それぞれの抵抗の電圧をシミュレーションします.

図6に示すように, 整流ダイオードは正の半サイクルだけ電圧が発生し, 負の半サイクルでは電圧は0Vとなっています. これが半波整流波形です.

一方, ショットキー・ダイオードのほうが整流ダイ

オードよりも電圧ロスが小さいため, 正の半サイクルの波形は, より入力電圧に近くなっています. ただし, 逆方向電流が大きいため, 負の半サイクルで0Vとならず, 若干電圧が発生しています.

ツェナー・ダイオードの正の半サイクルは整流用ダイオードと同等の波形ですが, 負の半サイクルで, ブレーク・ダウン電圧を越えるとツェナー・ダイオードは導通して入力信号に対応した電圧が出力されます.

4-6 LEDの種類と特性

〈小川 敦〉

発光ダイオード(LED:Light Emitting Diode)はダイオードの一種で,順方向に電圧を加えた際に発光する半導体素子です.低消費電力で長寿命といった特徴をもち,白熱電球や蛍光灯などに代わる照明に使われています.

各色(赤色,黄色,緑色,青色,白色)によって発光し始める電圧(順電圧)が異なり,LEDには直列に抵抗を接続する電流制限回路が必要になります.

● 使われている化合物半導体の種類によってLEDの発光色が異なる

LED(Light Emitting Diode)はダイオードの一種で,電流を流すことで,さまざまな色で発光します.

構造は一般的なダイオードと同じく,N型半導体とP型半導体を組み合わせたものです.一般的なダイオードがシリコンを素材とするのに対し,LEDには化合物半導体が使われます.使われる化合物半導体は発光色によって異なり,一例として,赤外線ではGaAs(ガリウム・ひ素),赤色はInGaAlP(インジウム・ガリウム・アルミニウム・リン),青色ではInGaN(インジウム・ガリウム・窒素)などが使用されています.

LEDは電流を流したときの電圧が,一般的なダイオードよりも大きくなっています.一般的なダイオードの電流を流したときの電圧が0.6 V〜0.7 Vであるのに対し,赤色LEDは1.9 V程度,青色LEDは3.1 V程度というように,発光色によって異なります.

白色LEDの多くは,青色LEDをベースに蛍光体で他の色を発光させて白色に見えるようにしています.電流を流したときの電圧は青色LEDと同等のものが多いようです.

LEDの仕様書には特定の電流を流したときの明るさが記載されています.単位はcd(カンデラ)です.

明るさを表す別の単位としてlm(ルーメン)があります.ルーメンはすべての方向の光の総量で,カンデラは特定方向の光の強さを表します.同じLEDでもレンズなどで指向性を強くした場合,カンデラの値は大きくなります.一般的に照明器具ではルーメンが使用され,LED単体ではカンデラが使用されています.

● LEDの順方向電圧は色によって異なる

図1に示すのは赤色LEDと白色LEDの順方向電圧をシミュレーションするための回路です.赤色LEDのQTLP690Cと白色LEDのNSPW500BSに電圧源V_1を接続し,V_1の値を0 Vから3.5 Vまで変化させたとき,それぞれのLEDの電流をシミュレーションします.LEDのモデルはLTspiceに標準で登録済みのものを使用しています.

図2に示すのは,LED電流のシミュレーション結果です.それぞれのLEDの順方向電流が20 mAとなる電圧を読み取ると,赤色LEDの順方向電圧は1.9 V程度で白色LEDの順方向電圧は3.3 V程度になっています.

● LEDには直列に抵抗を接続する

LEDの電流を特定の値にしたいとき,最もシンプルな方法は図3のように,電源V_1とLEDの間に抵抗を挿入します.この抵抗を電流制限抵抗と呼びます.

必要な明るさからLEDに流す電流値I_Fを決めます.LEDに流れる電流と抵抗R_1に流れる電流は同じため,LEDの順方向電圧をV_Fとすると,次式が成立します.

$$V_{CC} = R_1 I_F + V_F \cdots\cdots (1)$$

抵抗の値は式(1)を変形して,次式のように求められます.

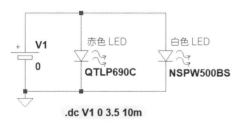

図1 赤色LEDと白色LEDの順電圧をシミュレーションするための回路
V_1の値を0 Vから3.5 Vまで変化させたときのLED電流を調べる

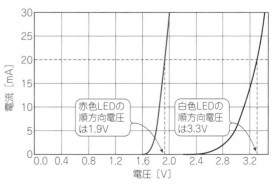

図2 LEDの順電圧のシミュレーション結果

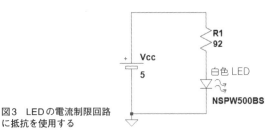

図3 LEDの電流制限回路に抵抗を使用する

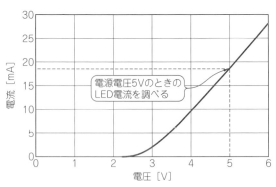

図4 電源電圧5VのときのLED電流は約19mAになっている
図3のシミュレーション結果

表1 実験に使用した5種類のLEDの仕様

種類	型番	特性	最小	標準	最大	単位
赤色	OS5RPM 5111A‐TU	順電圧 V_F	1.6	2.1	2.6	V
		光度 I_v	10000	12000	14000	mcd
		波長 λ	620	625	630	nm
黄色	OSYL 5111A‐TU	順電圧 V_F	1.8	2.1	2.6	V
		光度 I_v	10000	12000	–	mcd
		波長 λ	585	590	595	nm
緑色	OSG58A 5111A	順電圧 V_F	2.3	3.1	3.6	V
		光度 I_v	40000	45000	–	mcd
		波長 λ	520	525	530	nm
青色	OSUB 5111A‐ST	順電圧 V_F	2.8	3.1	3.6	V
		光度 I_v	8400	10000	–	mcd
		波長 λ	465	470	475	nm
白色	OSPW 5111A‐Z3	順電圧 V_F	2.8	3.1	3.6	V
		光度 I_v	25000	30000	–	mcd
		色温度 CCT	8500	10000	18000	K

$$R_1 = \frac{V_{CC} - V_F}{I_F} \cdots\cdots\cdots\cdots\cdots\cdots\cdots (2)$$

　問題の条件を当てはめると，抵抗の値は次式のように90 Ωになります．

$$R_1 = \frac{V_{CC} - V_F}{I_F} = \frac{5\,\text{V} - 3.2\,\text{V}}{20\,\text{mA}} = 90\,\Omega \cdots\cdots (3)$$

　E24系列の抵抗から選ぶと92 Ωになります．電源電圧が大きく変わる場合は，抵抗ではなく定電流素子を使用する必要があります．

　図4に示すのは，図3のシミュレーション結果です．図2と比べると電流の傾きが緩やかになっています．電源電圧が5VのときのLED電流は約19 mAです．

● LEDの各色によって発光し始める電圧が異なる

　色の異なる5種類のLEDで，実際に発光する電圧を確認してみます．表1に示すのは，使用した5種類のLEDの仕様です．

　写真1に示すのは，抵抗(560 Ω)と5種類のLEDを配置したブレッドボードです．数字は電圧計で測定した電源電圧を表示しています．LEDは左から，赤色，黄色，緑色，青色，白色の順番です．

　電源電圧1.6 Vのときは赤色LEDのみが微かに発光しています．1.8 Vのときは赤色LEDと黄色LEDが発光しています．2.3 Vのときは緑色LEDも発光しています．2.8 VのときはすべてのLEDが発光しています．

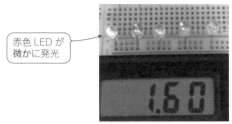

赤色LEDが微かに発光

(a) 電源電圧が1.6Vのとき

赤色と黄色が発光

(b) 電源電圧が1.8Vのとき

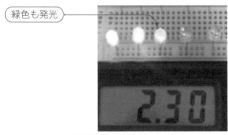

緑色も発光

(c) 電源電圧が2.3Vのとき

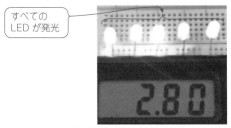

すべてのLEDが発光

(d) 電源電圧が2.8Vのとき

写真1 LEDの各色(左から順に赤色，黄色，緑色，青色，白色)によって発光し始める電圧が異なる

4-7 サージ電圧を吸収する「ダイオード付きリレー」

〈小川 敦〉

電気回路の開閉スイッチとして，電源配電盤，電源装置，インバータなどでは電流容量の大きな電磁石方式のリレーがよく使用されています．

マイコンでリレーをコントロールする場合には，MOSFETなどを接続して駆動します．リレーの電磁石（コイル）に流れる電流を急激にOFFするとコイルに高電圧が発生します．このときMOSFET自体の耐圧を越えてしまうと，MOSFETが破壊する危険性があります．一般的にはコイルと並列に還流ダイオードと呼ばれる保護素子を取り付けて高電圧が発生しないように駆動します．

● **MOSFETが破壊する危険性のあるリレー駆動回路**

図1に示す回路は，MOSFETを使用してマイコンでリレーを駆動することを想定したシミュレーション用の回路です．MOSFETが破壊する危険性のある回路になっています．

リレーは電磁石（コイル）を使用して接点のON/OFFを行います．L_1はリレーのコイルを表しています．インダクタンスは0.08 Hで直列抵抗成分は62 Ωです．M_1は2.5 V駆動タイプNチャネルMOSFETのRTF025N03（ローム）を使用しています．

MOSFETのドレイン-ソース耐圧の絶対最大定格は30 Vです．使用しているMOSFETのモデルは，ドレインに高電圧を加えてもブレーク・ダウンしません．そのため，ツェナー・ダイオードのDZを追加し，MOSFETの耐圧を越えたときに，ブレーク・ダウンするようにしています．V_1はマイコンのI/Oポートの信号に相当するもので，3.3 Vを出力します．

● **リレーのコイルに流れる電流をOFFすると，逆起電力により高電圧が発生する**

図2に示すのは，MOSFETが破壊する危険性のある回路のシミュレーション結果です．

MOSFETのゲートに電圧が印加されるとL_1に電流が流れます．このときの電流値はリレー駆動電圧の5 VをL_1の直列抵抗62 Ωで割った80 mAになります．

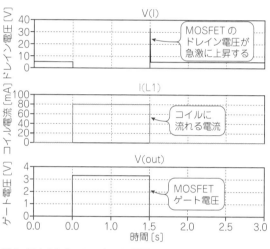

図2 図1のシミュレーション結果では，MOSFETがOFFしたあと，ドレイン電圧が耐圧を越える電圧まで上昇している

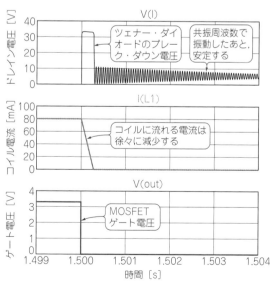

図3 図2の1.5秒付近を拡大すると，コイルの電流はMOSFETがOFFしたあと徐々に減少することがわかる

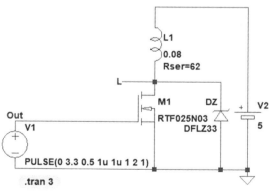

図1 MOSFETが破壊する危険性のあるリレー駆動回路
ツェナー・ダイオードのDZを追加してMOSFETの耐圧を表現した

使い方の基本

基本法則

電子部品の基礎

トランジスタ基本

MOSFET基本

OPアンプ基本

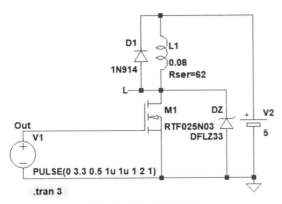

図4　MOSFETが破壊しないリレー駆動回路
コイルに並列に還流ダイオードをつけた

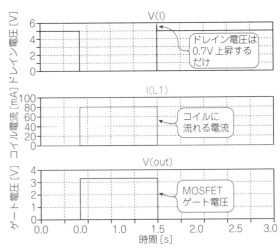

図5　コイルL_1に還流ダイオードを接続すると，MOSFETのドレイン電圧は電源電圧から0.7V上昇するだけである

　1.5秒後にMOSFETのゲート電圧が0Vになると，MOSFETはOFFします．このとき，コイルに流れている電流はそのまま流れ続けようとします．しかし，MOSFETがOFFしているため，MOSFETのドレイン電圧はツェナー・ダイオードDZがブレーク・ダウンするまで急激に上昇します．

　実際の回路ではMOSFETの耐圧を越えてブレーク・ダウンすることになり，MOSFETが破壊してしまう危険性があります．

　図3に示すのは，図2の1.5秒付近の時間軸を拡大したものです．コイルの電流はMOSFETがOFFしたあと，すぐに0Aになるのではなく，徐々に小さくなります．この電流はツェナー・ダイオードを経由して流れます．コイルの電流が十分小さくなると，MOSFETのドレイン電圧が下がり，ツェナー・ダイオードはOFFします．この後，ドレイン電圧はコイルのインダクタンスとMOSFETのドレイン容量など

で決まる共振周波数で振動したあと安定します．

● 対策を施した回路

　コイルに並列にダイオードを接続すると，MOSFETがOFFしたときに，コイルに流れ続けようとする電流を流すルートを確保できます．このダイオードを還流ダイオードと呼びます．還流ダイオードは，フリー・ホイール・ダイオードやフライ・ホイール・ダイオード，回生ダイオードなど，さまざまな名前で呼ばれています．図1に示したコイルに並列に還流ダイオードを追加した回路が図4です．

● 還流ダイオードの接続による高電圧の抑制

　図5に示すのは，還流ダイオードを接続した場合のシミュレーション結果です．MOSFETのゲート電圧が0Vになり，MOSFETがOFFしたあとドレイン電圧は電源電圧から0.7Vしか上昇していません．これはMOSFETの耐圧よりも十分小さい値のため，MOSFETが破壊することはありません．

　図6に示すのは，図5のシミュレーション結果の時間軸を図3と同じレンジに拡大したものです．MOSFETがOFFしたあと，コイルの電流は図3よりも時間をかけて減少していきます．この電流は還流ダイオードを介して，電源に向かって流れていきます．そのため，MOSFETのドレイン電圧は電源電圧(5V)＋ダイオードの順方向電圧(0.7V)になります．

＊

　最近は電磁石を利用した機械式リレーのほかに，フォトカプラとMOSFETを組み合わせた半導体リレーも広く使用されるようになっています．半導体リレーの場合はコイルを使用しないため，還流ダイオードを接続する必要はありません．

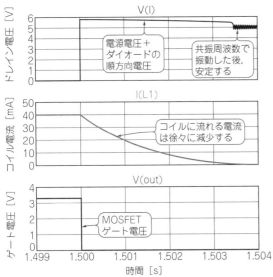

図6　図5の1.5秒付近を拡大すると，コイルの電流は図3よりも時間をかけて減少していく

4-8 水晶振動子のインピーダンスと発振回路

〈小川 敦〉

水晶振動子は水晶（石英）の圧電効果を利用し，高い周波数精度の発振を起こす際に用いられる受動素子の1つです．クォーツ時計や無線通信などの発振回路に欠かせない部品です．

最も一般的には，水晶振動子はCMOSインバータと組み合わせた発振回路に使われます．

● 水晶振動子のインピーダンス特性

水晶振動子を使用すると，安定して正確な周波数の発振回路を構成できます．そのため，水晶振動子を使用した発振回路は，時計や無線通信機器の基準周波数発生回路に広く使われています．

水晶振動子は図1のような等価回路で表せます．水晶振動子の等価回路に電流源を接続します．

AC 1としてシミュレーションすることで，Z端子の電圧がインピーダンスの値を示すようになっています．この等価回路において，直列共振周波数 f_S は，L_1 と C_2 で決まり次式で表されます．

$$f_S = \frac{1}{2\pi\sqrt{L_1 C_2}} = 3.997\,\text{MHz} \cdots\cdots\cdots (1)$$

また，並列共振周波数 f_P は，L_1 と C_1，C_2 の直列容量値で決まり，次式で表されます．

$$f_P = \frac{1}{2\pi\sqrt{L_1 \dfrac{C_1 C_2}{C_1 + C_2}}} = 4.003\,\text{MHz} \cdots\cdots (2)$$

C_1 に比べて C_2 がかなり小さいため，直列容量値は C_2 に近い値となります．そのため，並列共振周波数は，直列共振周波数と非常に近い値になります．

● 水晶振動子のインピーダンス周波数特性は直列共振点と並列共振点の2つがある

図2に示すのは，水晶振動子のインピーダンス特性のシミュレーション結果です．並列共振周波数（4.003 MHz）でインピーダンスが最も大きくなり，直列共振周波数（3.997 MHz）で最も小さくなります．

並列共振周波数と直列共振周波数の間の位相は＋90°となっており，この領域はコイルと等価とみなせます．それ以外の周波数の位相は－90°となっており，コンデンサと等価になります．

● 発振回路が安定して動作することを確認する

図3に示すのは，CMOSインバータと水晶振動子を使用した発振回路のループ特性調べるための回路です．CMOSインバータを使用した水晶発振回路は，水晶振動子がコイルと等価とみなせる周波数で発振します．発振周波数や確実に発振するかどうかを計算で求めるのは簡単ではありません．そこでMiddlebrook法と呼ばれる手法を使用して，シミュレーションで確認します．

一般的にMiddlebrook法は，帰還をかけたOPアンプ回路が安定して動作するかどうかという発振安定性（位相余裕）を調べるために使用されます．ここでは発振回路が確実に発振するかどうかという観点で使用します．

図3ではMiddlebrook法を使用するため，同じ回路を2種類用意し，それぞれに電圧信号源と電流信号源

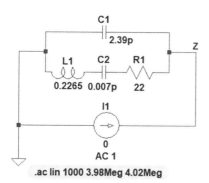

.ac lin 1000 3.98Meg 4.02Meg

図1 水晶振動子のインピーダンス特性をシミュレーションするための回路
電流源 I_1 の AC Amplitude を1にし，Z端子の電圧を観察する

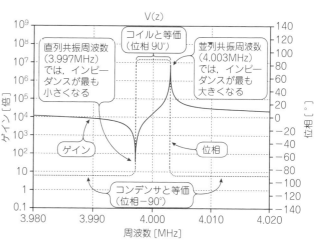

図2 水晶振動子のインピーダンス周波数特性では，直列共振点と並列共振点の2つがある

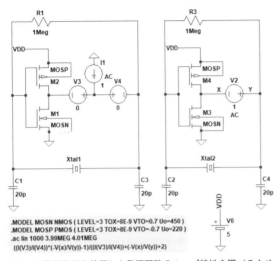

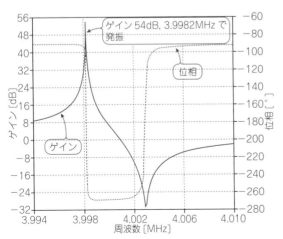

.MODEL MOSN NMOS (LEVEL=3 TOX=8E-9 VTO=0.7 Uo=450)
.MODEL MOSP PMOS (LEVEL=3 TOX=8E-9 VTO=-0.7 Uo=220)
.ac lin 1000 3.99MEG 4.01MEG
(((I(V3)/I(V4))*(-V(x)/V(y))-1)/((I(V3)/I(V4))+(-V(x)/V(y))+2)

図3　水晶振動子を使用した発振回路のループ特性を調べるための回路
Middlebrook法と呼ばれる手法を使用してシミュレーションする

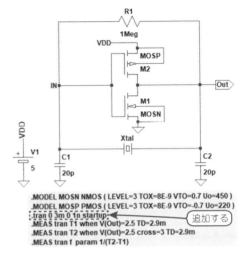

.MODEL MOSN NMOS (LEVEL=3 TOX=8E-9 VTO=0.7 Uo=450)
.MODEL MOSP PMOS (LEVEL=3 TOX=8E-9 VTO=-0.7 Uo=220)
.tran 0 3m 0 1n startup　　　　　　　　　　追加する
.MEAS tran T1 when V(Out)=2.5 TD=2.9m
.MEAS tran T2 when V(Out)=2.5 cross=3 TD=2.9m
.MEAS tran f param 1/(T2-T1)

図5　発振のきっかけを作るために，図3にstartupオプションを追加する

を加えています．この回路でシミュレーションを実行し，「((I(V3)/I(V4))*(-V(x)/V(y))-1)/((I(V3)/I(V4))+(-V(x)/V(y))+2)」をプロットすることで，ループ・ゲインを表示できます．

　図4に示すのは，Middlebrook法を使用してシミュレーションした発振回路のループ特性です．

　位相が回転して-180°となって正帰還になる周波数は，水晶振動子の直列共振周波数よりも少し高い3.9982MHzになっています．この周波数のゲインは54dB程度になっています．そのため回路はこの周波数で発振することがわかります．

● **発振振幅の立ち上がりの解析**

　図5に示すのは，CMOSインバータと水晶振動子を

使用した発振回路を実際に発振させて，出力波形を調べるための回路です．ここではトランジェント解析を行います．発振のきっかけを作るために，startupオプションを追加し，電源を0Vから5Vに立ち上げるようにしています．

　図6に示すのは，**図5**の水晶振動子を使用した発振回路のシミュレーション結果です．時間軸を拡大し，最後の1μsを表示したものを重ねて表示しています．電源電圧が立ち上がってもすぐに発振波形は現れず，0.6ms程度経過してから発振振幅が立ち上がっています．.measで計算した発振周波数は，エラー・ログに表示されますが，その結果は3.99796MHzとなっており，**図4**の発振周波数の結果と近い値になっています．

＊

　ここでは，水晶振動子を使用した発振回路として最も一般的なCMOSインバータと組み合わせた回路を取り上げました．水晶振動子を使用した発振回路には，トランジスタを使用したコルピッツ発振回路と組み合わせたものもあります．

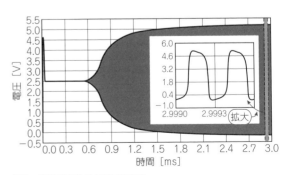

図4　3.9982MHzで位相が-180°となっており，この周波数で発振する
水晶振動子を使用した発振回路のループ特性

図6　発振周波数は3.99796MHz
水晶振動子を使用した発振回路のシミュレーション結果

4-9 容量が変化する「バリキャップ」のふるまい

〈小川 敦〉

バリキャップは，逆方向に印加する電圧によって，静電容量が大きく変化するような構造にしたダイオードです．順方向に電圧を印加すると，一般的なダイオードと同じように電流が流れます．バラクタ（Varactor）や可変容量ダイオードとも呼ばれます．

印加電圧で容量値が変わる性質を利用して周波数をコントロールし，無線通信機器やラジオ受信機の発振回路や同調回路などに使用されています．

● バリキャップは印加電圧が高くなるほど容量値が小さくなる性質をもつダイオード

図1に示すのは，LTspiceに登録されているバリキャップ（MV2201）の印加電圧と静電容量の関係を調べるための回路です．バリキャップの等価回路をコンデンサと抵抗の直列回路とみなした場合，容量値は交流電源からバリキャップに流れ込む電流 i の，実部と虚部から次式のように計算できます．

$$C = \frac{i_{虚部}}{\omega}\left\{1 + \left(\frac{(i_{実部})^2}{(i_{虚部})^2}\right)\right\} \cdots\cdots\cdots\cdots (1)$$

バリキャップに流れ込む電流は V_1 の電流の符号を反転したものです．式(1)をLTspiceの書式で記述すると次のようになります．

C＝im(−i(V1))/(2＊pi＊frequency)＊(1+re(−i(V1))＊＊2/im(−i(V1))＊＊2)

AC解析で.measコマンドを使用し，10 MHzのときの容量値を計算してCapという変数に代入します．そして，V_1 の直流電圧を0 Vから10 Vまで0.2 Vステップで変化させ，印加電圧に対する容量値の変化を調べます．図2に示すのは，MV2201の印加電圧と静電容量の関係を表すグラフです．

グラフを表示させるには，図2の回路でシミュレーションを実行したあと，［Ctrl＋L］キーを押してエラー・ログ（SPICE Error Log）を表示します．ウィンド

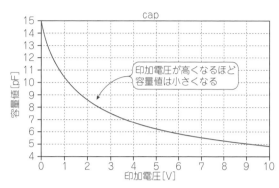

図2 バリキャップの印加電圧と静電容量の関係

印加電圧が高くなるほど容量値は小さくなる

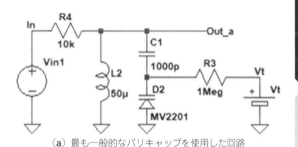

（a）最も一般的なバリキャップを使用した回路

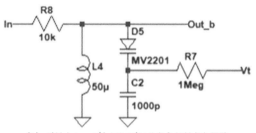

（b）バリキャップとコンデンサを入れ替えた回路

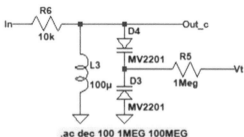

.ac dec 100 1MEG 100MEG
.step param VT list 1 5 10

（c）バリキャップを2個使用した回路

図3 バリキャップを使用した*LC*共振回路
バリキャップに印加する電圧を1 V，5 V，10 Vと変えて周波数特性を調べる

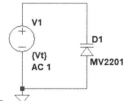

図1 バリキャップの静電容量と印加電圧の関係を調べるための回路
V_1 の電流の実部と虚部から容量値を計算する

.step param Vt 0 10 0.2
.ac dec 10 1MEG 100MEG
.meas AC Cap FIND im(-i(V1))
/(2*pi*frequency)*(1+re(-i(V1))**2
/im(-i(V1))**2) AT 10MEG

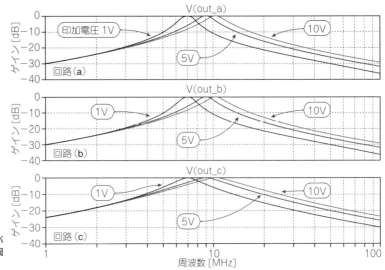

図4　図3のシミュレーション結果から，バリキャップの印加電圧を変えることで共振周波数が変化していることがわかる

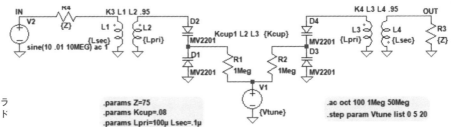

図5　バリキャップとトランスを組み合わせたバンドパス・フィルタ回路

ウの中でマウスの右ボタンをクリックし，表示されたメニューから［Plot .step'ed .meas data］を選択します．図2を見るとわかるように，バリキャップは印加電圧が高くなるほど容量値は小さくなります．

● バリキャップを使ったLC共振回路の周波数の変化

図3に示すのは，バリキャップを使用した3種類のLC共振回路をシミュレーションするための回路です．バリキャップに印加する電圧を1V，5V，10Vと変

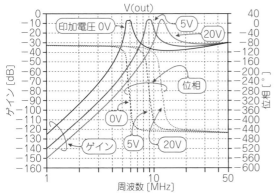

図6　図5のシミュレーション結果から，バリキャップに加える電圧で通過周波数が変化していることがわかる

えて周波数特性をシミュレーションします．

図3(a)に示すのは，最も一般的なバリキャップの使い方です．コンデンサC_1はバリキャップに印加した電圧が，コイルでショートされないようにするための直流カット用のコンデンサです．図3(b)に示すのは図3(a)のバリキャップとコンデンサを入れ替えたものです．動作は図3(a)と全く同じになります．図3(c)に示すのは，バリキャップを2個使用しています．このように接続すると，信号電圧によって発生するバリキャップの容量変化を打ち消すことができます．

図4に示すのは，図3のシミュレーション結果です．3つの回路はいずれもバリキャップの印加電圧を変えることで，共振周波数が変化していることがわかります．

● 通過周波数可変バンド・パス・フィルタ回路

図5に示すのは，LTspiceのサンプル・ファイル（ドキュメント￥LTspiceXVII￥examples￥Educational￥varactor.asc）で示されている回路です．バリキャップとトランスを組み合わせたバンドパス・フィルタです．

図6に示すのは，図5のバリキャップとトランスを組み合わせたバンドパス・フィルタのシミュレーション結果です．バリキャップに加える電圧によって，通過周波数が変化していることがわかります．

4-10 加える電圧で抵抗値が変化する「バリスタ」

〈小川 敦〉

バリスタ（Varistor）はVariable Resistorを略した2つの電極をもつ電子部品です．印加電圧によって抵抗値が変化します．両端子間の電圧が低い場合には電気抵抗が高く，ある程度以上に電圧が高くなると急激に電気抵抗が低くなる性質をもちます．

バリスタは他の電子部品を高電圧から保護するためのバイパスとして用いられています．

● バリスタは印加電圧が低いと電気抵抗が高いが，ある程度まで電圧が高くなると急激に下がる

バリスタは印加電圧によって抵抗値が変化します．バリスタを表す記号にはいろいろなものがあり，図1に示した記号がよく使用されます．

図2に示すのは，バリスタに電圧を加えたときに流れる電流をグラフにしたものです．電圧が低いときは抵抗値が高いため電流がほとんど流れません．バリスタ電圧を越えると抵抗値が小さくなって，大きな電流が流れます．バリスタ電圧は，一般的にはバリスタに流れる電流が1mAになる電圧として定義されています．

バリスタの動作はツェナー・ダイオードと似ていますが，ツェナー・ダイオードとは異なり，正負どちらの電圧が印加されても，バリスタ電圧を越えるまでは電流が流れません．

● バリスタの部品モデル

LTspiceに付属しているバリスタ素子は，シンボル・ライブラリの中のSpecialFunctionフォルダの中にあります．コンポーネント選択画面で，Varistorと入力することで呼び出せます．

シンボルは図3に示したように4端子素子になっています．外部電圧を印加してバリスタ電圧を設定します．Rclamp変数でバリスタ電圧を越えたあとの抵抗値を設定します．Rclampを1Ωに設定する場合は，シンボルを右クリックして表示されるアトリビュート編集画面で，Valueの欄にRclamp＝1と入力します．

● バリスタ電圧を可変すると出力波形がクリップする電圧も変化する

図4に示すのは，LTspiceのサンプル・ファイル（¥LTspiceXVII¥examples¥Educational¥varistor.asc）の回路図です．バリスタ電圧設定端子には，V_2が接続されています．V_2は±3Vの三角波となっているため，バリスタ電圧は0Vから3Vまで変化します．

図5にシミュレーション結果を示します．バリスタ電圧が0Vから3Vまで変化しているため，OUT端子の波形がクリップする電圧も0Vから3Vまで変化し

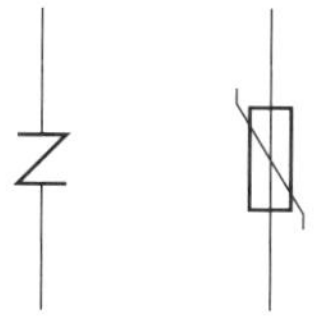

▶図1 バリスタを表す記号にはいろいろなものがある

この2端子間の電圧でバリスタ電圧を設定する

バリスタ電圧を越えた後の抵抗値を設定

図3 LTspiceに装備されているバリスタ・モデル
外部電圧を印加することでバリスタ電圧を設定する

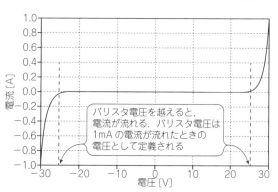

バリスタ電圧を越えると，電流が流れる．バリスタ電圧は1mAの電流が流れたときの電圧として定義される

図2 バリスタに電圧を印加したときに流れる電流
正負どちらの電圧が印加されてもバリスタ電圧を越えるまでは電流が流れない

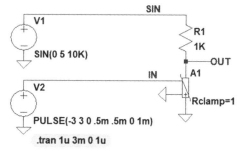

図4 バリスタ素子の動作をシミュレーションする回路
バリスタ電圧設定端子に±3Vの三角波を加えた

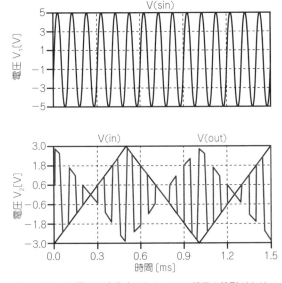

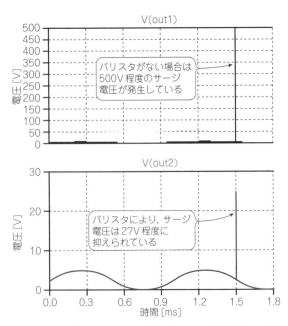

図5　バリスタ電圧が変化するため，OUT端子の波形がクリップする電圧も変化している
図4のシミュレーションの結果

図7　図6のシミュレーション結果から，OUT2端子のサージ電圧は27V程度に抑えられていることがわかる

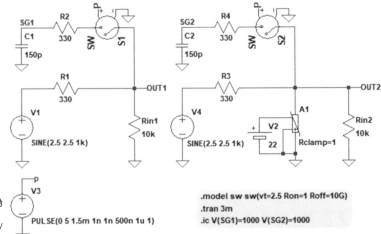

図6　サージ電圧が印加されたときの保護動作をシミュレーションする回路
.icコマンドによりC_1とC_2の初期電圧が1000Vになる

ています．バリスタ電圧は設定端子電圧の極性には依存せず，絶対値で設定されます．

● バリスタに1000Vが印加された場合のサージ電圧
　バリスタはサージ電圧から電子機器を保護するために使用されます．そこで，サージ電圧が印加されたときに，どのように保護するのかをシミュレーションしてみます．
　図6に示すのは，サージ電圧を印加するための回路です．C_1とC_2の初期電圧を，.icコマンドを使用して1000Vとしています．そして，1.5ms後にスイッチS_1とS_2をONさせてOUT1端子とOUT2端子に1000Vのサージ電圧を印加します．OUT2端子にはバリスタ

電圧22Vに設定したバリスタが接続されています．
　図7に示すのは，サージ電圧が印加されたときの保護動作のシミュレーション結果です．OUT1端子には500V程度のサージ電圧が発生しています．しかし，バリスタが付いているOUT2端子のサージ電圧は27V程度に抑えられていることがわかります．

＊

　LTspiceのバリスタ素子は，バリスタ電圧を簡単に変更できるため，手軽にバリスタを使用した回路の動作をシミュレーションすることができます．ただし，寄生容量等は考慮されていないため，精密なシミュレーションをしたい場合は，バリスタ・メーカが公開しているバリスタ・モデル[注1]を使用する必要があります．

（注1）：TDKのバリスタ・モデル
https://product.tdk.com/info/ja/technicalsupport/tvcl/general/varistors.html

4-11 「トランジスタ」の増幅のふるまい

〈小川 敦〉

トランジスタ(Transistor)は，電子回路において信号を増幅することができる半導体素子です．入力された電圧変化に応じた出力電流が負荷抵抗で再度電圧に変換されて増幅された出力になります．入力電圧を出力電流に変換する係数を相互コンダクタンスg_mと呼んでいます．g_mは増幅回路のゲイン設計を簡単にする有用なパラメータです．

● **増幅回路の設計で相互コンダクタンスg_mが重要な理由**

一般的な増幅回路で使用される増幅素子は，図1に示すように入力された電圧変化に応じた電流を出力するものが使用されます．出力電流が負荷抵抗で再度電圧に変換されて出力になります．

この素子の入力電圧を出力電流に変換する係数が相互コンダクタンスg_mです．

図1の回路でV_{in}を入力信号とし，I_{out}をV_{in}による電流変化とすると，出力電圧変化V_{out}の絶対値は$I_{out}R_L$で表されます．また$I_{out}＝g_mV_{in}$ですから，まとめるとV_{out}は次式のようになります．

$$V_{out} = g_m V_{in} R_L \cdots\cdots\cdots\cdots\cdots\cdots (1)$$

ゲインGはV_{out}をV_{in}で割ったものなので，次式で表すことができます．

$$G = \frac{V_{out}}{V_{in}} = \frac{g_m V_{in} R_L}{V_{in}} = g_m R_L \cdots\cdots\cdots (2)$$

式(2)を使用することで，g_mがわかれば簡単にゲインを求められます．また，負荷抵抗とゲインが決まっている場合，g_mをいくつにすればよいかも求められます．g_mは増幅回路のゲイン設計を簡単にする有用なパラメータです．

● **ベース-エミッタ間に電圧を加えるとコレクタ電流は指数関数的に増加する**

トランジスタのベース-エミッタ間に電圧を加えると，コレクタ電流は指数関数的に増加していきます．

トランジスタのベース-エミッタ間電圧V_{BE}とコレクタ電流I_Cの関係は次式で表せます．

$$I_C = I_S \exp\left(\frac{V_{BE}}{V_T}\right) \cdots\cdots\cdots\cdots\cdots\cdots (3)$$

ここでI_Sは逆方向飽和電流と呼ばれ，トランジスタの大きさなどによって異なり，それぞれ固有の値になります．V_Tは熱電圧と呼ばれ，次式で表されます．

$$V_T = \frac{kT}{q} = 26\,\text{mV} \cdots\cdots\cdots\cdots\cdots\cdots (4)$$

ただし，k：ボルツマン定数，T：絶対温度，q：電子電荷

● **ベース-エミッタ間電圧とコレクタ電流**

図2に示すのは，トランジスタのベース-エミッタ間に電圧を印加したときの，コレクタ電流をシミュレーションするための回路です．

図3に示すのは，ベース-エミッタ間電圧とコレクタ電流の関係のシミュレーション結果です．ここで，ベース-エミッタ間電圧が微小に変化したときのコレクタ電流の微小変化の割合がg_mです．コレクタ電流の曲線の傾きがg_mになり，その傾きは図3のようにV_{BE}とI_Cの大きさによって変わります．

微分を使うと曲線の傾きを計算できます．式(3)をV_{BE}で偏微分したものがg_mです．次式に示すように，とても簡単な式になります．

$$g_m = \frac{\partial I_C}{\partial V_{BE}} = \frac{I_S \exp\left(\dfrac{V_{BE}}{V_T}\right)}{V_T} = \frac{I_C}{V_T} \cdots\cdots (5)$$

式(5)には各トランジスタ固有の値であるI_S(逆方向

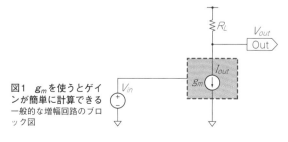

図1 g_mを使うとゲインが簡単に計算できる
一般的な増幅回路のブロック図

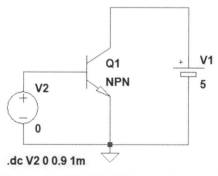

.dc V2 0 0.9 1m

図2 ベース-エミッタ間に電圧を印加したときのコレクタ電流をシミュレーションする回路
ベース-エミッタ間電圧を0Vから0.9Vまで1mVステップで変化させる

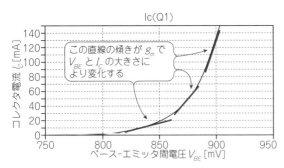

図3　曲線の傾きがg_mを表している
ベース-エミッタ間電圧とコレクタ電流の関係（x軸を拡大）

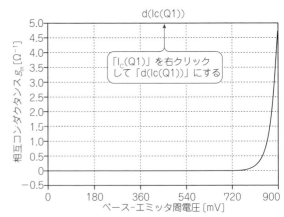

図4　Ic(Q1)をベース-エミッタ間電圧で微分したグラフを表示するには，「Ic(Q1)」を右クリックして「d(Ic(Q1))」に書き換える

飽和電流）の項が入っていません．したがって，小さな小信号用トランジスタでも，大きなパワー・トランジスタでも，相互コンダクタンスg_mは同じ計算結果になります．

また，式（5）で注目すべきポイントは相互コンダクタンスがコレクタ電流I_Cに比例していることです．これはコレクタ電流を変えることで，相互コンダクタンスを任意に変えることができることを意味しており，トランジスタを使った回路設計では，コレクタ電流をいくつに設定するかということが非常に重要になります．

一般的な回路設計で定数設定を行う場合は，必要な相互コンダクタンスから設定すべきコレクタ電流を求める場面が多くなります．その場合は式（1）を変形した次式を使用することになります．

$$I_C = g_m V_T \cdots\cdots\cdots\cdots\cdots\cdots\cdots\cdots\cdots (6)$$

● 相互コンダクタンスg_mはコレクタ電流I_Cに比例

図4に示すのは，相互コンダクタンスの値をグラフ化するため，トランジスタのベース-エミッタ間電圧で微分したものです．画面上部の「Ic(Q1)」を右クリックし，「d(Ic(Q1))」に書き換えることで，x軸で微

分した結果が表示され，y軸の単位が自動的にΩ^{-1}に変わります．［Ω^{-1}］は［S］と同様に使われる相互コンダクタンスの単位です．

図4では，コレクタ電流と相互コンダクタンスの関係がわからないため，x軸をコレクタ電流に変更します．x軸の数字が表示されているところで右クリックし，「Quantity Plotted」をV_2から「Ic(Q1)」に書き換えます．すると図5のようなグラフが表示されます．

これで，コレクタ電流と相互コンダクタンスのグラフを表示できます．相互コンダクタンスg_mがコレクタ電流I_Cに比例していることがよくわかります．

ただこのグラフでは電流の小さなときの相互コンダクタンスの値が読みづらいため，y軸，x軸ともに，対数表示に変更したのが図6です．対数表示にするときは，各軸の数字が表示されていところで右クリックし，「Logarithmic」にチェックを入れます．また，見やすいようにx軸の範囲を「1 u〜100 m」，y軸の範囲を「1e-5〜10」に変更してあります．

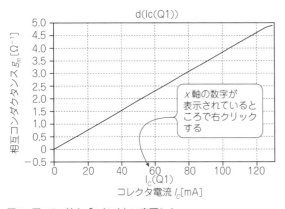

図5　図4のx軸を「Ic(Q1)」に変更した
x軸の数字が表示されているところで右クリックし，「Quantity Plotted」を変更する

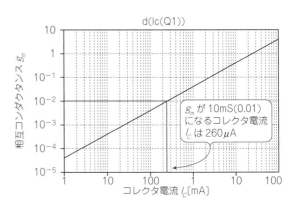

図6　g_mはコレクタ電流に比例する
LTspiceの波形ビューアの微分機能を使用して表示したトランジスタのコレクタ電流とg_mの関係

第5章

トランジスタ基本回路の解析

小川 敦 Atushi Ogawa

5-1 トランジスタのベース電流の流し方

〈小川 敦〉

● マイコンはLEDの1つもちゃんと点けられない

図1に示すのは，マイコンの出力ポートで白色LEDのON/OFFを制御する回路です．白色LEDの順方向電圧V_Fは3.2 Vなので，出力ポートの電圧が3.3 Vのマイコンでは直接制御できません．図1のようにトランジスタを経由して白色LEDを駆動します．

▶LEDの電流制限抵抗R_2を計算する

図1の回路でLEDの電流を決める抵抗はR_2です．LEDに流す電流をI_{LED}，トランジスタの飽和電圧$V_{CE(\mathrm{sat})}$を0.1 VとするとR_2の値は次式で計算できます．

$$R_2 = \frac{V_1 - V_F - V_{CE(\mathrm{sat})}}{I_{LED}} = \frac{5\,\mathrm{V} - 3.2\,\mathrm{V} - 0.1\,\mathrm{V}}{20\,\mathrm{mA}} \approx 82\,\Omega$$
$$\cdots\cdots\cdots\cdots\cdots\cdots\cdots\cdots\cdots\cdots\cdots (1)$$

▶ベース電流を決めるR_1を計算する

次に，トランジスタのベース電流を決める抵抗のR_1の値を計算します．トランジスタをスイッチとして使うとき，ベース電流の値はコレクタ電流の1/20～1/50にします．これはトランジスタのh_{FE}を20～50程度にして使うという意味です．V_{CE}が低い飽和領域における電流増幅率を飽和h_{FE}，または飽和βと呼ぶこともあります．トランジスタのh_{FE}は，同一型名の製品でもばらつきがあります．また，低温だと小さくなります．これらを考慮して，飽和βは最小h_{FE}の半分以下にするとよいでしょう．これは計算上の値の2倍以上のベース電流を流すということです．

ベース電流を大きく設定し，より小さな飽和βで使ったほうが，個々のトランジスタのばらつきによる影響は小さくなります．代わりに駆動側（ここではマイコン）の負担が大きくなります．駆動側の出力電流能力を確認し，それを超えないような値にします．

図1で飽和βを40程度とすると，ベース電流I_Bは20 mA/40 = 0.5 mAになります．ベース電流を0.5 mAにするためのR_1の値は，次のとおり計算できます．

$$R_1 = \frac{3.3\,\mathrm{V} - V_{BE}}{I_B} = \frac{3.3\,\mathrm{V} - 0.7\,\mathrm{V}}{0.5\,\mathrm{mA}} = 5.2\ \mathrm{k\Omega} \cdots (2)$$

▶実際に使用する抵抗を選ぶ

抵抗値は多少違っても特性に大きな変化はありません．4.7 k～5.6 kΩの入手しやすい抵抗を選びます．

● ベース抵抗の値を変えるとどうなる？

図2に示すのは，図1の抵抗R_1の抵抗値を変化させたときの，Q_1のコレクタ電流I_Cとコレクタ-エミッタ間電圧V_{CE}を調べる回路です．LEDに流れる電流は，トランジスタのコレクタ電流と同じです．

▶シミュレーション方法

電子回路シミュレータLTspiceの中で，R_1の抵抗

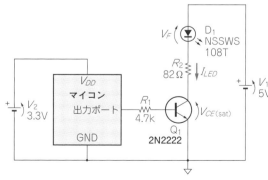

図1 NPN型トランジスタをスイッチとして使ったLEDチカチカ回路
白色LEDを3.3Vマイコンで点滅させる場合の例題回路．LEDの電流を20 mAとしたとき，R_1の値は4.7 kΩ程度とする

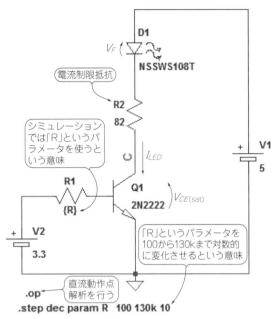

図2 図1の回路のベース抵抗R_1の値を変えると出力がどうなるか確認するためのシミュレーション回路
.stepコマンドでR_1の抵抗値を変化させ，直流動作点解析を行う

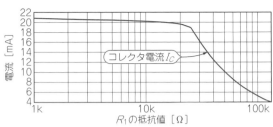

（a）コレクタ電流I_Cのシミュレーション結果

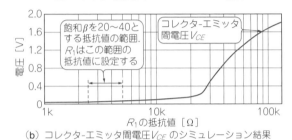

（b）コレクタ-エミッタ間電圧V_{CE}のシミュレーション結果

図3 図2のベース抵抗R_1の値を変えたときの出力の変化
コレクタ電流I_Cとコレクタ-エミッタ間電圧V_{CE}の変化をシミュレーションした結果．R_1を2.5 k～5 kΩの間にするのがよいことがわかった

値を中かっこでくくり，「R」としています．これは，抵抗値としてRというパラメータを使うという意味です．「.step dec param R　100 130 k 10」でR_1の抵抗値を変化させ，.opコマンドで直流動作点解析を行います．.stepコマンド行は，Rというパラメータを100から130 kまで，1けたあたり10ポイントで対数的に変化させるという意味です．

▶結果

　図3は図2のベース抵抗R_1を変えたときの出力変化です．一見すると，R_1は20 kΩ程度と大きな抵抗値でもよさそうに見えます．実際には，抵抗値が大きいとトランジスタのh_{FE}が小さくなったときにコレクタ電流が小さくなるリスクがあります．データシートでは，2N2222の最小h_{FE}は75です．マイコンの出力電流を1 mA以下に抑えるなら，飽和βは20～40の範囲で設定します．R_1は2.4 k～5.6 kΩにします．

column▶01 LTspiceで回路図上に動作点を表示させる方法

小川 敦

　LTspiceでは回路図上にノード電圧やコレクタ電流を表示させることができます．ノード電圧などを表示させる操作は，波形ビューワのウィンドウを閉じた状態で行います．表示したいノード上にカーソルを置き，マウス左ボタンをクリックすると動作点表示ラベルが現れます．位置を調整してもう一度左ボタンを押しすることで配置されます．この動作点表示ラベルをコピーして画面上に配置し，マウス右ボタンをクリックすると図Aのようなウィンドウが現れます．ここで，表示したい電流などを選択すれば，トランジスタの電流なども回路図上に表示させることができます．

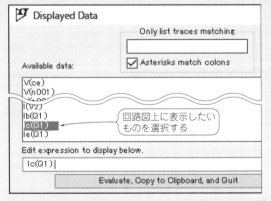

図A　動作点表示ラベルを右クリックすると現れる，回路図上にトランジスタの電流などを表示するための設定画面

5-2 抵抗器でゲインを決める1石アンプ

〈小川 敦〉

図1に示すのは，教科書に出てくるトランジスタ1個のアンプ「エミッタ接地増幅回路」です．

トランジスタはベースを直流電圧で持ち上げる（直流バイアスする）と，増幅動作を始めます．図1では，R_1とR_2の2本の抵抗で電源電圧を分圧してベースに加え，トランジスタを直流バイアスしています．直流バイアスに交流信号を載せてベースに入れると，振幅が増した信号がコレクタから出てきます．

この回路は大きな問題を抱えています．ベースに加えた直流バイアス電圧がほんの少し，たとえば18 mV低下するだけで，トランジスタの増幅率が半分に低下します．逆に，18 mV上昇すると，トランジスタの増幅率は2倍に増します．正に振れた信号に対してほどゲインが大きく，負に振れた信号に対してほどゲインが小さくなるわけですから，出力される信号は大きくひずみます．また，電源電圧が変動してもゲインは変わりますから，電池で動かすと使っているうちに音が小さくなるでしょう．

こんなときは，エミッタに1本の抵抗を追加します．変わりやすいトランジスタの増幅率に入出力ゲインが依存しなくなり，エミッタとコレクタの2本の抵抗の比だけで決まるようになります．

● 教科書で習ったエミッタ接地増幅回路は，直流バイアスのわずかな変化でゲインが大変動する

図1のもとになっている回路は，図2のエミッタ接地増幅回路です．図2に示す回路のゲインの求め方を解説します．

▶ステップ1…コレクタ電流I_Cを計算で求める

トランジスタのコレクタ電流I_Cと相互コンダクタンスg_mの関係は次のとおりです．

$$g_m = I_C/V_T = I_C/(kT/q) \cdots\cdots\cdots (1)$$

ただし，V_T：熱電圧(26 m)［V］，k：ボルツマン定数(1.38×10^{-23})［JK^{-1}］，T：絶対温度［K］，q：電子電荷(1.602×10^{-19})［C］

負荷抵抗をR_LとするとゲインGは次のとおりです．

$$G = g_m R_L \cdots\cdots\cdots\cdots (2)$$

図2の回路でGを100倍(40 dB)とするg_mは，式(2)を変形した次式から10 mSと求まります．

$$g_m = G/R_L = 100/10\,\text{k}\Omega = 10\,\text{mS} \cdots\cdots (3)$$

g_mが10 mSとなるコレクタ電流I_Cは，式(3)を変形し，次のように260 μAになります．

$$I_C = g_m V_T = 10\,\text{mS} \times 26\,\text{mV} = 260\,\mu\text{A} \cdots (4)$$

これより，図2の回路のコレクタ電流I_Cを260 μAとすれば，ゲイン100倍のアンプになります．

▶ステップ2：ゲインの周波数特性を調べる

図2ではV_{in}の直流電圧を0.6198 Vに指定しています．これはあらかじめ.dcコマンドでV_{in}を変化させて調べた，コレクタ電流が260 μAになるV_{in}の直流電圧です．

図2では，V_{in}の値を.stepコマンドで0.6198 Vと0.6018 V(差は18 mV)に変化させ，ゲインを調べています．図3に示すのは，図2の回路のゲインです．V_{in}の直流電圧が0.6198 Vのときのゲインは計算通りほぼ100倍(40 dB)でした．図2の回路はシミュレータでは

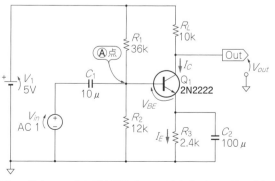

図1　ゲイン100倍の電流帰還バイアス回路型エミッタ接地増幅回路
教科書に載っているエミッタ接地増幅回路でゲイン100倍のアンプを作ろうとするとうまくいかない．理由は後述する

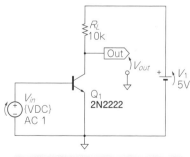

```
.ac oct 10 10 10MEG
; dc Vin 0.5 0.8 1m
.step param VDC list 0.6198 0.6018
```

図2　ゲイン100倍のエミッタ接地増幅回路
V_{in}の直流電圧を18 mVだけ変化させてシミュレーションしてみる

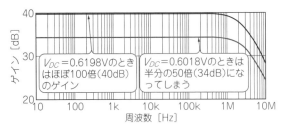

図3 図2の回路のゲイン
$V_{DC}=0.6198$のときは理論式どおりで，ゲインはほぼ100倍（40 dB）になった．V_{DC}を18 mVだけ小さくしたら，ゲインが1/2になった

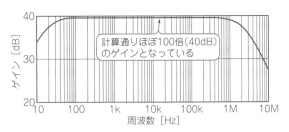

図4 図1の回路のゲイン

動作しますが，実際の回路として組み立てることはできません．理由は，V_{BE}の値によってコレクタ電流が指数関数的に増加するためです．トランジスタのコレクタ電流とV_{BE}の関係式は次のとおりです．

$$I_C = I_S\exp(V_{BE}/V_T) \cdots\cdots\cdots\cdots\cdots\cdots (5)$$

▶結果：バイアス電圧わずか18 mVのずれも許されないデリケートな回路になってしまった

V_{in}の直流電圧が少しでもずれると，ゲインも大幅にずれます．18 mVずれたとすると，電流が2倍あるいは1/2になり，ゲインも2倍あるいは1/2になります．これがエミッタ接地増幅回路の弱点です．

● **エミッタに1本の抵抗を足すだけで大変身！ 抵抗だけでゲインが決まるようになる**

トランジスタが適切な電流や電圧で動作するようにした回路を「バイアス回路」と呼びます．エミッタ接地増幅回路に電流帰還型バイアス回路を組み合わせると，トランジスタに流れる電流を安定化できます．

図1のエミッタ接地増幅回路は最も一般的な構成のバイアス回路を使っています．エミッタ抵抗R_3でトランジスタの電流を安定化できるメリットを持ちます．この回路を「電流帰還型バイアス回路」と呼びます．

▶**ステップ1：ベースに加える電圧V_Aを決める**

図1には主要な箇所の電圧と，Q_1のコレクタ電流を示しています．この回路では，R_1とR_2による分圧回路より点Ⓐの電圧を決めています．点Ⓐの電圧V_Aは，次のとおりです．

$$V_A = V_1R_2/(R_1+R_2) = 1.25\,\text{V} \cdots\cdots\cdots\cdots (6)$$

結果は，約1.24 Vと計算よりもやや小さくなりました．これはQ_1のベース電流がR_1に流れるためです．

▶**ステップ2：エミッタ電流I_Eを求める**

R_3に加わる電圧は，点Ⓐの電圧からQ_1のベース-エミッタ間電圧V_{BE}を引いた値になります．このため，Q_1のエミッタ電流は，次のとおりです．

$$I_E = \frac{V_A - V_{BE}}{R_3} = \frac{1.25\text{V}-0.65\text{V}}{2.4\,\text{k}\Omega} = 250\,\mu\text{A} \cdots (7)$$

結果は，計算とほぼ同じ256.6 μAになりました．図1の回路では，点Ⓐの電圧が多少変わっても，図2のエミッタ接地増幅回路のように極端にエミッタ電流が変動することはなく，ゲイン変動も少ないです．

▶**ステップ3：ゲインを100倍にする**

点Ⓐの電圧変化によるエミッタ電流変化が小さいということは，回路のg_mが小さくなったということです．

ゲインを上げるために，コンデンサC_2と抵抗R_3を並列に接続しました．コンデンサは周波数が高くなるとインピーダンスが小さくなります．たとえば100 μFのコンデンサだと，1 kHzでのインピーダンスが1.6 Ωと小さいので，R_3をショートしたとみなせます．この回路のg_mの計算には，図2と同じ式(1)が使えます．

図4に示すのは図1の入出力ゲインです．R_3を2.4 kΩにすると約100倍になります．

---

column⟩02　モデル・パラメータは「.model」コマンドで指定する

小川 敦

LTspiceでシミュレーションを行う場合，使っている素子がどんな特性なのかを指定する必要があります．この素子の特性を定義するためのコマンドが.modelで，書式は「.model モデル名 モデル・タイプ（モデル・パラメータ群）」となります．

モデル名は，定義したモデルを識別するためのものです．回路図上の素子に，そのモデル名を記載することで，その素子特性を使用したシミュレーションが行えます．また，モデル・タイプで素子の種類を指定し，モデル・パラメータ群で素子の特性を指定します．（モデル・パラメータ群）は，省略可能で，記載しなかった場合はデフォルト値が適用されます．

モデル・パラメータは，非常に多くの種類がありますが，その意味とデフォルト値はLTspiceのHelpで確認することができます．

5-3 高入力抵抗のエミッタ接地 vs. 広帯域増幅のベース接地

〈小川 敦〉

　ベース接地増幅回路は，ベース端子を基準電圧源に接続し，エミッタから信号を入力して，コレクタから出力を取り出すアンプです．高い周波数でもゲインが得られるので，主に高周波増幅回路で使われます．

　ベース接地増幅回路は，エミッタ接地増幅回路と同じゲインが得られますが，入力抵抗が低いデメリットがあります．入力抵抗が低い増幅回路は，信号源の出力抵抗が大きいときに，入力部分で信号が減衰します．

● **設計方法**

▶**ゲインの計算はエミッタ接地増幅回路と同じ式**

　図1は基本的なベース接地増幅回路です．抵抗R_1，R_2で電源電圧を分圧して基準電圧を作っています．

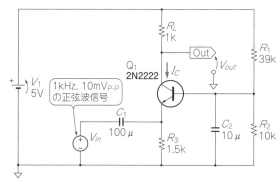

図1　高周波向きゲイン10倍のベース接地増幅回路
信号源の出力抵抗が小さい高周波増幅回路で使われる．入力抵抗が低いのでオーディオ・アンプなどの用途には使いにくい

　ベース接地増幅回路のゲインGはエミッタ接地増幅回路と同様，トランジスタのg_mと負荷抵抗R_Lから次のとおり計算できます．

$$G = g_m R_L \cdots\cdots\cdots\cdots\cdots\cdots\cdots (1)$$

トランジスタのg_mは次のとおりです．

$$g_m = \frac{I_C}{V_T} = \frac{I_C}{k_T/q} \cdots\cdots\cdots\cdots\cdots\cdots (2)$$

ただし，V_T：熱電圧(26 m) [V]，k：ボルツマン定数(1.38×10^{-23}) [JK^{-1}]，T：絶対温度 [K]，q：電子電荷(1.602×10^{-19}) [C]

　式(1)，式(2)からゲインGは次のとおりになります．図1の定数を代入するとゲインは10倍になります．

$$G = \frac{I_C}{V_T} R_L = \frac{260\,\mu\Delta}{26\,\mathrm{mV}} \times 1\,\mathrm{k}\Omega = 10\,\text{倍} \cdots\cdots (3)$$

▶**出力信号は入力信号と同位相になる**

　ベース接地増幅回路のゲインはエミッタ接地増幅回路と全く同じ式で計算できますが，入力信号と出力信号の位相は異なります．

　エミッタ接地増幅回路は，ベースに信号が入力されているので，ベース電圧が高くなるとコレクタ電流が増え，コレクタ電圧が下がります．入力信号の電圧が高くなるほど出力信号の電圧は低くなるので，両者の関係は逆位相になります．

　ベース接地増幅回路は，エミッタに信号が入力されます．ベース電圧は一定です．エミッタ電圧が高くなるとコレクタ電流が減少し，コレクタ電圧が高くなります．入力信号の電圧が高くなるほど出力信号の電圧も高くなるので，両者の関係は同位相になります．

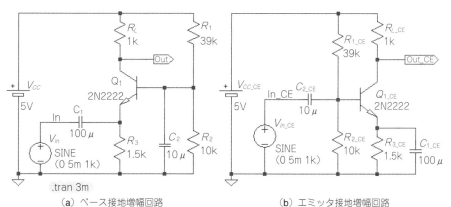

図2　ベース接地増幅回路とエミッタ接地増幅回路の出力波形を比較する回路

（a）ベース接地増幅回路　　　（b）エミッタ接地増幅回路

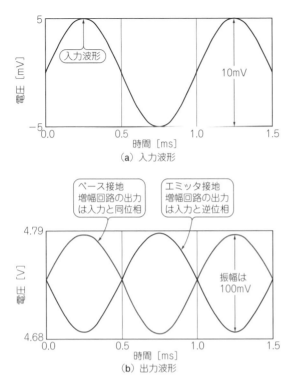

図3　エミッタ接地増幅回路との比較①…出力波形
ベース接地増幅回路の出力波形は入力信号と同位相になった

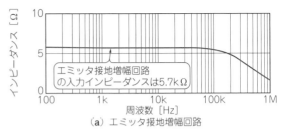
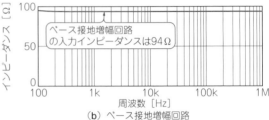

図4　エミッタ接地増幅回路との比較②…入力インピーダンス
ベース接地増幅回路の入力インピーダンスは94Ωと低い

● エミッタ接地増幅回路と比較してみる

▶その1：出力波形

　図2は，ベース接地増幅回路とエミッタ接地増幅回路の出力波形を比較するために作成した回路データです．比較するため各部品の定数は同じにしています．

　図3は図2の回路の出力波形です．ベース接地増幅回路の出力信号は，入力信号と同位相になりました．出力振幅は，入力信号の10倍である $100\,\mathrm{mV_{P-P}}$ で，式(3)で計算したゲインと一致しました．

　比較用のエミッタ接地増幅回路の出力信号は，入力信号と逆位相になりました．エミッタ増幅回路のゲインも10倍です．

▶その2：入力抵抗

　図1のベース接地増幅回路の入力抵抗 Z_{CB} は，エミッタから見たトランジスタの入力抵抗 r_e と R_3 の並列接続抵抗となり，次式で計算できます．ただし，コンデンサ C_1 のインピーダンスが十分低くて無視できるものとします．

$$Z_{CB} = \cfrac{1}{\cfrac{1}{r_e} + \cfrac{1}{R_3}} = \cfrac{1}{\cfrac{I_C}{V_T} + \cfrac{1}{R_3}}$$
$$= \cfrac{1}{\cfrac{260\,\mu\mathrm{A}}{26\,\mathrm{mV}} + \cfrac{1}{1.5\,\mathrm{k\Omega}}} \fallingdotseq 94\,\Omega \quad \cdots\cdots\cdots (4)$$

　式(4)から，図1の入力抵抗は94Ωとかなり低い値になりました．

　図2(b)のエミッタ接地増幅回路の入力抵抗 Z_{CE} は，R_{1_CE} と R_{2_CE} とベースから見たトランジスタの入力抵抗の3つの並列接続抵抗となり，次のとおり計算できます．

$$Z_{CE} = \cfrac{1}{\cfrac{1}{h_{FE}\,r_e} + \cfrac{1}{R_{1\_CE}} + \cfrac{1}{R_{2\_CE}}}$$
$$= \cfrac{1}{\cfrac{I_C}{h_{FE}\,V_T} + \cfrac{1}{R_{1\_CE}} + \cfrac{1}{R_{2\_CE}}}$$
$$= \cfrac{1}{\cfrac{260\,\mu\mathrm{A}}{200 \times 26\,\mathrm{mV}} + \cfrac{1}{39\,\mathrm{k\Omega}} + \cfrac{1}{10\,\mathrm{k\Omega}}} \fallingdotseq 5.7\,\Omega$$
$$\cdots\cdots\cdots\cdots\cdots\cdots\cdots\cdots\cdots (5)$$

　h_{FE} を200として計算すると，入力抵抗は5.7kΩとなり，ベース接地増幅回路と比較すると高い値になりました．

　図4はベース接地増幅回路とエミッタ接地増幅回路の入力インピーダンスを比較した結果です．入力インピーダンスは，信号電圧を信号源から流れ出す電流で割ると求められます．V(in)/I(Vin)でベース接地増幅回路の入力インピーダンスを表示しています．同様にV(in_ce)/I(Vin_CE)でエミッタ接地増幅回路の入力インピーダンスを表示しています．

　ベース接地増幅回路の1kHzのときの入力インピーダンスは，式(4)で計算した値と同じ94Ωになりました．エミッタ接地増幅回路の入力インピーダンスは5.75kΩで，式(5)の計算結果と一致しました．

5-4 ゲインと周波数特性を両取りする 2石アンプ

〈小川 敦〉

エミッタ接地増幅回路には，大きなゲインが得やすく，入力インピーダンスが高いという2つのメリットがあります．デメリットは，ミラー効果と呼ばれる現象による高周波特性の悪化です．

エミッタ接地増幅回路のミラー効果を減らすカスコード回路を紹介します．カスコード回路を使えば，エミッタ接地増幅回路の高周波特性が改善できます．

図1に示すのは，エミッタ接地増幅回路とベース接地増幅回路を縦積みにして構成したカスコード回路です．電流帰還バイアス回路を使っていて，電圧源V_{B1}でバイアス電圧をベースに供給しています．トランジスタQ_1のコレクタ電流は約260 μAです．

● **ゲインを高くするほどベース-コレクタ間の寄生容量が効いてくる**

トランジスタの内部には，回路図に現れない抵抗やコンデンサが存在します．これらは寄生素子と呼ばれます．図2(b)に示すのは，トランジスタ内部に存在する寄生素子です．寄生コンデンサの容量は，加わる電圧に依存して変化するので一定値ではありませんが，LTspiceではこれらの素子も含めて回路シミュレーションを行います．これらの寄生素子の中で，エミッタ接地増幅回路の周波数特性に特に大きな影響をもつのが，ベースとコレクタの間に存在する容量C_{CB}です．

エミッタ接地増幅回路に，抵抗を介して信号を入力する場合，ベース-コレクタ間容量C_{CB}が周波数特性に大きく影響します．C_{CB}が(1 + ゲイン)倍の容量と同じ働きをするためです．この現象をミラー効果

(Miller effect)と呼びます．ミラー効果は，図3のようにゲインがA倍の反転アンプの入出力間にコンデンサを接続したとき，ベースとコレクタの間にある寄生容量が$(1 + A)$倍の容量になる現象です．

図3の回路はローパス・フィルタとして働きます．カットオフ周波数は次のとおりです．ゲインが大きいほど，カットオフ周波数が低くなります．

$$f_C = \frac{1}{2\pi RC(1+A)} \cdots\cdots\cdots\cdots\cdots\cdots (1)$$

▶寄生容量による周波数特性の悪化を調べてみる

図4は，図1のエミッタ接地増幅回路に寄生容量のC_{CB}を加えた回路です．この回路のゲインAは次式のようにQ_1のg_mと負荷抵抗R_2で計算できます．その値は約100倍（40 dB）です．

$$A = g_m R_2 = \frac{I_C}{V_T} R_2 = \frac{260\,\mu A}{26\,mV} \times 10\,k\Omega = 100\,倍$$
$$\cdots\cdots\cdots\cdots\cdots\cdots\cdots\cdots (2)$$

ただし，$V_T = kT/q$，V_T：熱電圧（26 m）[V]，k：ボルツマン定数（1.38×10^{-23}）[JK^{-1}]，T：絶対温度[K]，q：電子電荷（1.602×10^{-19}）[C]

R_1とC_{CB}は，ローパス・フィルタを構成しています．ミラー効果により，点Bのカットオフ周波数は次のとおり計算できます．

$$f_{C1} = \frac{1}{2\pi R_1 C_{CB1}(1+A)} = \frac{1}{2\pi \times 1k\Omega \times C_{CB1} \times (1+100)}$$
$$= \frac{1}{2\pi \times 101k\Omega \times C_{CB1}} \cdots\cdots\cdots\cdots (3)$$

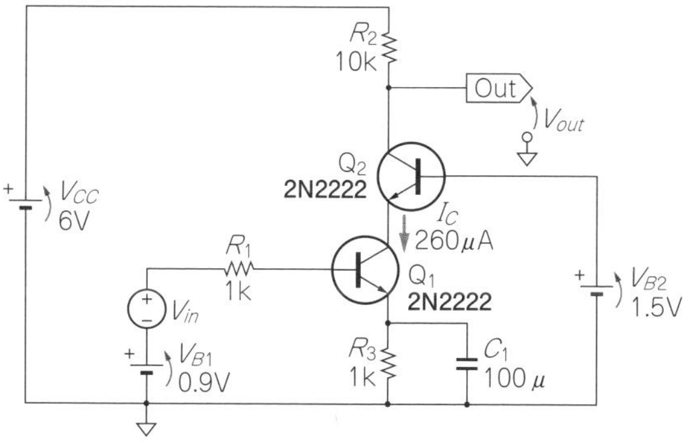

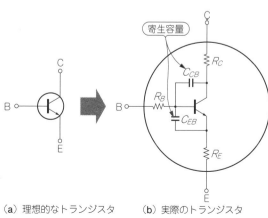

図1 エミッタ接地増幅回路の高周波特性を改善した「カスコード回路」
カットオフ周波数は1.85 MHzと高く，ゲインは100倍と大きい

（a）理想的なトランジスタ （b）実際のトランジスタ

図2 トランジスタにはコンデンサが寄生している
トランジスタ内部には回路図に現れない抵抗やコンデンサが存在する

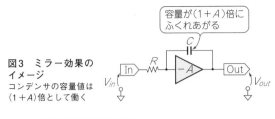

図3　ミラー効果の
イメージ
コンデンサの容量値は
$(1+A)$ 倍として働く

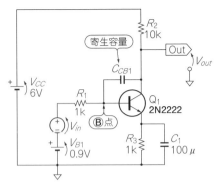

図4　寄生容量を加味したエミッタ接地増幅回路
C_{CB} はトランジスタ内部のコレクタ−ベース間容量を表す

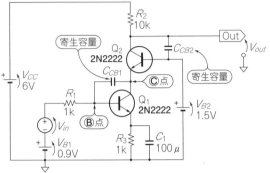

図5　カスコード回路に寄生容量を書き加えるとこうなる
C_{CB1}, C_{CB2} は Q1, Q2 内部のコレクタ−ベース間容量を表す

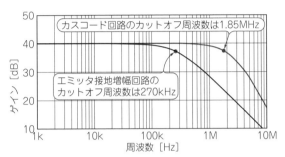

図6　カスコード回路はエミッタ接地増幅回路よりカットオフ周波数が高い

C_{CB} は，実際の量の101倍の容量として働き，ローパス・フィルタのカットオフ周波数が低くなります．R_2 と C_{CB} でもローパス・フィルタが構成されています．このときの C_{CB} は，ゲイン倍された値ではなく，実際の容量値でカットオフ周波数が決まります．カットオフ周波数は次のとおり計算できます．

$$f_{C2} = \frac{1}{2\pi R_2 C_{CB1}} = \frac{1}{2\pi \times 10\,\mathrm{k}\Omega \times C_{CB1}} \quad\cdots\cdots (4)$$

f_{C2} は f_{C1} に比べて10倍程度高いので，回路全体の周波数特性は f_{C1} が支配的です．

● 寄生容量を無力にするベース接地増幅回路を投与

図5に示すのは，図1の回路にトランジスタの寄生容量 C_{CB} を書き加えた回路です．Q2 はベース接地増幅回路として働きます．エミッタから入力された Q1 のコレクタ電流は，Q2 を通過し，ほぼそのまま負荷抵抗 R_2 に流れます．ゲインは式(2)のとおり計算でき，エミッタ接地増幅回路と同じ100倍（40 dB）になります．

一方，Q1 のコレクタの点Cまでのゲイン A_C は，式(5)で計算できます．

$$A_C = g_m R_{E2} = \frac{I_{C1}}{V_T} \frac{V_T}{I_{E2}} = 1\,\text{倍} \quad\cdots\cdots\cdots\cdots (5)$$

R_{E2} は Q2 の等価抵抗，I_{C1}, I_{E2} はそれぞれ Q1 のコレクタ電流と Q2 のエミッタ電流です．両者は等しく $I_{C1} = I_{E2}$ です．ゲインは1倍（0 dB）です．

ミラー効果による R_1 と C_{CB1} でのローパス・フィルタ（点B）のカットオフ周波数は次のとおりです．

$$f_{C3} = \frac{1}{2\pi R_1 C_{CB1}(1+A)} = \frac{1}{2\pi \times 1\,\mathrm{k}\Omega \times C_{CB1} \times (1+1)}$$
$$= \frac{1}{2\pi \times 2\,\mathrm{k}\Omega \times C_{CB1}} \quad\cdots\cdots\cdots\cdots\cdots\cdots (6)$$

エミッタ接地増幅回路のカットオフ周波数である式(3)よりも50倍高い周波数になりました．

R_2 と Q2 のコレクタ−ベース間容量 C_{CB2} により構成されるローパス・フィルタのカットオフ周波数は，次のとおりです．C_{CB1} と C_{CB2} はほぼ等しいので，f_{C4} は f_{C2} と等しくなります．

$$f_{C4} = \frac{1}{2\pi R_2 C_{CB2}} = \frac{1}{2\pi \times 10\,\mathrm{k}\Omega \times C_{CB2}} \quad\cdots\cdots (7)$$

図5の回路では，f_{C4} のほうが f_{C2} よりも低いので，回路全体の周波数特性は f_{C4} が支配的になります．エミッタ接地増幅回路のカットオフ周波数は f_{C1} で，カスコード回路のカットオフ周波数は f_{C4} になります．今回の定数では f_{C4} は f_{C1} の10倍程度高くなりました．このように，カスコード回路はエミッタ接地増幅回路と同じゲインで，より高い周波数まで増幅できます．

図6はエミッタ接地増幅回路とカスコード回路の周波数特性です．1 kHz のゲインはどちらも40 dB ですが，カットオフ周波数はカスコード回路のほうが高く，より高い周波数まで増幅できます．

5-5 高ゲインな2段直結トランジスタ・アンプ

〈小川 敦〉

図1は2つのトランジスタを直結した2段直結増幅回路です．この増幅回路は，Out_1とOut_2の2つの出力端子があり，位相の異なる2つの出力が得られます．

● 基本構成…エミッタ接地増幅回路の出力にエミッタ・フォロワを接続

図1の回路のもとになる回路を図2に示します．図2の回路では，Q_1によるエミッタ接地増幅回路の出力にQ_2のエミッタ・フォロワを接続しています．エミッタ接地増幅回路の出力は，入力の逆位相になります．

図2では，電圧源V_Bによって，Q_1のベースにバイアス電圧を加えています．一方，図1では，出力端子Out_1からQ_1のベースに抵抗を介して帰還をかけるので，外部からバイアス電源を加える必要がありません．

図2の回路の入出力ゲインAは，Q_1のコレクタ電流をI_{CQ1}とすると，次のとおり計算できます．

$$A = \frac{R_3 I_{CQ1}}{V_T} = \frac{R_3 I_{CQ1}}{kT/q} \cdots\cdots\cdots (1)$$

ただし，V_T：熱電圧（26 m）[V]，k：ボルツマン定数（1.38×10^{-23}）[JK^{-1}]，T：絶対温度 [K]，q：電子電荷（1.602×10^{-19}）[C]

● 設計方法

▶ステップ1：Q_1のコレクタ電流を計算する

図1のOut_1端子の直流電圧は，ほぼQ_1のベース-エミッタ間電圧と等しくなります．厳密にはQ_1のベース電流$I_{BQ1}R_2$の電圧が加わりますが，極めて小さいので，ここでは無視します．

点Aの電圧は，Out_1端子の電圧にQ_2のベース-エミッタ間電圧を加えた値になります．R_3に加わっている電圧は，V_{CC}から点Bの電圧を引いた値なので，Q_1のコレクタ電流I_{CQ1}は次のとおり概算できます．

$$\begin{aligned} I_{CQ1} &\fallingdotseq \frac{V_{CC} - (V_{BEQ1} + V_{BEQ2})}{R_3} \\ &= \frac{3\,\text{V} - (0.7\,\text{V} + 0.7\,\text{V})}{10\,\text{k}\Omega} \fallingdotseq 160\,\mu\text{A} \cdots\cdots (2) \end{aligned}$$

▶ステップ2：ゲインを計算する

図1は，図2の入出力ゲインA倍の増幅回路に帰還をかけた回路なので，ゲインGは次のとおり計算できます．

$$G = \frac{R_2}{R_1\left(\dfrac{1}{A} + 1\right) + \dfrac{R_2}{A}} \cdots\cdots\cdots (3)$$

ゲインAが十分大きければ，$G = R_2/R_1$という簡単な式になります．式(1)と式(2)，および図1の定数を使うと，Aは次のとおり61倍になります．

$$\begin{aligned} A &= \frac{R_3 I_{CQ1}}{V_T} = \frac{R_3 |V_{CC} - (V_{BEQ1} + V_{BEQ2}|}{V_T R_3} \\ &= \frac{3\,\text{V} - (0.7\,\text{V} + 0.7\,\text{V})}{26\,\text{mV}} \fallingdotseq 61\,\text{倍} \cdots\cdots\cdots (4) \end{aligned}$$

式(4)の結果を式(3)に代入すると，ゲインGは次のとおり約8.5倍になります．

$$\begin{aligned} G &= \frac{R_2}{R_1\left(\dfrac{1}{A} + 1\right) + \dfrac{R_2}{A}} = \frac{100\,\text{k}\Omega}{10\,\text{k}\Omega \times \left(\dfrac{1}{61} + 1\right) + \dfrac{100\,\text{k}\Omega}{61}} \\ &\fallingdotseq 8.47\,\text{倍} \cdots\cdots\cdots (5) \end{aligned}$$

▶ステップ3：出力電圧を計算する

Out_2のゲインは，出力電圧V_{out2}から求めます　Q_2

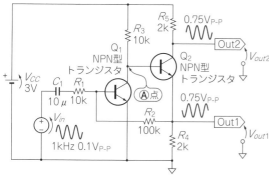

図1 入力信号に対して同位相と逆位相2出力が得られる2段直結増幅回路
ゲインは7.5倍

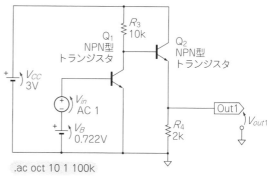

図2 図1の基本回路
エミッタ接地増幅回路の出力にエミッタ・フォロワが接続されている

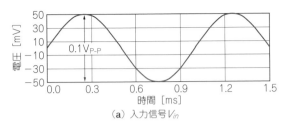

(a) 入力信号 V_{in}

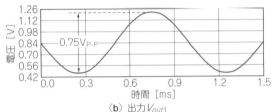

(b) 出力 V_{out1}

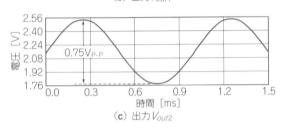

(c) 出力 V_{out2}

図3 図1の2段直結増幅回路の出力波形
入力波形に対して，Out₁出力は逆位相，Out₂出力は同位相になっている

のエミッタ電流 I_{EQ2} は，R_2 に流れる Q_1 のベース電流を無視すると，R_4 に流れる電流と等しくなり，次のとおりになります．

$$I_{EQ2} = V_{out1}/R_4 = 350\,\mu A$$

Q_2 のベース電流を無視すると，I_{EQ2} は Q_2 のコレクタ電流 I_{CQ2} と等しくなります．R_4 と R_5 の抵抗値が等しいので，V_{out2} は次式のとおり計算できます．

$$V_{out2} = V_{CC} - R_5 I_{CQ2} = V_{CC} - \frac{R_5 V_{out1}}{R_4}$$
$$= V_{CC} - V_{out1} \quad\cdots\cdots\cdots\cdots\cdots\cdots (6)$$

信号成分（出力交流電圧）に注目すると，$V_{out2} = -V_{out1}$ となり，Out₂のゲインはOut₁と同じになることがわかります．Out₁とOut₂は，信号出力振幅が等

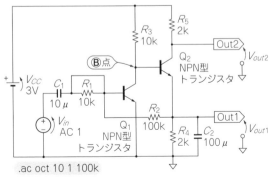

図4 2段直結増幅回路の発展形…コンデンサを追加すれば大きなゲインが得られる
C_2 を追加することで Q_2 もエミッタ接地増幅回路として動作する

しく，位相が反転していることを示しています．

▶シミュレーションで確認する

図3は図1の2段直結増幅回路の出力波形です．$0.1\,V_{P-P}$ の入力に対し，Out₁は，位相が反転した $0.75\,V_{P-P}$ の出力になります．ゲインは7.5倍で，式(5) の計算結果に近い値になりました．Out₂は，Out₁とは逆位相で，振幅は同じく $0.75\,V_{P-P}$ になります．

● **発展形…コンデンサ1つ追加するだけでゲイン600倍超の増幅回路になる**

図1の回路にコンデンサを1つ追加すると，非常に大きなゲインが得られる増幅回路にできます（図4）．

出力はOut₂端子から取り出します．R_1 は削除してもよいのですが，ここでは配線でショートしました．C_2 を追加することで，図4の回路の Q_2 は，エミッタ・フォロワではなく，エミッタ接地増幅回路として動きます．エミッタ接地増幅回路が2段縦続接続されることになるので，大きなゲインが得られます．C_2 により，R_2 を介して Q_1 に帰還されるのは直流電圧だけになります．そのため帰還によるゲイン低下もありません．

この回路のゲイン G は，Q_2 の入力抵抗を R_{inQ2} とすると次式 で計算できます．

$$G = \frac{(R_3 // R_{inQ2}) I_{CQ1}}{V_T} \frac{R_5 I_{CQ2}}{V_T} \cdots\cdots\cdots\cdots (7)$$

R_{inQ2} は，次のとおり計算できます．計算すると $7.4\,k\Omega$ になります．

$$R_{inQ2} = h_{FE}\frac{V_T}{I_{CQ2}} = \frac{100 \times 26\,mV}{0.7\,V/2\,k\Omega} \fallingdotseq 7.4\,k\Omega \cdots (8)$$

式(8)の値を式(7)に代入すると，次のとおり712倍（57 dB）という大きなゲインが得られます．

$$G = \frac{(R_3 // R_{inQ2}) I_{CQ1}}{V_T} \frac{R_5 I_{CQ2}}{V_T}$$
$$= \frac{4.3\,k\Omega \times 160\,\mu A}{26\,mV} \times \frac{2\,k\Omega \times 350\,\mu A}{26\,mV} \fallingdotseq 712\,倍\cdots (9)$$

図5に示すのは，図4の2段直結増幅回路のゲインをシミュレーションした結果です．1 kHzのとき，ゲインは56 dBとなっています．ほぼ計算通りの大きなゲインが得られました．

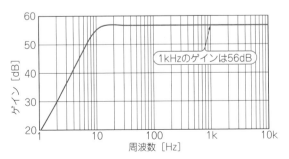

図5 図4の回路のゲイン
1 kHzでのゲインは56 dBで，ほぼ計算通り

使い方の基本

基本法則

電子部品の基礎

トランジスタ基本

MOSFET基本

OPアンプ基本

5-6 内部が超高温な パワー・トランジスタの放熱

〈小川 敦〉

● **トランジスタの中にある半導体チップの温度を計算で求める**

図1に示すのは，MOSFETで構成した入力50 V，出力12 Vのシリーズ・レギュレータです．120 Ωの負荷抵抗がつながっています．

トランジスタをはじめとする半導体部品の内部にあるチップの温度は次の2つから求めることができます．

(1) 半導体の消費電力

(2) 仕様書に記載されているパッケージの熱抵抗

チップ温度は「ジャンクション温度」と呼ばれており，T_Jと表します．

● **内部は何と220℃の超高温！**

T_Jを計算で求めてみましょう．

▶消費電力を求める

まず，Q_2の消費電力を求めます．消費電力はドレイン-ソース間電圧にドレイン電流を乗じたものです．

図1の出力電圧は12 Vで負荷抵抗が120 Ωですから，ドレイン電流は次のとおり0.1 Aです．

$$I_D = I_{RL} = (12/120) \times (V_{out}/R_L) = 0.1 \text{ A} \cdots (1)$$

Q_2の消費電力P_{Q2}[W]は，式(2)で計算できます．

$$P_{Q2} = V_{DS}I_D = (V_{in} - V_{out})I_D$$
$$= (50 - 12) \times 0.1 = 3.8 \text{ W} \cdots (2)$$

▶熱抵抗を調べる

Q_2(BSC600N25NS3)のジャンクションとケース表面までの熱抵抗(θ_{J-C})は1℃/W，Q_2のケースと周囲熱抵抗(θ_{C-A})は50℃/Wです．ジャンクションから周囲環境までの熱抵抗は，θ_{J-C}とθ_{C-A}を足したものです．周囲温度(T_A)を25℃とすると，ジャンクション温度(T_J)は，次式から220℃と求まります．

$$T_J = T_a + P_{M1}(\theta_{JC} + \theta_{CA})$$
$$= 25 \times 3.8(1 + 50) = 218.8 \text{ ℃} \cdots (3)$$

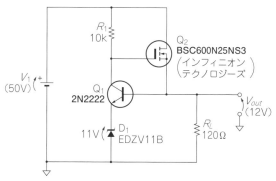

図1 このシリーズ・レギュレータのパワーMOSFETの内部は一体何℃になっている？

● **パソコンで実験① 放熱器なしのT_Jを計算する**

図2に示すように，MOSFETの内外の熱の流れと温度は電子回路に置き換えて検討できます．具体的には，

● 熱抵抗⇔電気抵抗　消費電力⇔電流　温度⇔電圧

と置き換えることができます．

図2には，.opコマンドで解析した結果が示されています．これを見ると，端子T_Jの電圧は218.8 Vです．これはT_Jが218.8℃であることを意味しています．

● **パソコンで実験② 放熱器をつけたMOSFETのジャンクション温度**

図1のMOSFETはT_Jが150℃を大きく超えています．多くの半導体は，ジャンクション温度を150℃以下に保たないと壊れる危険性があります．放熱器をつけてT_Jを下げます．

放熱器の熱抵抗(θ_{F-A})がわかれば，放熱器を取り付けたときのT_Jを計算できます．図3はθ_{F-A}が10℃/Wの放熱器を付けたときのMOSFET周辺の熱抵抗回路です．T_Jは60℃に下がりました．

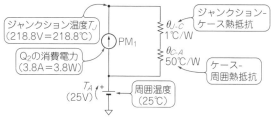

図2 MOSFET内外の熱の流れや温度は電子回路に置き換えることで計算できる

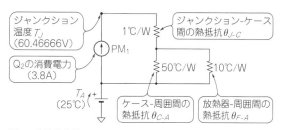

図3 放熱器を付けてMOSFETを冷却したときのジャンクション温度を調べる
放熱器をつけると，ジャンクション温度は60℃に低下する

● 熱等価回路要らず！ MOSFETの専用熱解析モデル

LTspiceには，等価回路を作らずとも，熱解析できるMOSFETモデル「SOAtherm‐NMOS」のシンボルが備わっています（図4）．このモデルを使用すると，トランジスタの消費電力に対応したT_JやT_Jの時間的変化を計算できます．

図4は，BSC600N25NS3というMOSFETのパッケージの熱モデルです．シンボルの上で右クリックすると，別のトランジスタ・モデルに置き換えることが可能です．このシンボルの上にMOSFETのシンボルを重ねると，電気的なシミュレーションも可能です．

● パソコンで実験③ T_Jをシミュレーション

図5は，図1を熱解析モデルで書き換えたものです．電源（V_1）を0Vから50Vに立ち上げた後，T_Jがどのように変化するかを調べてみましょう．「Tambient＝25」と設定して，周囲温度25℃で計算します．

図6に結果を示します．電源立ち上げ後，5秒でジャンクション温度V_{TJ}は218℃に達します．式（3）で計算した値と同じです．パッケージ表面はジャンクション温度よりも6℃ほど低いです．

● パソコン実験④ 放熱器モデルでT_Jを計算

図7に示すのは，図5の回路に放熱器熱解析モデル（SOAtherm‐HeatSink）を追加したものです．Tambientパラメータで周囲温度を25℃に指定します．熱抵抗パラメータRthetaを，図3と同じ10 W/℃に設定します．Area_Contact_mm2パラメータは，MOSFETと接触する面の大きさです．Volume_mm3パラメータは，ヒートシンクの体積です．今回はデフォルトのまま計算しました．実際のMOSFET（BSC600N25NS3）の外形を考えると，もう少し小さな値が適切です．放熱器熱解析モデルを回路図に配置したら，T_C端子とNMOS熱解析モデル（SOAtherm‐NMOS）のT_C端子を配線で接続します．図8のように，放熱器を付けるとジャンクションの温度変化は緩やかになり，到達温度も下がります．温度上昇が落ち着くまでに100秒かかり，最高温度は64℃です．

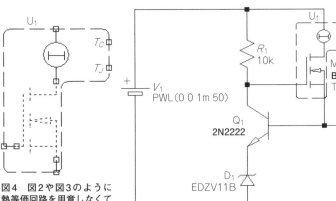

図4 図2や図3のように熱等価回路を用意しなくても，LTspiceが備える熱解析モデルを使ってもジャンクション温度を求めることができる

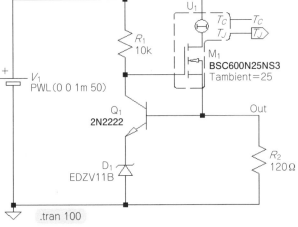

図5 図4の熱解析モデルで描き直した図1のシリーズ・レギュレータ回路

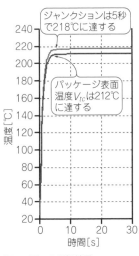

図6 図5の解析結果

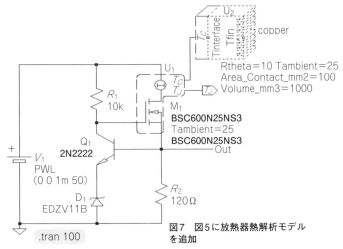

図7 図5に放熱器熱解析モデルを追加

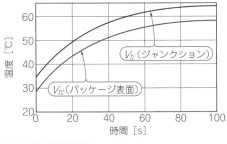

図8 図7の解析結果

5-7 差動増幅回路の基本動作

〈小川 敦〉

● 差動増幅回路のg_mの求め方

図1に示すのは，ゲイン20 dBのエミッタ接地増幅回路［図1(a)］と差動増幅回路［図1(b)］をシミレーションする回路です．素子番号の重複を避けるため，末尾にeとdを加えています．

差動増幅回路の抵抗R_{2d}に流れる電流のことをテール電流(tail current)と呼びます．テール電流と差動増幅回路のg_mの関係式を求める方法はいろいろあります．ここでは，エミッタ接地増幅回路と対比する形で差動増幅回路のg_mを求める方法と差動増幅回路の入出力特性からg_mを求める方法を解説します．

● エミッタ接地増幅回路との対比で差動増幅回路のg_mを求める

エミッタ接地増幅回路において，エミッタ抵抗R_{2e}に流れる電流をIとします．ベース電流を無視するとQ_{1e}のコレクタ電流I_Cは，Iと等しくエミッタ接地増幅回路の$g_m(g_{me})$は次式で表すことができます．

$$g_{me} = \frac{I_C}{V_T} \fallingdotseq \frac{I}{V_T} \quad\cdots\cdots\cdots (1)$$

ただし，$V_T = KT/q = 26\,\text{mV}$，$K$：ボルツマン定数，$T$：絶対温度，$q$：電子電荷

差動増幅回路のR_{2d}に流れる電流をI_Tとします．ベース電流を無視するとトランジスタQ_{1d}とQ_{2d}のコレクタ電流は，それぞれ$I_T/2$になります．ここでQ_{1d}とQ_{2d}の等価抵抗をr_{e1}とr_{e2}とします．r_{e1}とr_{e2}は次式で表されます．

$$r_{e1} = r_{e2} = \frac{V_T}{I_C} = \frac{V_T}{I_T/2} \quad\cdots\cdots\cdots (2)$$

差動増幅回路では，入力信号に対してQ_{1d}とQ_{2d}が直列になっているとみなせるため，差動増幅回路の$g_m(g_{md})$はr_{e1}とr_{e2}を合計した値の逆数になり，次式で表すことができます．

$$g_{md} = \frac{1}{r_{e1} + r_{e2}} \fallingdotseq \frac{1}{\dfrac{V_T}{I_T/2} + \dfrac{V_T}{I_T/2}} = \frac{I_T}{4V_T} \quad\cdots (3)$$

式(1)と式(2)を比較すると，それぞれエミッタ抵抗R_{2e}とR_{2d}の電流が同じ場合，差動増幅回路のg_mはエミッタ接地増幅回路のg_mの1/4になることがわかります．逆に言えば，同じg_mとするためには4倍の電流を流す必要があります．

● 差動増幅回路の入出力特性からg_mを求める

図2に示すのは，差動増幅回路の入出力特性を確認するための回路です．図1(b)でエミッタに接続されていた抵抗R_{2d}は，シミュレーションを正確にするため，定電流源に置き換えています．

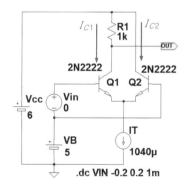

図2 差動増幅回路の入出力特性を確認するための回路
エミッタ抵抗は定電流源I_Tに置き換えている

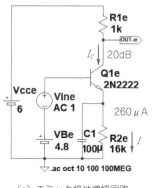

図1 ゲイン20 dBのエミッタ接地増幅回路と差動増幅回路のゲインをシミュレーションするための回路
差動増幅回路のテール電流I_Tは，エミッタ接地増幅回路のエミッタ電流Iの4倍としている

（a）エミッタ接地増幅回路

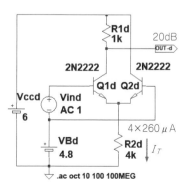

（b）差動増幅回路

図2の回路において，入力信号V_{in}に対するQ1のコレクタ電流I_{C1}およびQ2のコレクタ電流I_{C2}はベース電流を無視すると次式で表されます．

$$I_{C1} = \frac{I_T}{1 + \exp\left(\dfrac{-V_{in}}{V_T}\right)} \quad \cdots\cdots\cdots\cdots\cdots (4)$$

$$I_{C2} = \frac{I_T}{1 + \exp\left(\dfrac{V_{in}}{V_T}\right)} \quad \cdots\cdots\cdots\cdots\cdots (5)$$

図3に示すのは，図2の回路で入力信号V_{in}に対するQ1のコレクタ電流I_{C1}およびQ2のコレクタ電流I_{C2}をシミュレーションしたものです．V_{in}が0Vのときは，それぞれI_Tの1/2の電流が流れ，V_{in}がおよそ±100mV以上になると，どちらか一方だけに電流が流れるようになります．図3のコレクタ電流のグラフの傾きがg_mです．そのため，式(4)をV_{in}で微分することで，次式のようにg_mが求められます．

$$g_{md} = \frac{\partial I_{C1}}{\partial V_{in}} = \frac{I_T \exp\left(\dfrac{-V_{in}}{V_T}\right)}{V_T\left(\exp\left(\dfrac{-V_{in}}{V_T}\right) + 1\right)^2} \quad \cdots\cdots (6)$$

式(6)はV_{in}とg_mの関係を表した式です．V_{in}に0を代入することで，次式のように入力直流電圧が0Vのときのg_mが得られます．

$$g_{md} = \frac{I_T \exp(0)}{V_T(\exp(0) + 1)^2} \fallingdotseq \frac{I_T}{4V_T} \quad \cdots\cdots (7)$$

式(7)のようにして計算した差動増幅回路のg_mは，式(3)と同じになります．

図4に示すのは，図3のQ1のコレクタ電流$I_c(Q_1)$を横軸のV_{in}で微分したものをグラフ化したものです．入力電圧によるg_mの変化を表しています．入力電圧が大きくなると急激にg_mの値が小さくなっていることがわかります．そのため一般的には差動増幅回路にはあまり大きな信号を加えることができません．ただし，図3のような特性を利用し，入力信号を故意にクリップさせるリミッタ回路として差動増幅回路を使用する場合もあります．OPアンプの入力段に差動増幅回路を使用した場合は，負帰還の効果により＋入力と－入力に加わる電圧は非常に小さくなるため，この特性は問題になりません．

● エミッタ接地増幅回路と差動増幅回路のゲインをLTspiceで確認する

エミッタ接地増幅回路の電流(I)はトランジスタのベース・エミッタ間電圧を0.6Vとすると，次式で計算できます．

$$I = \frac{V_{Be} - 0.6}{R_{2e}} = \frac{4.8 - 0.6}{16\,k} \fallingdotseq 260\,\mu \quad \cdots\cdots\cdots (8)$$

また，そのゲインG_eは次式で計算することができ，20dB(10倍)になります．

$$G_e = g_m R_L = \frac{I R_{le}}{V_T} = \frac{260\,\mu \times 1\,k}{26\,m} = 10 \cdots\cdots (9)$$

差動増幅回路のテール電流をエミッタ増幅回路の4倍とするため，R_{2d}は，R_{2e}の1/4の4kΩとしています．テール電流I_Tは式(10)で，ゲインG_dは，式(11)で計算でき，こちらも20dB(10倍)になっています．

$$I_T = \frac{V_{Bd} - 0.6}{R_{2d}} = \frac{4.8 - 0.6}{4\,k} \approx 4 \times 260\,\mu \quad \cdots\cdots (10)$$

$$G_d = g_m R_L = \frac{I_T R_{ld}}{4V_T} = \frac{4 \times 260\,\mu \times 1\,k}{4 \times 26\,m} = 10 \cdots (11)$$

図5に示すのは，図1のシミュレーション結果です．エミッタ接地増幅回路と差動増幅回路(テール電流をエミッタ接地増幅回路の4倍)のゲインは，ともに20dBになっています．

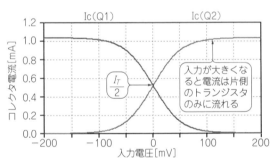

図3 差動増幅回路の入力電圧対出力電流特性
入力電圧が0Vのときは，それぞれI_Tの1/2の電流が流れる

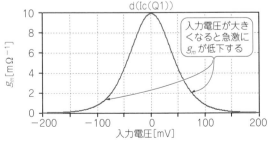

図4 差動増幅回路の入力電圧に対するg_m特性
入力電圧が大きくなると急激にg_mが低下する

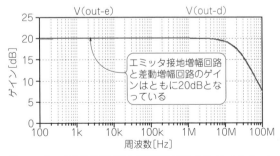

図5 エミッタ接地増幅回路と差動増幅回路のゲインのシミュレーション結果
エミッタ接地増幅回路と差動増幅回路のゲインはともに20dBを示した

第6章

MOSFET基本回路の解析

小川 敦 Atushi Ogawa

6-1 MOSFETの基本動作

〈小川 敦〉

従来のアナログ回路は，主にバイポーラ・トランジスタで構成されていましたが，現在ではMOSFET（Metal - Oxide - Semiconductor Field - Efect Transistor）が主流です．MOSFETのアナログ特性は，バイポーラ・トランジスタとは異なり，素子のサイズによって変化します．

● 動作原理

Nチャネル型MOSFETは，図1のようにP型半導体の基板上にN型のドレイン領域とソース領域を作り，ドレインとゲートの間には酸化膜によって絶縁したゲート電極を設けます．ドレインとソースの間の距離をゲート長（L）と呼びます．奥行き方向の長さをゲート幅（W）と呼びます．

ゲート電圧が0Vのときは，図1（a）のようにドレインとソースの間に電圧を加えても電流は流れません．ゲートに電圧を加えると，図1（b）のように「チャネル」と呼ばれる電流の通り道が現れて，ドレインとソースの間で電流が流れるようになります．Wが大きいと電流の通り道が幅広になり，大電流を流せます．

● 電圧／電流特性

ドレインに電圧が加わっているときの電流I_Dは，次のとおり計算できます．

$$I_D = \frac{1}{2} \mu C_{OX} \frac{W}{L} (V_{GS} - V_{th})^2 \cdots\cdots\cdots\cdots\cdots (1)$$

ただし，μはキャリア移動度 [cm^2/(Vs)]，Wはゲート幅 [m]，Lはゲート長 [m]，V_{GS}はゲート・ソース間電圧 [V]，V_{th}はスレッショルド電圧 [V]．

C_{OX}は単位面積あたりのゲート容量です．次のとおり計算できます．

$$C_{OX} = \varepsilon_0 \, \varepsilon_{OX} / t_{OX} \cdots\cdots\cdots\cdots\cdots\cdots\cdots\cdots\cdots (2)$$

ただし，ε_0は真空の誘電率で8.854×10^{-14}F/cm，ε_{OX}は酸化膜の比誘電率で3.9，t_{OX}は酸化膜の厚さ [cm]．

式（1）では，ドレイン電流がゲート電圧の2乗に比例することがわかります．そのほかにもドレイン電流は，ゲート幅Wに比例し，ゲート長Lに反比例します．

一例として，キャリア移動度$\mu = 450$ cm^2/Vs，酸化膜の厚さ$t_{OX} = 8 \times 10^{-9}$m，スレッショルド電圧

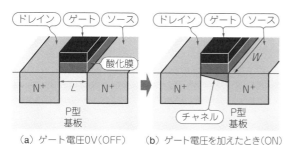

（a）ゲート電圧0V（OFF）　　（b）ゲート電圧を加えたとき（ON）

図1　MOSFETの動作原理
ゲートに電圧を加えると，チャネルと呼ばれる電流の通り道ができる

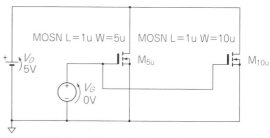

```
.dc VG 0 1 1m
.MODEL MOSN NMOS(LEVEL=3 TOX=8E-9 VTO=0.5
Uo=450)
```

図2　MOSFETのゲート電圧とドレイン電流の関係を見るための回路
.MODELコマンドでMOSNという名前のモデルを定義している

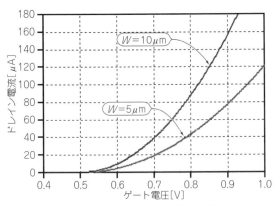

図3 MOSFETのゲート電圧とドレイン電流の関係
スレッショルド電圧の0.5 V以上を加えるとドレイン電流が流れる

V_{th} = 0.5 V，ゲート長L = 1 μmのMOSFETに，1 V
のゲート電圧を加えたときのドレイン電流を計算して
みます．ゲート幅Wは5 μmと10 μmの2パターンで
計算してみました．C_{OX}は次のとおり431 nF/cm²です．

$$C_{OX} = \frac{\varepsilon_0\,\varepsilon_{OX}}{t_{OX}} = \frac{450 \times 10^{-14} \times 3.9}{8 \times 10^{-9} \times 100} \fallingdotseq 431\ \text{nF/cm}^2 \cdots (3)$$

次に，この値を使ってドレイン電流を計算します．

▶ W = 5 μmのとき

$$
\begin{aligned}
I_{DW5\mu} &= \frac{1}{2}\mu C_{OX}\frac{W}{L}(V_{GS} - V_{th})^2 \\
&= \frac{1}{2} \times 450[\text{cm}^2/\text{Vs}] \times 431[\text{nF/cm}^2]\frac{5[\mu\text{m}]}{1[\mu\text{m}]}(1[\text{V}] - 0.5[\text{V}])^2 \\
&\fallingdotseq 121\ \mu\text{A} \cdots\cdots\cdots\cdots\cdots\cdots\cdots (4)
\end{aligned}
$$

▶ W = 10 μmのとき

$$
\begin{aligned}
I_{DW10\mu} &= \frac{1}{2}\mu C_{OX}\frac{W}{L}(V_{GS} - V_{th})^2 \\
&= \frac{1}{2} \times 450[\text{cm}^2/\text{Vs}] \times 431[\text{nF/cm}^2]\frac{10[\mu\text{m}]}{1[\mu\text{m}]} \times (1[\text{V}] - 0.5[\text{V}])^2 \\
&\fallingdotseq 242\ \mu\text{A} \cdots\cdots\cdots\cdots\cdots\cdots\cdots (5)
\end{aligned}
$$

W = 10 μmのときのドレイン電流は，W = 5 μmの
2倍になりました．式(1)が成立するのはゲート長1 μ
m程度までです．チャネル長がさらに短くなると別の

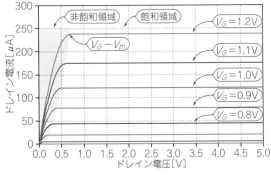

図5 MOSFETのドレイン電圧とドレイン電流の関係
ドレイン電圧が変化してもドレイン電流が変化しない領域を飽和領域と呼ぶ

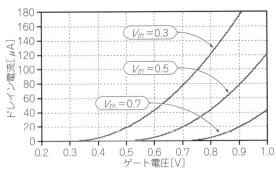

図4 MOSFETのスレッショルド電圧とドレイン電流の関係
ゲート電圧がそれぞれのスレッショルド電圧を越えたところからドレイン電流が流れる

式が必要です．

● ゲート電圧とドレイン電流の関係

　MOSFETは，ゲートに電圧を加えるとドレイン-
ソース間に電流が流れます．ここでは，図2の回路を
使って，MOSFETのゲート電圧を変えたときのドレ
イン電流の変動を調べます．

　図2の回路では，.MODELコマンドでMOSNという名
前のMOSFETのモデルを定義しました．特性を現実
のMOSFETに近づけるためには，多くのパラメータを
設定する必要がありますが，ここでは簡易的に酸化膜
厚のTOXとスレッショルド電圧のVTO，キャリア移
動度のUoの3つだけを設定しました．MOSFETのサ
イズは，モデル名の後ろにLとWを記入して指定します．
　.dcコマンドでゲート電圧V_Gを0 V→1 Vへ1 mVス
テップで変化させています．図3に結果を示します．

　ゲート電圧が0.5 Vを超えたらドレイン電流が流れ
始めます．W = 10 μmのMOSFETのドレイン電流の
方が，W = 5 μmのMOSFETよりも2倍流れています．
　ゲート電圧が1 Vのときのドレイン電流は，W =
5 μmのときは121 μA，W = 10 μmのときは243 μAで
す．式(4)，式(5)の計算結果と一致しました．

● ドレイン電流とスレッショルド電圧/ドレイン電圧

　MOSFETのWが一定でスレッショルド電圧が変わ
るとどうなるのか，図4に調べた結果を示します．ド
レイン電流は，ゲート電圧がスレッショルド電圧を超
えたところから流れ始めました．

　図5に示すのは，MOSFETのドレイン電圧とドレ
イン電流の関係を調べた結果です．

　ドレイン電圧が変化してもドレイン電流が変化しな
い領域を飽和領域と呼びます．ドレイン電圧の増加に
伴って，ドレイン電流が増加する領域を非飽和領域と
呼びます．飽和領域から非飽和領域に移行するドレイ
ン電圧は，ゲート電圧V_Gとスレッショルド電圧V_{th}
を使って，$V_G - V_{th}$で計算できます．

6-2 MOSFETのソース接地増幅回路

〈小川 敦〉

ソース接地増幅回路は，MOSFETのソース端子を接地し，負荷抵抗を接続したドレインを出力端子にした回路です．バイポーラ・トランジスタのエミッタ設置増幅回路と同様に，MOSFETで最も一般的な増幅回路です．ソース接地増幅回路のゲインを求める方法や，MOSFETゲート幅Wとゲインの関係を解説します．

● **ゲインを求める方法**

図1に示すのは，Nチャネル型MOSFETを使ったソース接地増幅回路です．

電源V_{DD}は5Vで，負荷抵抗R_Lは10kΩです．使っているMOSFETのゲート長Lは1μmです．ゲート・バイアス電圧を0.7Vとしたとき，ゲート幅Wを26μmとすると，ゲインは20dBになります．MOSFETの特性は，スレッショルド電圧V_{th} = 0.5V，キャリア移動度$μ$ = 450cm²/Vs，単位面積あたりのゲート容量C_{OX} = 430nF/cm²で，出力抵抗は十分大きいものとします．

▶**相互コンダクタンスg_mを求める**

相互コンダクタンスg_mは，MOSFETを使って増幅回路を設計するときの，最も重要なパラメータです．g_mは，MOSFETのゲート電圧とドレイン電流の関係式から計算できます．

図2に示すのは，MOSFETのゲート電圧とドレイン電流の関係です．相互コンダクタンスg_mは，入力電圧の微小変化に対して，どれだけ出力電流が変化するかの度合いを表す係数です．図2のように，ゲートに直流電圧と微小振幅の正弦波を重畳した信号を加えると，ドレイン電流も同じように重畳された波形にな

ります．ドレイン電流の振幅は，図2のようにゲート電圧が低いと小さく，ゲート電圧が高いと大きくなります．このようにMOSFETのg_mは，ゲート電圧が高いほど大きくなります．あるゲート電圧におけるg_mの値は，そのゲート電圧におけるドレイン電流グラフの曲線の傾きになります．曲線の傾きは，ドレイン電流とゲート電圧の関係式をゲート電圧で微分すると求められます．

ゲート-ソース間電圧V_{GS}とドレイン電流I_Dの関係は次のとおりです．

$$I_D = (1/2) \times μC_{OX}(W/L)(V_{GS} - V_{th})^2 \cdots\cdots (1)$$

g_mは，式(1)をゲート-ソース電圧で微分して，次のように計算できます．

$$g_m = \frac{\partial I_D}{\partial V_{GS}} = μC_{OX}\frac{W}{L}(V_{GS} - V_{th}) \cdots\cdots\cdots (2)$$

図3は，図2をゲート電圧で微分したグラフで，縦軸がg_mの大きさです．g_mはゲート電圧に比例して増加します．

▶**g_mからゲインを求める**

図1の回路の入力信号V_{in}に対するドレイン電流の変化分ΔI_Dは，g_mを使って次式で計算できます．

$$\Delta I_D = g_m V_{in} \cdots\cdots\cdots\cdots\cdots\cdots\cdots\cdots (3)$$

入力信号V_{in}によって負荷抵抗R_Lに発生する出力電

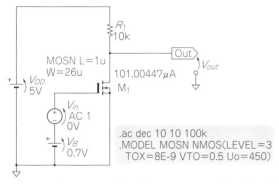

図1 NチャネルMOSFETを使ったゲイン20dBのソース接地増幅回路
MOSFETのサイズをL = 1μm，W = 26μmに設定するとゲインは20dBになる

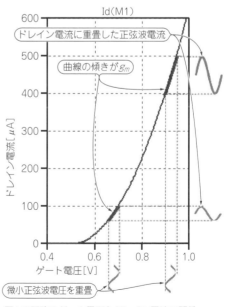

図2 図1の回路のゲート電圧とドレイン電流の関係
ドレイン電流グラフの曲線の傾きが相互コンダクタンスg_mになる

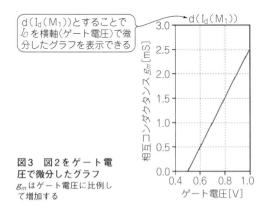

図3　図2をゲート電圧で微分したグラフ
g_mはゲート電圧に比例して増加する

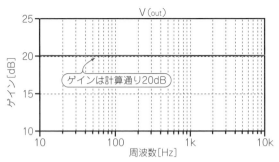

図4　図1の回路のゲイン
Wを26μmにすると，ゲインが20dBになった

圧の変化分V_{out}は，ΔI_Dを使って次式で計算できます．

$$V_{out} = \Delta I_D R_L \quad \cdots\cdots (4)$$

ゲインGは，出力電圧の変化分を入力電圧で割った値なので，次式のように計算できます．

$$G = V_{out}/V_{in} = \Delta I_D R_L/V_{in} = g_m V_{in} R_L/V_{in}$$
$$= g_m R_L \quad \cdots\cdots (5)$$

式(5)を変形すると，図1の回路でゲインを20dB(10倍)にするために必要なg_mの値が計算できるようになります．次のとおりです．

$$g_m = G/R_L = 10\,\text{mS} = 1\,\text{ms} \quad \cdots\cdots (6)$$

式(2)と式(6)を使って，ゲインを20dBにするためのゲート幅Wを計算すると，次のように約26μmになります．

$$W = \frac{g_m L}{\mu C_{OX}(V_{GS} - V_{TH})}$$
$$= \frac{1\,\text{ms} \times 1\,\mu\text{m}}{450 \times 430\,\text{nF} \times (0.7\,\text{V} - 0.5\,\text{V})} \fallingdotseq 25.8\,\mu\text{m} \cdots (7)$$

このときのドレイン電流の大きさは，次のように100μAになります．

$$I_D = \frac{1}{2}\mu C_{OX}\frac{W}{L}(V_{GS} - V_{th})^2$$
$$= \frac{1}{2} \times 450 \times 430\,\text{nF} \times \frac{26\,\mu\text{m}}{1\,\mu\text{m}} \times (0.7\,\text{V} - 0.5\,\text{V})^2$$
$$= 100\,\mu\text{A} \quad \cdots\cdots (8)$$

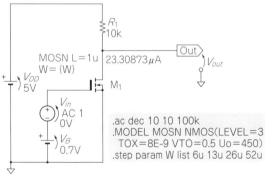

図5　MOSFETのゲート幅Wとソース接地増幅回路のゲインの関係を調べるための回路
ゲート幅Wを6μ，13μ，26μ，52μの4種類に変えてゲインをシミュレーションする

図4に示すのは，図1の回路の周波数特性をシミュレーションした結果です．式(7)で求めたように，Wを26μmにすることで，ゲインが20dBになります．

● MOSFETのゲート幅Wとソース接地増幅回路のゲインの関係

ゲート幅Wとソース接地増幅回路のゲインGの関係を調べてみます．図5は，ゲート幅Wの値を変えたときにソース接地増幅回路のゲインがどうなるかをシミュレーションする回路です．

MOSFETのゲート幅Wの値を「W」という変数に置き換えます．.stepコマンドでWを6u，13u，26u，52uの4種類に変えて調べます．図6に示すようにWが大きいほどゲインが大きくなりました．

＊

ゲインを計算するときは，MOSFET出力抵抗が無視できるほど十分大きいものと仮定しました．シミュレーション用のMOSFETのモデルも，出力抵抗が大きいです．実際のMOSFETの出力抵抗は有限の値をもっています．とくにLの値が小さいときは，計算よりもゲインが小さくなります．

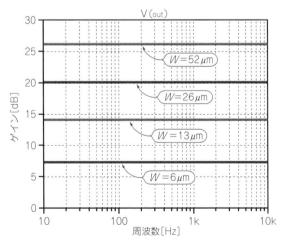

図6　図5の回路のゲイン
Wが大きいほどゲインが大きくなる

6-3 MOSFETのソース・フォロワの基本動作

〈小川 敦〉

ソース・フォロワは，ドレイン端子を電源に接続し，ソースを出力端子にした回路です．ソース・フォロワは，ドレイン接地増幅回路とも呼ばれます．交流信号の立場で回路を見たとき，電源への接続と接地は等価だからです．

図1に示すのは，Nチャネル型MOSFETを使ったソース・フォロワです．負荷抵抗が接続されていないとき，ゲインは0dBになります．ソース電圧は，ゲート電圧に応じて直接変化するためです．ソース・フォロワは直流レベル変換やバッファに使われます．

図1では，1kΩの負荷抵抗R_Lが接続されているので，ゲインはより小さい－6dBです．MOSFETの特性は次のとおりです．

- スレッショルド電圧 $V_{th} = 0.5$ V
- キャリア移動度 $\mu = 450$ cm²/Vs
- 単位面積あたりのゲート容量 $C_{OX} = 430$ nF/cm²

● ゲインを求める方法

▶負荷抵抗R_Lがない場合で考える

図2に示すのは，図1から負荷抵抗R_Lを取り除いた回路です．まずはこの回路のゲインを求めてみます．

バイアス電圧V_Bは3Vなので，入力端子の直流電圧も3Vになります．V_{out}は，V_{in}の電圧からMOSFET M_1のゲート－ソース間電圧V_{GS}の分だけ低くなります．

MOSFETのゲート－ソース間電圧V_{GS}と，ドレイン電流I_Dの関係は次のとおりです．

$$I_D = \frac{1}{2} \mu C_{OX} \frac{W}{L} (V_{GS} - V_{th})^2 \cdots\cdots\cdots\cdots (1)$$

この式を変形して，ゲート－ソース間電圧V_{GS}を求めると，次式になります．

$$V_{GS} = \sqrt{\frac{2 I_D}{\mu C_{ox}} \frac{L}{W}} + V_{th} \cdots\cdots\cdots\cdots\cdots (2)$$

図2では，ソースに100μAの定電流源が接続されています．ソース電流とドレイン電流は等しいので，I_Dは100μAです．式(2)にMOSFETの特性を代入すると，次式のように，ゲート－ソース間電圧V_{GS}は約0.7Vになりました．

$$
\begin{aligned}
V_{GS} &= \sqrt{\frac{2 I_D}{\mu C_{ox}} \frac{L}{W}} + V_{th} \\
&= \sqrt{\frac{2 \times 100\,\mu A}{450 \times 430\,nF} \frac{1\,\mu m}{26\,\mu m}} + 0.5\,V \fallingdotseq 0.7\,V \cdots (3)
\end{aligned}
$$

V_{out}は次のとおり2.3Vです．

$$V_{out} = V_{in} - V_{GS} = 3\,V - 0.7\,V = 2.3\,V \cdots\cdots (4)$$

入力に信号を加えてV_{in}が変化しても，M_1のソース電流は変化しないので，V_{GS}はつねに一定値です．入力に加えた信号は，直流のバイアス電圧以外はそのままの大きさで出力されるので，ゲインは0dBです．

図3に示すようにゲインは0dBになりました．

▶負荷抵抗R_Lを接続した場合で考える

次は，負荷抵抗が接続された図1の回路のゲインを求めてみます．図1の回路では負荷抵抗に電流が流れるため，図2とは異なり，M_1のソース電流が変化し

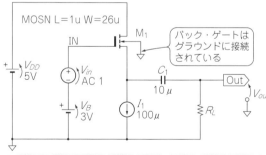

.ac dec 10 100 100k
.MODEL MOSN NMOS(LEVEL=3 TOX=8E-9 VTO=0.5 Uo=450)

図1 Nチャネル型MOSFETを使ったゲイン－6dBのソース・フォロワ
IC内のNチャネル型MOSFETのバック・ゲートは，一般的に本回路のようにグラウンドに接続されている．このような接続では，ソースの電位が変動すると，バック・ゲート効果により，しきい値電圧V_{th}の大きさが変化し，波形ひずみが発生する．Pチャネル型MOSFETのように，バック・ゲートを任意の場所に接続できるときは，ソース端子に接続するとV_{th}の変動を防ぎ，波形ひずみを小さくできる

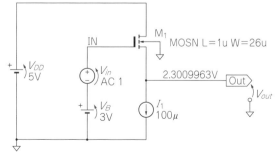

.ac dec 10 10 100k
.MODEL MOSN NMOS(LEVEL=3 TOX=8E-9 VTO=0.5 Uo=450)

図2 負荷抵抗がないソース・フォロワ

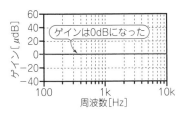

図3　図2の回路のゲイン
ゲインは0dBになった

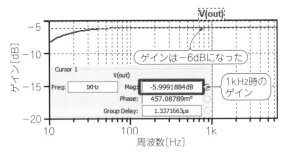

図4　図1の回路のゲイン
ゲインは−6dBになった

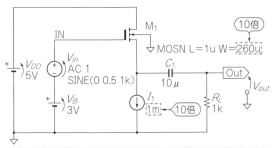

```
.ac dec 10 10 100k
: .tran 5m
.MODEL MOSN NMOS(LEVEL=3 TOX=8E-9 VTO=0.5
Uo=450)
```

図5　ゲインを増やすために出力抵抗を小さくしたソース・フォロワ
ゲート幅(W)とドレイン電流(I_D)を10倍にした

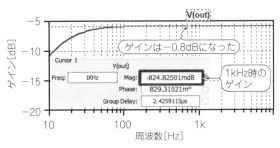

図6　図5の回路のゲイン
ゲインは計算結果と同じ−0.8dBになった

ます．ソース電流が変化すると，ドレイン電流も変わるので，式(2)のとおりV_{GS}も変わります．その結果，入力を加えた信号は，異なる大きさで出力されます．

負荷抵抗を接続したときのゲインを計算するためには，ドレイン接地増幅回路の出力抵抗を調べます．

ドレイン電流がΔI_Dだけ変化したときのゲート-ソース間電圧の変化をΔV_{GS}とすると，出力抵抗R_Oは$R_O = \Delta V_{GS} / \Delta I_D$で計算できます．式(2)をドレイン電流で微分すると，次のようになります．これで出力抵抗が計算できます．

$$R_O = \frac{\partial V_{GS}}{\partial I_D} = \sqrt{\frac{1}{2I_D \, \mu C_{ox}} \frac{L}{W}} \quad \cdots\cdots (5)$$

式(5)に定数を代入すると，出力抵抗R_Oは次のように約1kΩになります．

$$R_O = \sqrt{\frac{1}{2I_D \, \mu C_{ox}} \frac{L}{W}}$$
$$= \sqrt{\frac{1}{2 \times 100\,\mu A \times 450 \times 430nF} \times \frac{1\,\mu m}{26\,\mu m}} \fallingdotseq 997\,\Omega \cdots (6)$$

V_{out}は，入力信号V_{in}が出力抵抗R_Oと負荷抵抗R_Lで分圧されるので，次式で計算できます．

$$V_{out} = \frac{R_L}{R_O + R_L} V_{in} \quad \cdots\cdots (7)$$

ゲインGは次式のように0.5(−6dB)になりました．

$$G = \frac{V_{out}}{V_{in}} = \frac{\dfrac{R_L}{R_O + R_L} V_{in}}{V_{in}}$$

$$= \frac{R_L}{R_O + R_L} = \frac{1\,k\Omega}{997\,\Omega + 1\,k\Omega} \fallingdotseq 0.5\,倍 \cdots\cdots (8)$$

図4に示すのは，図1の回路のシミュレーション結果です．式(8)のとおり，1kHzのゲインは−6dBでした．

● 出力抵抗を小さくする方法

ソース・フォロワは，直流レベル変換やバッファに使われます．バッファとして使うとき，出力抵抗が大きいために信号が減衰するのは望ましくありません．ここでは，ソース・フォロワの出力抵抗を小さくする方法を考えます．

式(5)によると，ドレイン電流I_Dを大きくするか，ゲート幅Wを大きくすれば出力抵抗が小さくなります．ゲート幅Wを図1の回路の10倍にすると，出力抵抗は約1/3.2になります．I_Dも10倍にすると，出力抵抗はさらに約1/3.2になります．両者を合わせると出力抵抗を1/10にできます．I_Dを10倍にするためには，ソースに接続されている電流源I_1の値を10倍にします．

図1からWとI_Dを変更し，出力抵抗を小さくした図5のゲインは，次のとおり0.91(−0.8dB)です．

$$G = \frac{R_L}{R_O + R_L} = \frac{1\,k\Omega}{99.7\,\Omega + 1\,k\Omega} \fallingdotseq 0.91\,倍 \cdots\cdots (9)$$

式(2)より，WとI_Dを同時に10倍にすると，ゲート-ソース間電圧V_{GS}は，図1と同じ値になります．図6に示すのは，図1の回路のWとI_Dを10倍にしたドレイン接地増幅回路のシミュレーション結果です．ゲインは，計算結果と同じく−0.8dBです．

6-4 MOSFETのゲート接地増幅回路の基本動作

〈小川 敦〉

ゲート接地増幅回路は，ゲート端子をバイアス電源に接続し，負荷抵抗を接続したドレインを出力端子にした回路です．入力はソース端子です．バイポーラ・トランジスタのベース接地回路と同じように，ミラー効果の影響を受けないので，高周波でも大きなゲインが得られます．ゲート接地増幅回路は，入力抵抗が小さく，単体の増幅回路としては制約が多いため，ソース接地増幅回路と組み合わせたカスコード増幅回路にして使われています．カスコード増幅回路は，ゲインが大きく，周波数特性が良い特徴があります．

● ゲインの求め方

図1に示すのは，Nチャネル型MOSFETを使ったゲート接地増幅回路です．ゲート長Lが1 μm，ゲート幅Wが26 μmのMOSFETを使うと，この回路のゲインを20 dBにするための負荷抵抗R_Lの値は10 kΩになります．

入力信号源の出力抵抗は十分小さいものとし，MOSFETの特性は，スレッショルド電圧V_{th} = 0.5 V，キャリア移動度μ = 450 cm^2/Vs，単位面積あたりのゲート容量C_{OX} = 430 nF/cm^{2}とします．

▶相互コンダクタンスg_mを求める

ゲート接地増幅回路は，**図1**のようにゲート電圧が固定されていて，ソースに入力信号を加えます．入力信号により，ソースの電圧が変化すると，ゲート-ソース間電圧が変わり，ドレイン電流が増減します．ゲート-ソース間電圧の変化によるドレイン電流の変化の割合が相互コンダクタンスg_mです．

ゲート-ソース間電圧V_{GS}とドレイン電流I_Dの関係は，次のとおりです．

$$I_D = \frac{1}{2} \mu C_{OX} \frac{W}{L} (V_{GS} - V_{th})^2 \cdots\cdots\cdots\cdots (1)$$

式(1)をV_{GS}で微分すると次のようにg_mになります．

$$g_m = \frac{\partial I_D}{\partial V_{GS}} = \mu C_{OX} \frac{W}{L} (V_{GS} - V_{th}) \cdots\cdots\cdots (2)$$

ソース接地増幅回路では，ゲート-ソース間電圧の値が条件として与えられていました．ゲート接地増幅回路では，ソース電流（＝ドレイン電流）の値が条件として与えられています．そのため，式(1)を次のようにゲート-ソース間電圧を求める式に変形します．

$$V_{GS} - V_{th} = \sqrt{\frac{2 I_D L}{\mu C_{OX} W}} \cdots\cdots\cdots\cdots (3)$$

式(2)の$(V_{GS} - V_{th})$に，式(3)の右辺を代入すると次式になります．

$$g_m = \mu C_{OX} \frac{W}{L} \sqrt{\frac{2 I_D L}{\mu C_{OX} W}} = \sqrt{2 I_D \mu C_{OX} \frac{W}{L}} \cdots (4)$$

式(4)より，ドレイン電流からMOSFETのg_mを計算できます．

図1の定数の場合，g_mは次のように求まります．

$$\begin{aligned} g_m &= \sqrt{2 I_D \mu C_{OX} \frac{W}{L}} \\ &= \sqrt{2 \times 100 \mu \times 450 \times 430 \text{ nF} \times \frac{26 \mu m}{1 \mu m}} \doteqdot 1 \text{ mS} \cdots (5) \end{aligned}$$

▶g_mからゲインを求める

増幅回路のゲインGは，g_mに負荷抵抗の値を掛けた値です．ゲインから負荷抵抗の値を求める式は，次のとおりです．

$$R_L = G/g_m \cdots\cdots\cdots\cdots\cdots\cdots\cdots\cdots (6)$$

図1のg_mの値は，式(5)のとおり1 mSなので，ゲインを20 dB（10倍）にするためには，次のようにR_Lを10 kΩにします．

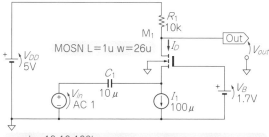

```
.ac dec 10 10 100k
.MODEL MOSN NMOS(LEVEL=3 TOX=8E-9 VTO=0.5
+Uo=450)
```

図1 Nチャネル型MOSFETを使ったゲイン20 dBのゲート接地増幅回路
ゲインを20 dBにするために負荷抵抗値R_Lを10 kΩにした

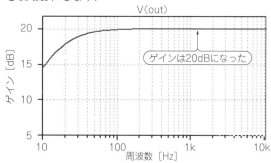

図2 図1の回路のゲイン
1 kHzでのゲインは，設計値の20 dBになった

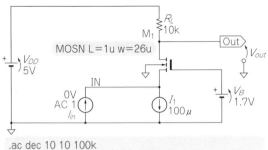

.ac dec 10 10 100k
.MODEL MOSN NMOS(LEVEL=3 TOX=8E-9 VTO=0.5
+Uo=450)

図3 ゲート接地増幅回路の入力抵抗を調べる回路
入力となる小信号電流源I_{in}をソースに接続する

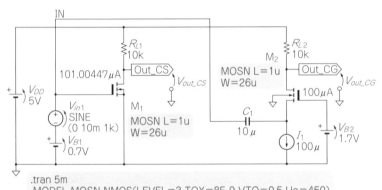

.tran 5m
.MODEL MOSN NMOS(LEVEL=3 TOX=8E-9 VTO=0.5 Uo=450)

図5 ソース接地増幅回路とゲート接地増幅回路の入出力の位相を比較する回路
入力信号としてピーク電圧10mVの正弦波信号を加えている

$$R_L = G/g_m = 10/1 \text{ mS} = 10 \text{ k}\Omega \cdots\cdots\cdots (7)$$

図2に示すのは，図1のシミュレーション結果です．1kHzでのゲインは，設計値の20dBとなっています．

● **入力インピーダンスは低い**

ゲート接地増幅回路は，ソース端子に入力信号を加えるので，入力抵抗が小さいです．この入力抵抗は，入力に微小電流ΔIを加えたときの電圧変化ΔVから，$R_{in} = \Delta V/\Delta I$で計算できます．入力に微小電流$\Delta I$を加えたときのドレイン電流の変化を$\Delta I_D$とすると，入力端子の電圧変化はゲート-ソース間電圧の微小変化ΔV_{GS}になり，入力抵抗R_{in}は次のとおり計算できます．

$$R_{in} = \frac{\partial V_{GS}}{\partial I_D} = \sqrt{\frac{1}{2I_D \mu C_{OX}} \frac{L}{W}} \cdots\cdots\cdots (8)$$

入力抵抗R_{in}は，式(4)のg_mの逆数です．この入力抵抗は，ドレイン接地の出力抵抗と同じです．図1の定数を代入すると，入力抵抗は次のとおり約1kΩになります．

$$
\begin{aligned}
R_{in} &= \sqrt{\frac{1}{2I_D \mu C_{OX}} \frac{L}{W}} \\
&= \sqrt{\frac{1}{2 \times 100 \text{ }\mu\text{A} \times 450 \times 430 \text{ nF}} \frac{1\text{ }\mu}{26\text{ }\mu}} \approx 997 \text{ }\Omega \cdots (9)
\end{aligned}
$$

図3に示すのは，ゲート接地増幅回路の入力抵抗を

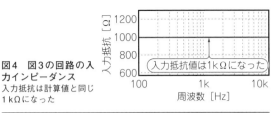

図4 図3の回路の入力インピーダンス
入力抵抗は計算値と同じ1kΩになった

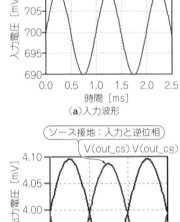

（a）入力波形

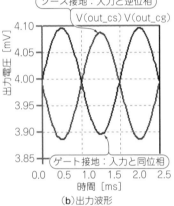

（b）出力波形

図6 図5の回路の過渡解析結果
ゲート接地増幅回路の出力信号は入力信号と同位相になった

調べる回路です．入力になる小信号電流源I_{in}をソースに接続しています．

図4に，図3の回路の入力インピーダンスを示します．入力抵抗を表示するために，入力端子の電圧V(IN)を入力電流I(Iin)で割りました．図4から，入力抵抗は計算値と同じ1kΩになりました．

ゲート接地増幅回路は，入力抵抗が小さいです．出力抵抗の大きな信号源を使うと，入力端子で信号が減衰し，所望のゲインが得られないことがあります．

● **ソース接地増幅回路と比較してみる**

図5に示す回路は，ソース接地増幅回路とゲート接地増幅回路の入出力の位相を比べる回路です．入力信号として，10 mV$_{\text{P-P}}$の正弦波を加えます．回路図には，それぞれのMOSFETのドレイン電流を表示しています．

図6に示すのは，図5の回路の入出力信号の波形です．どちらも出力振幅はほぼ同じで，100 mV$_{\text{P-P}}$程度です．ゲインは約10倍(20 dB)です．

使い方の基本

基本法則

電子部品の基礎

トランジスタ基本

MOSFET基本

OPアンプ基本

6-5 DCモータ制御に使える MOSFET大電力スイッチ

〈小川 敦〉

バイポーラ・トランジスタは，ベース-エミッタ間に0.6～0.7 Vの電圧が加わるとコレクタ電流が流れます．MOSFETでは，ドレイン電流が流れ始めるゲート-ソース間電圧が製品ごとに異なります．

ここでは，4 V駆動タイプのMOSFETを使います．ゲート-ソース間に5 Vを加えれば抵抗の小さいスイッチとして動作することが保証されています．まずはこのMOSFETの静特性を確認します．

● 制御に使うMOSFETの静特性を調べる

▶Nチャネル型MOSFET

図1に示すのは，Nチャネル型MOSFETのRSR025N03の静特性を調べる回路と，その結果です．ゲート電圧，ドレイン電流，ドレイン電圧の関係を調べました．ドレインに加える電圧V_Dは，0 V→5 Vへ10 mVステップで変化させ，ゲートに加える電圧のV_Gは，0 V→5 Vへ0.5 Vステップで変化させました．

図1(b)を見ると，V_Gが2 V以下のときはドレイン電流が流れません．V_Gが2.5 V以上になったときにドレイン電流が流れ始めました．ドレイン電圧が変化すると，ドレイン電流が変わる領域がありますが，その部分の直線の傾きがオン抵抗を表しています．傾きが大きいほど抵抗が小さいことになります．図1(b)では，V_Gが大きいほど抵抗が小さくなっています．

▶Pチャネル型MOSFET

図2に示すのは，Pチャネル型MOSFETのRSR025P03の静特性を調べる回路と，その結果です．図1とどうようにゲート電圧，ドレイン電流，ドレイ

ン電圧の関係を調べました．

ドレインに加える電圧V_Dは，0 V→5 Vへ10 mVステップで変化させました．ゲートに加える電圧のV_Gは，0 V→5 Vへ0.5 Vステップで変化させました．V_Gは電源を基準に負電圧が加わるように接続してあります．

図2(b)でも，図1と同様にV_Gの絶対値が2 V以下ではドレイン電流が流れず，2.5 V以上で流れ始めます．

● DCブラシ付きモータの制御

▶原理

図3に示すのは，4つのスイッチでDCブラシ付きモータの回転方向を制御するメカニズムです．図中の矢印は，電流の流れる方向を示しています．モータを右回転させるときは，S_1とS_4をONして＋側端子に＋5 Vを加えます．モータを左回転させるときは，S_2とS_3をONして－側端子に＋5 Vを加えます．モータをブレーキ・モードにするときは，S_1とS_4をONします．モータの両端をショートすることで大きな電流を流し，回転エネルギを失わせて素早く回転を停止できます．

▶MOSFETを使えばマイコンから操作できる

S_1～S_4のスイッチの部分をMOSFETに置き換えると，マイコンなどでもこれらの操作ができるようになります．

MOSFETは，ゲートに電圧を加えると，ドレインとソースの間に電流が流れるようになります．MOSFETは，バイポーラ・トランジスタと比べると，

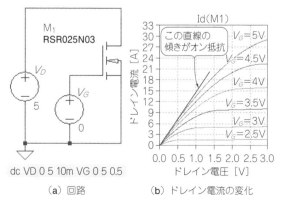

dc VD 0 5 10m VG 0 5 0.5

(a) 回路 　　　(b) ドレイン電流の変化

図1 DCブラシ付きモータの制御に使うNチャネル型MOSFETの静特性
V_Gが2.5 V以上だとドレイン電流が流れ始める

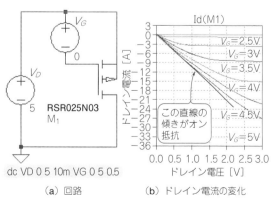

dc VD 0 5 10m VG 0 5 0.5

(a) 回路 　　　(b) ドレイン電流の変化

図2 DCブラシ付きモータの制御に使うPチャネル型MOSFETの静特性
V_Gの絶対値が2.5 V以上だとドレイン電流が流れ始める

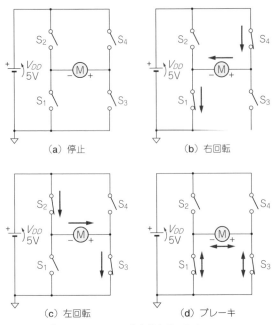

図3　DCブラシ付きモータの基本的な動かし方
加える電圧の向きを変えるだけで逆方向に回る．矢印は電流の流れる方向を示している

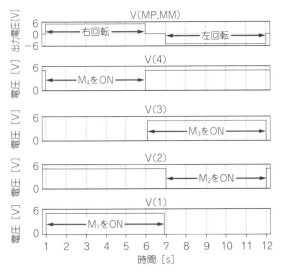

図5　図4の回路の出力と入力の波形
抵抗の両端電圧が＋5Ｖと－5Ｖに切り替わり，所望の動作をしている

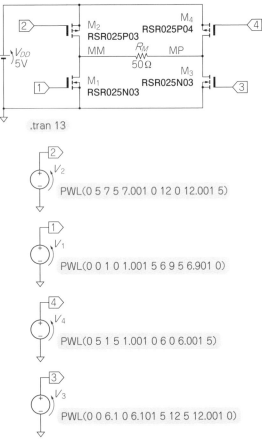

.tran 13

PWL(0 5 7 5 7.001 0 12 0 12.001 5)

PWL(0 0 1 0 1.001 5 6 9 5 6.901 0)

PWL(0 5 1 5 1.001 0 6 0 6.001 5)

PWL(0 0 6.1 0 6.101 5 12 5 12.001 0)

図4　MOSFETでDCブラシ付きモータを制御する回路
モータは5ｍΩの抵抗，コントロール信号はPWL電圧源で表現している

スイッチとして使ったときの応答速度が速く，ベース電流が不要です．

▶回路を作ってモータが操作できるか確認してみる

図4に示すのは，MOSFETを使ってモータを制御する回路です．モータは5ｍΩの抵抗に置き換えています．

Ｎチャネル型MOSFETは，ゲート電圧0ＶでOFFし，ゲート電圧5ＶでONします．Ｐチャネル型MOSFETは，ソースに接続されている電源を基準として，ゲート電圧0ＶでOFFし，－5ＶでONします．グラウンド基準のときは，ゲート電圧5ＶでOFFし，0ＶでONします．

停止状態では，すべてのトランジスタをOFFとするので，M_1，M_3のゲート電圧を0Ｖとし，M_2，M_4のゲート電圧を5Ｖにします．

右回転のときは，M_1とM_2をONにするので，M_1のゲート電圧を5Ｖ，M_2のゲート電圧を0Ｖにします．ブレーキ時は，M_1とM_2のゲート電圧を5Ｖにします．左回転のときは，M_2とM_3をONにするので，M_2のゲート電圧を0Ｖにし，M_3のゲート電圧を5Ｖにします．

図5に示すのは，図4の回路のシミュレーション結果です．V(1)～V(4)がPWL電源の出力電圧です．

最上段はモータの代わりの抵抗R_Mの両端電圧です．1～6秒の間は，M_1とM_4が同時にONします．R_Mの両端電圧は＋5Ｖで，モータが接続されていれば右回転します．

6.1～6.9秒の間は，M_1とM_3が同時にONするブレーキ・モードです．7～12秒の間は，M_2とM_3が同時にONしています．R_Mの両端電圧は－5Ｖで，モータが接続されていれば左回転します．

6-6 MOSFETの論理回路

〈小川 敦〉

LTspiceでは，アナログ回路だけでなく，ディジタル回路のシミュレーションも行えます．

マイコンやプロセッサなどのディジタルICの中では，さまざまなディジタル回路が使われていますが，その中身はアナログ回路で構成されています．

ディジタル回路は，1と0の組み合わせだけでさまざまな演算を行います．直接演算を行うのはトランジスタを組み合わせた論理回路です．

図1に示すのは，MOSFETで構成した基本論理回路です．論理回路の基本要素は，NOT回路，AND回路，OR回路の3つです．これらを組み合わせることで，さまざまな論理回路を構成できます．CMOS論理回路ではAND回路とOR回路の出力を反転したほうが回路構成が簡単です．そのため，AND回路の出力を反転したNAND回路と，OR回路の出力を反転した

NOR回路が主に使われます．図2～図6にそれぞれの回路と真理値表を示します．

● 用意されている論理素子ライブラリを使うのがおすすめ！

LTspiceで図1のようにMOSFETを組み合わせると，論理回路として機能します．この回路でディジタル回路を組んでシユレーションを行うこともできますが，規模が大きくなり，シミュレーション時間が大幅に長くなります．

そんなときにおすすめなのが，LTspiceに用意されている論理素子です．この素子を使えば，ディジタル回路のシミュレーションを高速に実行できます．

図7は，論理素子を使ったシミュレーション用の回路です．A1がNOTで，A2，A4がNAND（AND），

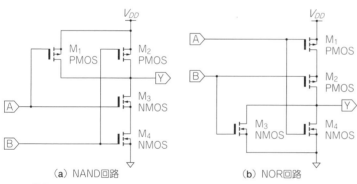

(a) NAND回路　　　　　　　　(b) NOR回路

図1　基本論理回路はMOSFETで構成されている
ディジタル回路に使われる論理回路の中身はアナログ回路

(a) 記号　　　　　　(b) 真理値表

図2　論理回路の要素①：NOT
入力Aを反転した信号がYに出力される

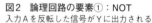

(a) 記号　　　　　　(h) 真理値表

図3　論理回路の要素②：AND
入力Aと入力Bがともに1のとき，Yに1が出力される

図4　論理回路の要素③：NAND
入力Aと入力Bが共に1のとき，Yに0が出力される

(a) 記号　　　　　　(b) 真理値表

図5　論理回路の要素④：OR
入力Aと入力Bのどちらかが1であれば，Yに1が出力される

(a) 記号　　　　　　(b) 真理値表

図6　論理回路の要素⑤：NOR
入力Aと入力Bのどちらかが1であれば，Yに0が出力される

(a) 記号　　　　　　(b) 真理値表

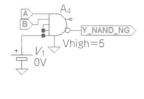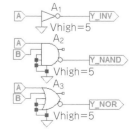

図7　LTspiceに用意されている論理素子を使って組んだ論理回路

A3がNOR（OR）です．ANDとORは出力が2つあります．丸印の付いた端子を使うと，NAND，NORとして使えます．

素子外形の下側に基準電圧入力端子があり，通常がグラウンドに接続します．ANDとORは，入力端子が5つあります．未使用の入力端子とグラウンドを接続すれば，2入力ANDとして使えます．未使用の入力端子をオープンにしておくと，シミュレーションでは，自動的にグラウンドに接続したものとみなされます．

論理信号の0を入力したいときは，図7のA_4のように，未使用の入力端子を0Vの電源に接続します．グラウンド以外に接続すると，未使用の入力端子と判断され，0が入力されたものとしてシミュレーションを実行します．そのため，A_2とA_4は異なるシミュレーション結果になります．

LTspiceの論理素子の論理振幅は1Vです．素子を右クリックすると表示されるウィンドウのValueに「Vhigh=5」と記入すると，論理振幅が5Vになります．

図8は，図7の回路の入力信号と出力信号の関係です．論理素子は，Componentウィンドウの中の「Digtal」フォルダの中に入っているので，いろいろと試してみてください．

● 参考…MOSFETを組み合わせて論理回路として機能するか試してみた

論理素子を使わずに，MOSFETを組み合わせた構成でも論理回路として動作するかどうか試してみました．

図9に示すのは，MOSFETで構成したNOT回路（インバータ）です．入力AはPチャネル型MOSFETとNチャネル型MOSFETのゲートを接続した端子です．入力AはPチャネル型MOSFETとNチャネル型MOSFETのドレインを接続した端子です．

入力Aが0V（0）のときはM_1のみがONし，M_2はOFFします．出力Yは5V（1）です．逆に入力Aが5Vのときは，M_2のみがONし，M_1はOFFします．出力Yは0Vです．

この回路は，消費電力が非常に小さい点が特徴です．その理由は，入力が5Vのときも0Vのときも，必ずどちらかのMOSFETがOFFしていて，電流が流れないからです．

図10に示すのは，図9の回路の出力波形です．入力Aの電圧に対して，出力Yの電圧は論理反転した結果になりました．

M_2のドレイン電流が流れているのは，入力信号が遷移するときだけです．

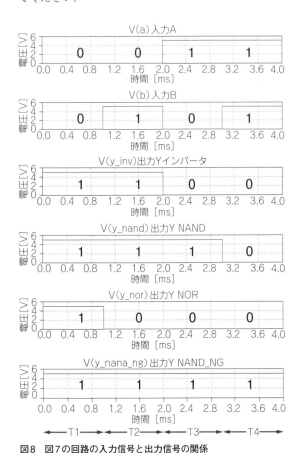

図8 図7の回路の入力信号と出力信号の関係

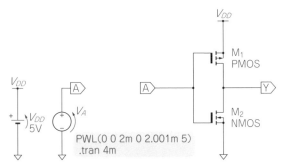

図9 MOSFETを組み合わせて構成したNOT回路
0Vから5Vに変化する信号を入力し，トランジェント解析を行う

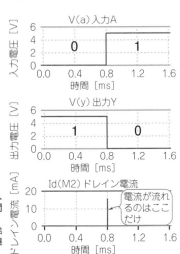

図10 図9の回路の入力信号と出力信号の関係
図2の真理値表と同じ結果．電流が流れるのは遷移時のみ

第7章

OPアンプ基本回路の解析

小川 敦 Atushi Ogawa

7-1 抵抗器でゲインを決めるアンプ①… 非反転アンプ

〈小川 敦〉

● OPアンプ単体のゲイン A と外付け抵抗を含めたゲイン G の関係

非反転アンプは最もよく使用される回路です.

図1は非反転アンプのゲインを計算するためのブロック図です. 抵抗 R_1 と R_2 による分圧比を H とし, OPアンプのオープン・ループ・ゲインを A として入力 V_{in} から出力 V_{out} までのゲインを計算します. 反転入力端子の電圧 V_{FB} はOPアンプの出力電圧 V_{out} に分圧比 β を掛け合わせたもので, 次式で計算できます.

$$V_{FB} = \beta V_{out} \cdots\cdots\cdots\cdots\cdots\cdots\cdots\cdots (1)$$

抵抗 R_1 および R_2 による分圧比 β は次式で表せます.

$$\beta = R_2/(R_1 + R_2) \cdots\cdots\cdots\cdots\cdots\cdots (2)$$

OPアンプの出力電圧 V_{out} は, 非反転入力端子の電圧 V_{in} から反転入力端子の電圧 V_{FB} を引いたものをオープン・ループ・ゲイン A 倍することで求められます.

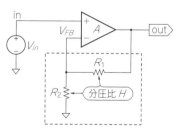

図1 入力レベルと出力レベルの比(ゲイン)を周辺の2本の抵抗で決められるOPアンプ増幅回路「非反転アンプ」…入出力ゲインを計算するときにOPアンプの特性は考えなくていい
OPアンプ単体では, 特性の個体ばらつきが大きかったり, 温度で変動したり, 周波数特性がフラットでなかったりして, とても使いにくいが, 抵抗器を2本外付けてして負帰還を掛けると, とたんに安定した素晴らしいアンプに生まれ変わる. 入出力のゲインは, 2本の抵抗器の値の比で設定でき, OPアンプ単体のゲインは計算に必要なくなる. ただし, OPアンプ単体は一定以上の大きいゲインをもつことが要求される

$$V_{out} = (V_{in} - V_{FB})A \cdots\cdots\cdots\cdots\cdots (3)$$

式(1)を式(3)に代入すると次式になります.

$$V_{out} = (V_{in} - \beta V_{out})A = V_{in}A - \beta V_{out}A \cdots (4)$$

式(4)を V_{out} に対して解くと次式になります.

$$V_{out} = V_{in} A/(1 + \beta A) \cdots\cdots\cdots\cdots (5)$$

入出力ゲイン G は出力電圧を入力電圧で割ったものなので, 式(5)から次式のように求められます.

$$G = \frac{V_{out}}{V_{in}} = \frac{V_{in} A}{(1 + \beta A) V_{in}} = \frac{A}{1 + \beta A} \cdots\cdots (6)$$

式(6)でオープン・ループ・ゲインが十分大きく無限大とみなすと, $1/A$ は0になるため, 次式のように変形できます.

$$G = \frac{A}{1 + \beta A} = \frac{1}{1/A + \beta} \fallingdotseq \frac{1}{\beta} \cdots\cdots\cdots (7)$$

ゲインは帰還抵抗による分圧比 β の逆数になり, 次式のように帰還抵抗の値だけで計算できます.

$$G = \frac{1}{\beta} = \frac{R_1 + R_2}{R_2} \cdots\cdots\cdots\cdots\cdots (8)$$

通常, OPアンプのオープン・ループ・ゲインは十分に大きいため, 一般的にはこの式(8)が非反転アンプのゲイン計算に使用されます.

● オープン・ループ・ゲインとゲイン

オープン・ループ・ゲインがあまり大きくない場合のゲインを計算します. ここでは, $R_1 = 39\,k\Omega$, $R_2 = 1\,k\Omega$, オープン・ループ・ゲイン $= 40\,dB$ とします.

これら定数を式(2)に代入すると, 次式になります.

$$\beta = R_2/(R_1 + R_2) = 1/40 \cdots\cdots\cdots\cdots (9)$$

定数を式(6)に代入すると次式になります.

$$G = A/(1 + \beta A) = 20\,倍 \cdots\cdots\cdots\cdots (10)$$

column▶01　AC解析の縦軸を対数からリニアに変更する

小川　敦

　図Aはオープン・ループ・ゲインが大きくないOPアンプで構成した非反転アンプです．シミュレーションでは電圧制御電圧源を使います．

　図Bにシミュレーション結果を示します．V_{out}は20 Vです．LTspiceのAC解析は微小信号を入力したときの出力信号を解析します．シミュレーション結果は入力に1 Vを加えたときの出力レベルとして表示されます．そのため，出力電圧の数値がゲインです．

　図Bの結果から，ゲインは本文の式(10)で計算したように20倍になります．LTspiceではAC解析の

　表示結果の縦軸は，デシベル表示がデフォルトです．リニアな電圧として表示させるときには，縦軸の目盛りの部分を右クリックして表示されたメニュー画面（図C）でLinearを選択します．

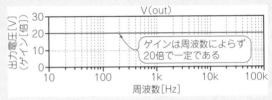

図B　理想のOPアンプによる非反転アンプのゲインは周波数によらず一定である

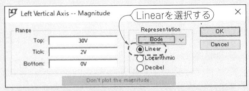

図C　AC解析結果の縦軸設定画面で「Linear」を選択して縦軸をリニア表示にする

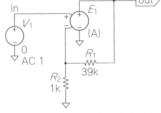

図A　OPアンプの部分は簡単にゲインを設定できる電圧制御電圧源を使って非反転アンプのゲインをシミュレーションする

`.ac dec 10 10 100k`

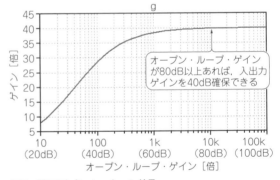

図2　外付け抵抗だけでゲインが決まる条件を探す…OPアンプ単体に求められるゲインをシミュレーションで調べる
オープン・ループ・ゲインは.stepコマンドで20 dBから100 dBまで変化させる

`.ac dec 10 10 100k`
`.step dec param A 10 100000 10`
`.meas AC G find V(out) at 1k`

図3　図2のシミュレーション結果
抵抗比だけで入出力ゲインを40 dBに決めたかったら，OPアンプ単体に80 dB以上のゲインが必要だ

　式(10)から，ゲインは20倍(26 dB)になります．オープン・ループ・ゲインが十分高いときには，式(11)のように40倍(32 dB)になるので，無視できない誤差が発生しています．

$$G = (R_1 + R_2)/R_2 = 40倍 \cdots\cdots\cdots (11)$$

　図2は，オープン・ループ・ゲインを変えたときの非反転アンプのゲインをシミュレーションする回路です．電圧制御電圧源のゲインをAという変数にして，.stepコマンドで10倍(20 dB)から100000倍(100 dB)まで変化させてAC解析を行います．

　.measコマンドで1 kHzのときのゲインを変数Gに格納します．.measコマンドの結果はCtrl＋Lでエラ

ー・ログを表示させ，マウスを右クリックして表示されたメニューからグラフ表示できます．

　図3に示すのは，オープン・ループ・ゲインを変えたときの非反転アンプのゲインです．オープン・ループ・ゲインが80 dB以上あれば，式(10)で計算したゲイン40倍(32 dB)とほとんど同じになります．

　OPアンプは周波数が低い領域では十分大きなゲインがあります．周波数が高くなるとゲインが低下するため，式(8)の計算結果と一致しません．

7-2 抵抗器でゲインを決めるアンプ②… 反転アンプ

〈小川 敦〉

● OPアンプ単体のゲイン A と外付け抵抗を含めたゲイン G の関係

反転アンプは出力の位相が入力とは逆位相になる増幅回路です．ゲインを1倍以下に設定できたり，加算回路を構成しやすくなったりするなど，非反転アンプとは異なった特徴があります．

図1は反転アンプのゲインを計算するためのブロック図です．OPアンプの反転入力端子に加わる電圧を V_{FB} とし，OPアンプのオープン・ループ・ゲインを A として入出力ゲインを計算します．

反転入力端子の電圧 V_{FB} は，OPアンプの出力電圧 V_{out} と入力電圧 V_{in} の差電圧を R_1 と R_2 で分圧したものに，入力電圧を足したものです．次式で計算できます．

$$V_{FB} = V_{in} + (V_{out} - V_{in})\frac{R_2}{R_1 + R_2} \cdots\cdots\cdots (1)$$

OPアンプの出力電圧 V_{out} は，非反転入力端子（＋入力端子）の電圧から反転入力端子の電圧 V_{FB} を引いたものをオープン・ループ・ゲイン（A）倍することで求められます．**図2**では，非反転入力端子はグラウンドに接続されているため，V_{out} は次式になります．

$$V_{out} = (0 - V_{FB})A \cdots\cdots\cdots\cdots\cdots\cdots (2)$$

式(1)を式(2)に代入すると次式になります．

$$V_{out} = -V_{FB}A = -\left(V_{in} + (V_{out} - V_{in})\frac{R_2}{R_1 + R_2}\right)A \cdots (3)$$

式(3)を V_{out} に対して解くと次式になります．

$$V_{out} = -V_{in}\frac{R_1}{\dfrac{R_1 + R_2}{A} + R_2} \cdots\cdots\cdots\cdots (4)$$

ゲイン G は出力電圧を入力電圧で割ったものなので式(4)から次式のように求められます．

$$G = \frac{V_{out}}{V_{in}} = -\frac{V_{in}}{V_{in}}\frac{R_1}{\dfrac{R_1 + R_2}{A} + R_2}$$

$$= -\frac{R_1}{\dfrac{R_1 + R_2}{A} + R_2} \cdots\cdots\cdots\cdots (5)$$

式(5)が**図2**の非反転アンプのゲインになります．

● 抵抗値だけで入出力ゲインが 6 dB と決めたかったら OPアンプ単体のゲイン A は 40 dB 以上必要

非反転アンプのゲインは式(5)で表されますが，オープン・ループ・ゲインが十分大きく無限大とみなすと，$(R_1 + R_2)/A$ は 0 になるため，次式のように変形できます．

$$G = -\frac{R_1}{\dfrac{R_1 + R_2}{A} + R_2} \fallingdotseq -\frac{R_1}{R_2} \cdots\cdots\cdots\cdots (6)$$

ゲインは R_1 と R_2 の比で計算することができます．

通常OPアンプのオープン・ループ・ゲインは十分に大きいため，一般的にはこの式(6)が反転アンプのゲイン計算に使用されます．

図2はオープン・ループ・ゲインを変えたときの反転アンプのゲインをシミュレーションする回路です．R_1 が 20 kΩ で R_2 が 10 kΩ となっているため，式(6)を使用して計算したゲインは 2 倍（6 dB）となります．

電圧制御電圧源のゲインを A という変数にして，.step コマンドで 1 倍（0 dB）から 10000 倍（80 dB）まで変化させて AC 解析を行います．そして，.meas コマンドで 1 kHz 時のゲインを G という変数に格納します．.meas コマンドの結果は Ctrl + L でエラー・ログを表

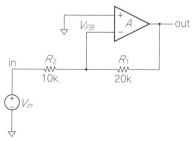

図1 反転アンプのゲインは2本の抵抗の分圧比で決まる
反転アンプのゲインを計算するためのブロック図．OPアンプの反転入力端子に加わる電圧を V_{FB} とし，オープン・ループ・ゲインを A として計算する

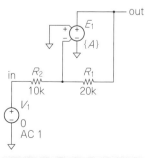

図2 OPアンプの増幅能力がゲインに影響することを確認する
オープン・ループ・ゲインは.step コマンドで 0 dB から 80 dB まで変化させる

```
.ac dec 10 10 100k
.step dec param A 1 10000 10
.meas AC G find V(out) at 1k
```

図3　オープン・ループ・ゲインが40 dB以上あれば抵抗2本で入出力ゲインを決められる
オープン・ループ・ゲイン対反転アンプのゲインのシミュレーション結果

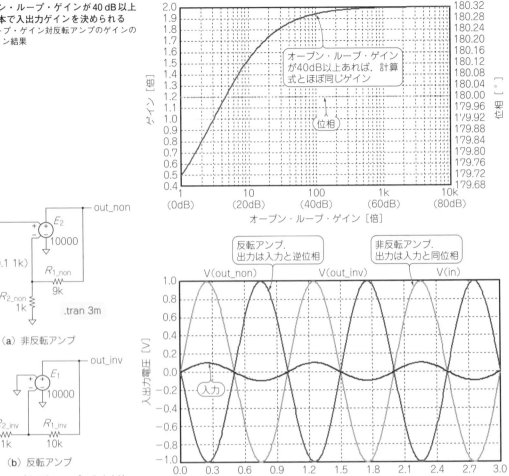

（a）非反転アンプ

（b）反転アンプ

図4　非反転アンプと反転アンプの入出力波形の位相を比較する回路（入力電圧 0.2 V_{P-P}、1 kHzの正弦波を加えたときの出力を見る）

図5　非反転アンプの出力は入力と同位相であり，反転アンプは逆位相になる

示させ，マウス右クリックして表示されたメニューからグラフ表示ができます．

図3に示すのは，オープン・ループ・ゲインを変えたときの非反転アンプのゲインです．オープン・ループ・ゲインが40 dB以上あれば，式(6)を使用して計算した2倍(6 dB)のゲインとほとんど同じになります．

表1　非反転アンプと反転アンプの特徴

	非反転アンプ	反転アンプ
出力位相	同相	逆相
ゲインG（オープン・ループ・ゲイン=A）	$G = \dfrac{A}{1 + \dfrac{R_2}{R_1 + R_2}A}$	$G = \dfrac{R_1}{\dfrac{R_1 + R_2}{A} + R_2}$
ゲインG（オープン・ループ・ゲイン=∞）	$G = \dfrac{R_1 + R_2}{R_2}$	$G = \dfrac{R_1}{R_2}$
入力抵抗値	大（バイアス抵抗の値）	小（R_2の値）
最低ゲイン	1倍（0 dB）	1倍以下に設定可能
用途	バッファ・アンプなど	加算回路など

● 非反転動作と反転動作を確認

非反転アンプと反転アンプの最も大きな特性の違いは，入力電圧と出力電圧の位相です．

図4はOPアンプの代わりにゲイン80 dBの電圧制御電圧源を使用し，ともにゲイン20 dBに設定した非反転アンプと反転アンプです．

入力として0.2 V_{P-P}で1 kHzの正弦波を加えたときの出力をシミュレーションします．

図5が図4のシミュレーション結果です．出力レベルは，非反転アンプと反転アンプともに入力の10倍の2 V_{P-P}です．

名称からもわかる通り，非反転アンプの出力は入力と同位相，反転アンプの出力は入力とは逆位相です．

表1に非反転アンプと反転アンプの特徴をまとめました．用途にあわせてどちらのアンプを使用するか選択します．一般的には，大きな入力抵抗が必要なときは非反転アンプを使用し，出力の位相を反転させたいときなどに，反転アンプを使用します．

7-3 同相ノイズを抑えられる差動アンプの基本動作

〈小川 敦〉

● ＋にも－にも乗る要らないノイズは減衰させて，意味のある＋と－の電圧差を取り出す

信号を伝送するとき，それぞれ位相が反転した差動信号を使用すると，そこに同相ノイズが混入しても受信側でノイズを取り除けます．そこで使用されるアンプが差動アンプです．**図1**は一つのOPアンプで構成した差動アンプで，入力端子電圧V_{in-}，V_{in+}の差信号を増幅します．

図1の信号源V_1，V_2は互いに逆位相となっている希望信号で，V_3が同相ノイズに相当します．

● 雑音に対するゲイン「同相ゲイン」と信号に対するゲイン「差動ゲイン」を求める式

図1でR_1に流れる電流をI_{R1}とします．OPアンプの入力端子には電流が流れないため，R_2に流れる電流もR_1と同じI_{R1}になります．

R_1の電圧降下からI_{R1}を求めた式(1)で，R_2の電圧降下からI_{R1}を求めると式(2)になります．

$$I_{R1} = \frac{V_{in-} - V_a}{R_1} \cdots\cdots\cdots\cdots\cdots\cdots (1)$$

$$I_{R1} = \frac{V_a - V_{out}}{R_2} \cdots\cdots\cdots\cdots\cdots\cdots (2)$$

式(1)と式(2)からV_{out}を求めると式(3)になります．

$$V_{out} = \left(1 + \frac{R_2}{R_1}\right)V_a - V_{in-}\frac{R_2}{R_1} \cdots\cdots (3)$$

また，V_bはV_2をR_3とR_4で分圧したも電圧なので，式(4)で表されます．

$$V_b - V_2\frac{R_4}{R_3 + R_4} \cdots\cdots\cdots\cdots\cdots\cdots (4)$$

OPアンプのゲインが十分に大きいものとすると，$V_a = V_b$とみなすことができます．そこで，式(3)のV_aに式(4)を代入すると式(5)になります．

$$V_{out} = \left(1 + \frac{R_2}{R_1}\right)V_{in+}\frac{R_4}{R_3 + R_4} - V_{in-}\frac{R_2}{R_1}$$

$$= V_{in+}\left(1 + \frac{R_2}{R_1}\right)\frac{R_4/R_3}{1 + R_4/R_3} - V_{in-}\frac{R_2}{R_1} \cdots\cdots (5)$$

ここで式(6)のように，R_4とR_3の比がR_2とR_1の比に等しいとすると，式(5)は式(7)のように簡略化できます．

$$\frac{R_4}{R_3} = \frac{R_2}{R_1} \cdots\cdots\cdots\cdots\cdots\cdots\cdots (6)$$

$$V_{out} = V_{in+}\frac{R_2}{R_1} - V_{in-}\frac{R_2}{R_1} = (V_{in+} - V_{in-})\frac{R_2}{R_1} \cdots (7)$$

式(7)を見るとわかるように，V_{out}はV_{in+}とV_{in-}の差電圧をR_2/R_1倍したものになります．

図1に示すように，$V_{in-} = V_1 + V_3$，$V_{in+} = V_2 + V_3$です．差信号は次式のように$V_2 - V_1$になり，V_3の信号は出力にはまったく現れません．

$$V_{in+} - V_{in-} = (V_2 + V_3) - (V_1 + V_3) = V_2 - V_1 \cdots (8)$$

このように抵抗比を適切に設定した差動アンプでは，同相信号は出力されず差動信号だけを増幅できます．

● 同相信号と差動信号を同時に入力してみる

図2は**図1**の差動増幅回路の出力波形をシミュレーションするための回路です．

V_1とV_2は1 kHz，$2 V_{P-P}$の正弦波信号です．V_1の振幅を－1倍としてV_2とは位相が反転するようにしています．V_3は雑音（同相ノイズ）として10 kHz，$2 V_{P-P}$の正弦波とします．

R_1の値をRという変数にして.stepコマンドで5 kΩ，10 kΩ，15 kΩ，20 kΩと変えてトランジェント解析します．

図3がそのシミュレーション波形です．**図3(a)**が入力波形で**図3(b)**が出力波形です．V_{in-}とV_{in+}は1 kHzの信号と10 kHzの信号が加算された波形になります．

一方，出力端子(out)の波形を見ると，R_1が15 kΩのときは出力に10 kHzの成分がなく，1 kHz，$4 V_{P-P}$

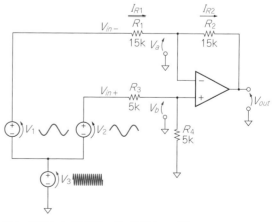

図1 同相ノイズは増幅せず，差信号のみ増幅できる
1つのOPアンプで構成した差動アンプ

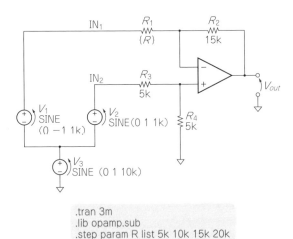

.tran 3m
.lib opamp.sub
.step param R list 5k 10k 15k 20k

図2　R_1の値を5kΩ，10kΩ，15kΩ，20kΩと変えてトランジェント解析を行う
差動アンプの出力波形をシミュレーションする回路

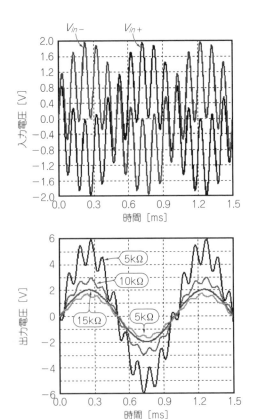

図3　R_1が15kΩのときは端子出力(out)に10kHzの成分はない
差動増幅回路の出力波形のシミュレーション結果

の正弦波となっています．その他の抵抗値の場合は，10kHzの波形が重畳されています．

● **周辺抵抗が高精度じゃないと使えない差動アンプになる**

R_1の値を変えたときの同相ゲインをシミュレーションします．

図4が差動アンプの同相ゲインをシミュレーションするための回路です．

R_1の値を.stepコマンドで10kΩから20kΩまで100Ωステップで変化させAC解析します．そして.measコマンドでそれぞれの解析結果から1kHzの時のゲインを取り出し，Gという変数に格納します．解析終了後，Ctrl＋Lキーでエラー・ログを開き，マウスを右クリックして表示されたメニューでグラフを表示します．

図5が同相ゲインのシミュレーション結果です．非常にするどいノッチ特性となっており，R_1が15kΩのときにゲインが−180dB以下になっています．

差動アンプとしてきちんと動作するためには，4本の抵抗に高精度なものを使用する必要があります．

この回路の入力インピーダンスは，R_1，R_3，R_4で決まります．高い入力インピーダンスが必要な用途には，OPアンプを2個もしくは3個使用した回路を使用する必要があります．

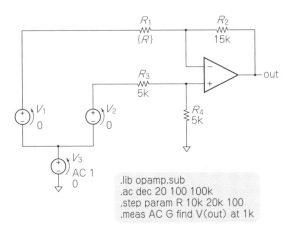

.lib opamp.sub
.ac dec 20 100 100k
.step param R 10k 20k 100
.meas AC G find V(out) at 1k

図4　R_1の値を10kΩから20kΩまで100Ωステップで変化させAC解析を行う
差動アンプの同相ゲインをシミュレーションするための回路

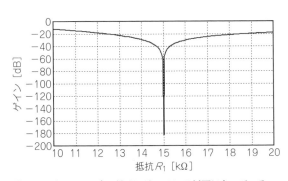

図5　R_1が15kΩの時にゲインが−180dB以下になっている
差動アンプの同相ゲインのシミュレーション結果

7-4 同相ノイズをより抑えられる差動アンプ

〈小川 敦〉

● 信号源の差動信号をコンデンサで受け取ってアンプ側のグラウンド基準で増幅

2つの信号の差成分を増幅する差動アンプとしては，図1(b)のようなOPアンプと抵抗を使った回路が一般的です．この回路は抵抗の精度が悪いと同相ノイズの影響が大きくなります．

抵抗R_2が設計値の$20\,\mathrm{k\Omega}$に対して，$20.2\,\mathrm{k\Omega}$と1%大きくなった場合，同相除去比は60 dB程度となってしまいます．

一方，図1(a)のスイッチト・キャパシタを使った差動アンプは，差動信号をグラウンド基準の信号に変換してOPアンプで増幅するため，抵抗の精度が悪くても同相ノイズによる影響は増えません．

● 要らない同相雑音を除いて差動信号だけを取り出せる差動アンプの重要な能力「同相除去比」

差動増幅回路の性能を表す指標の1つに同相除去比があります．

$$k_{CMRR} = \frac{G_{dif}}{G_{com}} \cdots\cdots\cdots\cdots\cdots\cdots (1)$$

ただし，k_{CMRR}：同相除去比[dB]，G_{dif}：差動ゲイン[dB]，G_{com}：同相ゲイン[dB]

同相除去比は大きいほど，同相ノイズの影響を受けにくくなります．とくに大きな同相除去比が必要となる例として，生体信号の取り出しなどの用途があります．

生体信号(脳波や筋電，心電など)を計測しようとすると，信号自体が非常に微弱な上，商用電源からのノイズ(ハム・ノイズ)が大きなレベルで重畳してきます．

そこで，2カ所から信号を取り出し，差動アンプを使用して，両者に共通に重畳しているハム・ノイズを打ちすようにして計測します．

ところが，同相ノイズとして重畳するハム・ノイズのレベルが，信号の1000倍以上も大きいことがあるため，同相除去比の良くない差動アンプを使用すると，ハム・ノイズが十分に打ち消されず，最終出力に混入します．

そのため，微弱な信号を増幅する用途に使用する差動アンプは，同相除去比が非常に重要です．

● 一般的な差動アンプの同相除去比は抵抗値にばらつきがあると悪化する

図1(b)の差動ゲインG_{dif}，同相ゲインG_{com}，同相除去比k_{CMRR}は次式で表せます．

$$G_{dif} = \frac{R_1}{R_2} \cdots\cdots\cdots\cdots\cdots\cdots (2)$$

$$G_{com} = \frac{R_3 R_2 - R_1 R_4}{R_2 (R_3 + R_4)} \cdots\cdots\cdots\cdots (3)$$

$$k_{CMRR} = \frac{G_{dif}}{G_{com}}$$
$$= \frac{R_1 (R_3 + R_4)}{R_3 R_2 - R_1 R_4} \cdots\cdots\cdots (4)$$

ここで，$R_3 R_2 = R_1 R_4$であれば同相ゲインは0倍となり，同相除去比は無限大になります．

抵抗値にばらつきがあると，同相除去比はすぐに悪

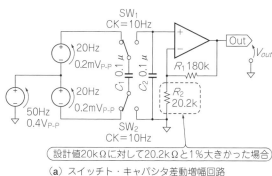

（a）スイッチト・キャパシタ差動増幅回路

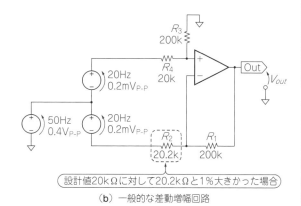

（b）一般的な差動増幅回路

図1 スイッチト・キャパシタ差動アンプとOPアンプ1個の差動アンプ…同相除去比が大きいのはどっち？
抵抗R_2のばらつきは，設計値が20 kΩに対して20.2 kΩと1%大きくしている

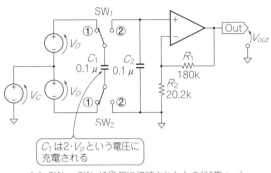

(a) SW$_1$, SW$_2$が①側に接続されたとき（状態：t_1）

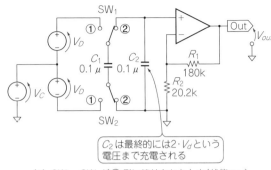

(b) SW$_1$, SW$_2$が②側に接続されたとき（状態：t_2）

図2　本回路の動作…信号源の差動出力信号をフライング・キャパシタ（C_1）で取ってC_2にバケツ・リレーし，信号源とは別のグラウンドで動作するOPアンプで増幅する
t_1のときはSW$_1$，SW$_2$は①側がONとなり，C_1は2つの差動信号V_Dにより充電される．t_2のときはSW$_1$，SW$_2$は②側がONとなり，C_1に蓄えられた電荷がC_2に分配される

化します．図1(b)の定数で計算すると，次式のように61 dB程度になります．

$$k_{CMRR} = \frac{R_1(R_3 + R_4)}{R_3 R_2 - R_1 R_4}$$
$$= \frac{200\,\text{k}\Omega \times (200\,\text{k}\Omega + 20\,\text{k}\Omega)}{200\,\text{k}\Omega \times 20.2\,\text{k}\Omega - 200\,\text{k}\Omega \times 20\,\text{k}\Omega}$$
$$= 1100 \fallingdotseq 61\,\text{dB} \cdots\cdots\cdots\cdots\cdots (5)$$

● 一般的な差動アンプの同相除去比の悪化要因「抵抗値ばらつき」の影響がない

図2はスイッチト・キャパシタ差動アンプの動作を説明するための回路図です．SW$_1$，SW$_2$はt_1の状態とt_2の状態を10 kHzで周期的に繰り返します．

まず，t_1のときはSW$_1$，SW$_2$は左側がONとなり，C_1は差動信号V_Dにより充電され，$2V_D$という電圧に充電されます．このとき，C_1の充電電圧は$V_C + V_D - (V_C - V_D) = 2V_D$となり，同相ノイズ$V_C$の値の影響を受けません．

次にt_2のとき，SW$_1$，SW$_2$は右側がONとなり，C_1に蓄えられた電荷はC_2にも分配されます．C_1とC_2の容量値は同じため，この時点ではC_2の電圧は半分のV_Dになります．

次に，再度t_1でC_1が$2V_D$に充電され，次のt_2ではC_2は$1.5V_D$という電圧まで充電されます．これを繰り返すことで，C_2の電圧は$2V_D$まで充電されます．

OPアンプはR_1，R_2により，非反転アンプとして動作し，C_2の電圧をグラウンド基準で増幅します．ゲインは式(7)で表され，これが差動ゲインになります．

$$G = \frac{R_1 + R_2}{R_2} \cdots\cdots\cdots\cdots\cdots\cdots\cdots\cdots (7)$$

図1(a)でR_1，R_2に誤差が発生したとしてもゲインが多少変わるだけです．t_1で信号をC_1に充電する時点で，同相電圧の影響が排除されているため，抵抗にばらつきがあっても同相除去比は悪化しません．

図3　スイッチト・キャパシタ差動アンプとOPアンプ1個の差動アンプの同相除去比を調べる
入力差電圧は0.4 mV，同相電圧は0.4 Vの直流電圧

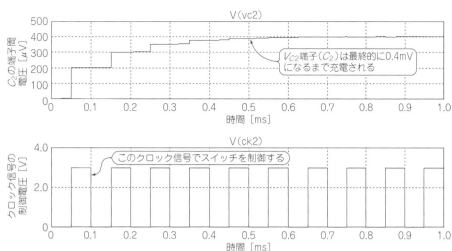

図4 図3の回路に直流電圧を加えたときの応答

● **メカニズム**

▶スイッチト・キャパシタ差動アンプとOPアンプ1個の差動アンプ…同相除去比が大きいのはどっち？

図3に示す回路で，スイッチト・キャパシタ差動アンプでC_2が充電されるようすを直流電圧を入力して確認します．

差動信号(V_{DP}, V_{DM})は，共に0.2 mVの直流電圧で，両端電圧が0.4 mVとなります．同相電圧V_Cは0.4 VのDC電圧としています．

図2のSW$_1$とSW$_2$は，SW$_1$が「S$_1$とS$_4$」，SW$_2$が「S$_2$とS$_3$」の電圧制御スイッチの組み合わせになっています．それぞれのスイッチは，同時にHレベルにならない10 kHzのクロック信号CK$_1$，CK$_2$で制御されます．CK$_1$がHレベルのときはS$_1$とS$_2$がONになり，CK$_2$がHレベルのときはS$_3$とS$_4$がONになります．

C_2の充電電圧の初期値を0 Vとするため，.ICコマンド(Set Initial Conditions)を追加しています．

.Ic V(VC2) = 0とすることで，V_{C2}端子の電圧(C_2の充電電圧)の初期値を0 Vにセットしています．

図4にシミュレーション結果を示します．図4(b)がCK$_2$の電圧で，図4(a)がV_{C2}端子の電圧(C_2の電圧)になります．V_{C2}端子の電圧が徐々に上昇し，最終的には入力差電圧と同じ400 μV(0.4 mV)になります．

▶図3の回路に直流電圧を加えたときの応答

図5はスイッチト・キャパシタ差動アンプの交流信号を入力したときの動作を調べる回路です．

V_{DP}，V_{DM}はそれぞれ0.2 mV$_{P-P}$で20 Hzの正弦波です．差電圧は0.4 mV$_{P-P}$の正弦波です．同相電圧V_Cは0.4 V$_{P-P}$で50 Hzの正弦波です．

図6にシミュレーション結果を示します．図6(b)が入力端子の片側(V_{in+}端子)の電圧で，図6(a)がOPアンプ出力(Out端子)の電圧です．

図6(b)のV_{in+}端子では差動信号が小さすぎるため，50 Hzの同相信号しか確認できません．しかし，OP

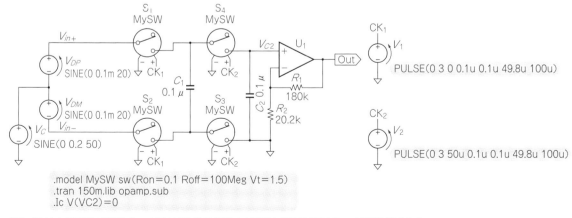

図5 図1(a)の回路に増幅したい大切な交流信号(20Hz)と不要な交流信号(50 Hzの同相雑音)を入力
差動入力信号は0.4 mV$_{P-P}$，20 Hzの正弦波，同相信号は0.4 V$_{P-P}$，50 Hzの正弦波

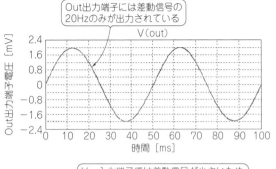

Out出力端子には差動信号の20Hzのみが出力されている

V（out）

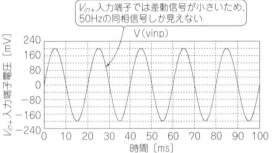

V_{in+}入力端子では差動信号が小さいため，50Hzの同相信号しか見えない

V（vinp）

図6　図5のシミュレーション結果…増幅したかった20Hzの交流信号だけが出力され，50Hzの同相雑音は抑圧されて出力されない

スイッチト・キャパシタ差動アンプ（図5）のシミュレーション結果

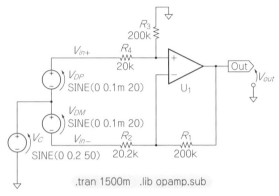

図7　OPアンプの1個の差動アンプ［図1（b）］の同相信号除去能力を調べる

差動入力信号は 0.4 mV$_{P-P}$，20 Hzの正弦波，同相信号は 0.4 V$_{P-P}$，50 Hzの正弦波（入力条件は図5と同等）

アンプ出力にはその同相信号は全くなく，20 Hzの差動信号だけが10倍に増幅され，4 mV$_{P-P}$の信号として出力されています．

　スイッチト・キャパシタ差動アンプは同相除去比が非常に優れていますが，スイッチト・キャパシタを使用しているため，クロック周波数の1/2よりも充分低い周波数の信号しか扱えません．

　実際のICにはLTC2053（アナログ・デバイセズ）があります．

▶図1（a）の回路に増幅したい大切な交流信号（20 Hz）と不要な交流信号（50 Hzの同相雑音）を入力

　図7は一般的な差動アンプのシミュレーション用の回路図です．

　図8がシミュレーション結果です．図8（b）は入力端子の片側（V_{in+}端子）の電圧です．スイッチト・キャパシタ差動アンプと比較するため，入力信号は図5と同じにしています．

　図8（a）のOPアンプ出力（Out端子）の電圧波形は，差動信号の20 Hz成分と共に同相信号の50 Hz成分がかなり多くなっています．シミュレーションの結果からも，大きな同相除去比が必要な用途には向きません．

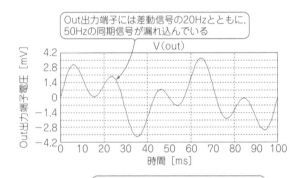

Out出力端子には差動信号の20Hzとともに，50Hzの同期信号が漏れ込んでいる

V（out）

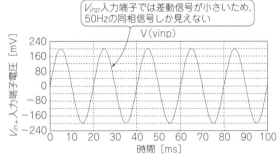

V_{inp}入力端子では差動信号が小さいため，50Hzの同相信号しか見えない

V（vinp）

図8　図11のシミュレーション結果…必要な信号（20 Hz）と同相雑音（50 Hz）が混じった信号が出力される

一般的な差動アンプ（図7）のシミュレーション結果

7-5 センサの内部抵抗値による熱雑音のふるまい

〈小川 敦〉

● 雑音の大きさからセンサの内部抵抗がわかる！

図1に示すのは，センサが出力するアナログ信号を増幅するゲイン40 dBの雑音を発生しない理想アンプです．

アンプには100 kΩの入力バイアス抵抗(R_B)が接続されています．センサも理想的なもので，信号源抵抗以外からの雑音の発生はありません．

センサを接続しない状態で，アンプの出力信号を帯域幅10 kHzのフィルタにかけ，雑音を測ると約400 μV_{RMS}でした．次に，スイッチ(S_1)を閉じてセンサをつないで雑音を測ると約40 μV_{RMS}でした．

これらの情報から，センサ内部の抵抗値を求めることができます．

手計算でセンサの内部抵抗を推測

● 抵抗値と熱雑音電圧の関係

半導体を含むすべての抵抗体の中では，熱によって電子が不規則に振動しているため，つねに雑音が出ています．これを熱雑音と呼び，外部から電圧を加えて電流を流さなくても発生します．

熱雑音の電圧は，次のとおり抵抗値と温度と帯域幅で決まります．

$$V_N = \sqrt{4kTRB} \cdots\cdots\cdots\cdots\cdots (1)$$

ただし，k：ボルツマン定数(1.38×10^{-23}) [J/K]，T：絶対温度[K]，R：抵抗値[Ω]，B：帯域幅[Hz]

帯域幅は雑音を測定する周波数の幅のことです．式(1)からわかるように，抵抗値と温度と帯域幅のそれぞれの平方根に比例します．

● センサをつながないときの熱雑音

スイッチ(S_1)がOFFで，センサがつながれていないアンプ単体のときは，熱雑音源は入力バイアス抵抗(R_B)だけで，これが増幅されて出力されます．

図1の入力バイアス抵抗($R_B = 100$ kΩ)から発生する熱雑音電圧は，$T = 300$ K(27℃)，$B = 10$ kHzを式(1)に代入すれば求まります．次式から4.07 μVです．

$$\begin{aligned} V_N &= \sqrt{4kTRB} \\ &= \sqrt{4 \times 1.38 \times 10^{-23} \times 300\,K \times 100\,k\Omega \times 10\,kHz} \\ &\fallingdotseq 4.07\,\mu \cdots\cdots\cdots\cdots\cdots (2) \end{aligned}$$

アンプのゲインは40 dB(100倍)なので，アンプの出力雑音電圧は約400 μVです．

● センサをつないだときの熱雑音

センサをつなぐと，入力バイアス抵抗(R_B)と信号源抵抗(R_S)の並列抵抗が，熱雑音源になります．前述のように，センサをつなぐと，出力雑音は40 μVと1/10に減りました．

式(1)からわかるように，熱雑音電圧は抵抗値の平方根に比例します．このことから，R_SがR_Bと並列につながることで，抵抗値が1/100(1 kΩ)になります．

式(1)を式(3)のように変形すると，熱雑音電圧から抵抗値を逆算で求めることができます．

$$R = \frac{v_N^2}{4kTB} \cdots\cdots\cdots\cdots\cdots (3)$$

センサを接続したときの出力雑音電圧は40 μV_{RMS}で，アンプのゲインは100倍ですから，抵抗の雑音電圧は1/100の0.4 μVです．式(3)にこれらの値を入れると，次のようにR_Sは約1 kΩと求まります．

$$\begin{aligned} R_S &= \frac{v_N^2}{4kTB} = \frac{0.4\,\mu^2}{4 \times 1.38 \times 10^{-23} \times 300\,K \times 10\,kHz} \\ &\fallingdotseq 966 \fallingdotseq 1\,k\Omega \cdots\cdots\cdots\cdots\cdots (4) \end{aligned}$$

初めての雑音シミュレーション

● センサがつながれていないとき

図2に示すのは，図1のセンサを接続していないときのシミュレーション用の回路です．

回路の雑音を解析するときは，信号電圧源を指定する必要があるので，ダミーの電圧源(V_1)を配置します．次のように解析条件を指定します．

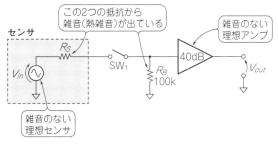

図1 スイッチをON/OFFしてセンサとアンプをつないだり切り離したりして，アンプの出力雑音の変化を調べると，センサの内部抵抗の大きさがわかる

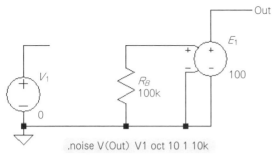

図2　センサとアンプがつながっていないときのアンプから出る
雑音を調べる
雑音源は入力バイアス抵抗(R_B)だけ

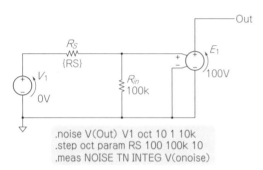

図4　センサとアンプをつないだときのアンプから出る雑
音を調べる
信号源抵抗(R_S)の値を100Ωから100kΩまで変えながら，アン
プから出る雑音を計算する

.noise V(out) V1 oct 10 1 10 k

　これは「$V_{(out)}$ は出力端子，V_1 は信号源で，1オク
ターブあたり10ポイントで1Hzから10kHzまで解析
する」という意味です．

　図3に解析結果を示します．横軸は周波数，縦軸は
1Hzあたりの雑音電圧（雑音電圧密度，単位は[V/Hz]）
です．

　雑音電圧密度を10kHzまで積分して，図1の測定
条件である「帯域10kHzの雑音電圧」を計算します．
LTspiceで，雑音の積分結果を見るときは，CTRLキ
ーを押したままグラフ上部のV(onoise)をクリックし

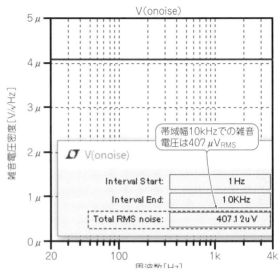

図3　図2のシミュレーション結果
縦軸は1Hzあたりの雑音電圧（雑音電圧密度）

ます．

● **センサをつないだとき**

　図4に示すのはセンサをつないだときのシミュレー
ション回路です．信号源抵抗値を変えながら，出力雑
音電圧の大きさを調べてみましょう．

▶LTspiceの設定

　図4の下部に，LTspiceのコマンド設定用のテキス
トが示されています．

　.stepコマンドを使って，信号源抵抗R_Sを100Ωか
ら100kΩまで変化させます．さらに，次のように
.measコマンドを使って，各抵抗値ごとに計算した出
力雑音電圧をTNという変数に格納します．

　　.meas NOISE TN INTEG V(onoise)

　INTEG V(onoise)は「出力雑音密度を積分して，
指定帯域（10kHz）での雑音電圧とする」という意味
です．

▶計算を実行

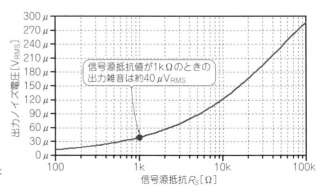

図5　図4のシミュレーション結果
1kΩのとき，出力雑音電圧は約40μV$_{RMS}$. これは手計算の結果と
同じ

解析を実行します. 回路図ウィンドウで, CTRL + Lキーを押すと表示されるエラー・ログ上でマウスを右クリックします. [Plot .step'ed .meas data]を選ぶと, 帯域10 kHzのときの, 信号源抵抗-出力雑音[VRM]のグラフが表示されます(図5). 横軸は対数表示です.

シミュレーション結果からも, 信号源抵抗値が1 kΩのときの出力雑音電圧は約40 μV_{RMS}であることがわかります.

*

抵抗から熱雑音が発生することは原理的に避けることができません. 計測回路など, 微小信号を扱う繊細な回路では, できるだけ抵抗値を小さくして, 熱雑音を小さくします. 熱雑音は温度の平方根に比例して大きくなるため, 極端に低雑音が供給される用途では, 回路やセンサを冷やしています.

column 02 雑音混じりの波形解析をするなら「ビヘイビア電源」

小川 敦

● LTspiceの過渡解析では雑音は反映されません.

図Aに示すのは, 図4の回路に, 2 μV_{P-P}, 100 Hzの信号を入力して, 過渡解析を行った結果です. 1 kΩの抵抗から発生している雑音(0.4 μV_{RMS})は現れていません. 過渡解析で熱雑音を気にすることは少ないですが, 覚えておいてください.

● 雑音混じりの波形を解析したいなら「ビヘイビア電源」

雑音混じりの波形で, 過渡解析を実行したいときは, ビヘイビア電源を使います. 実例を紹介します.

図Bに示すB_1とB_2がビヘイビア電源モデルです. White(x)は関数で, xという整数に対応した±0.5のランダムな数値を発生してくれます.

B_1の動作は次のように設定してあります.

V = White(20k * time) * 0.4u * 6

正確ではないのですが, 0.4 μV_{RMS}相当の雑音を発生させています. 時間(time)に掛けてある20 kを大きくするほど, 高い周波数成分をもつ雑音を発生させることができます. 図Cに, 図Bの過渡解析結果を示します. 正弦波にノイズがしっかり乗っています.

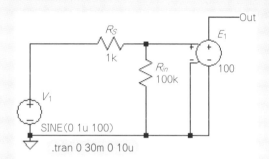

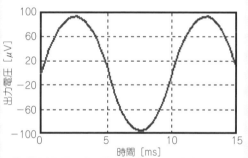

図A LTspiceの過渡解析には熱雑音は反映されない

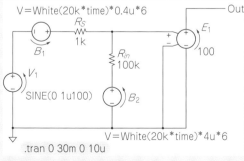

図B 雑音混じりの波形を調べたいときはビヘイビア電源を使う

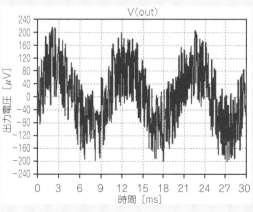

図C 図Bの過渡解析結果

7-6 万能な負帰還アンプのウイーク・ポイント

〈小川　敦〉

● 万能「負帰還」のいじわるテスト

トランジスタをつないでいくと，100 dB（10万倍）以上の大きなゲインをもつアンプを作ることができます．例えば，OPアンプです．これらのトランジスタのベース-エミッタ間電圧とコレクタ電流の関係は非線形なので，正弦波を入力すると，波形がゆがみます．

そんなときはひずんでしまった出力信号を2本の抵抗で分圧した一部，または全部を取り出し入力部に戻し，きれいな入力信号と比べて，その差分をまた増幅回路に戻してやると，出力信号のひずみが小さくなります．この技術を「負帰還」と呼び，OPアンプをはじめ，オーディオ・アンプから計測用アンプまで，多くのアンプが採用しています．

負帰還技術は，ひずみを低減する効果だけでなく，

● ゲイン一定の帯域が広がる　● 雑音が減る
● 入力インピーダンスが上がる
● 出力インピーダンスが下がる

など，アンプを理想的なものに仕上げる素晴らしい技術です．まさに万能に見える「負帰還」ですが，ある箇所に発生するひずみはどうしても消せません．本稿では，負帰還のウイークポイントをつつくテストをします．

● 負帰還アンプにひずみ成分を注入する

図1と図2はどちらも100 dBの増幅率をもつOPアンプ（電圧制御電圧源）を使った非反転アンプです．1 kΩの抵抗器2本で，出力信号の1/2を入力に戻しているので，この非反転アンプのゲインは2倍（6 dB）です．

このアンプに，次の2つの信号を入力します．

● 増幅したい信号 V_{in}（1 kHz，1 V_{P-P} の，正弦波）
● ひずみ信号 v_D（3 kHz，0.5 V_{P-P}，正弦波）

図1と図2では，v_D の注入場所が違います．図1は反転入力端子側に，図2は E_1 の出力に注入します．

テスト①
OPアンプの入力部でひずみ発生

図1の回路をLTspiceで動かします．ひずみ波形がはっきりと出るように，位相を反転させて，振幅 −0.25の正弦波をひずみ成分（v_D）として加えます．

図3(a)は出力信号の波形，図3(b)はスペクトラム，図3(c)は全高調波ひずみ率の計算結果です．

図3(c)の.four コマンドの結果は，回路図ウィンドウをアクティブにして，キーボードで「Ctrl + E」と入力すると表示されます．

波形は正弦波とはほど遠く，基本波（1 kHz）の−6 dBの3次高調波（3 kHz）が発生しています．1 kHz成分は

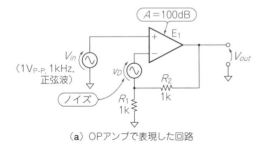

（a）OPアンプで表現した回路

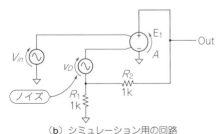

（b）シミュレーション用の回路

図1 OPアンプ（E_1）の入力部にひずみを注入された非反転アンプ…いったいどんな信号が出力される？

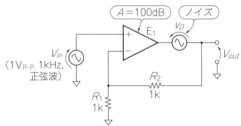

（a）OPアンプで表現した回路

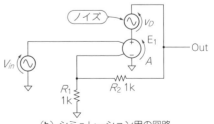

（b）シミュレーション用の回路

図2 OPアンプ（E_1）の出力部にひずみを注入された非反転アンプ…いったいどんな信号が出力される？

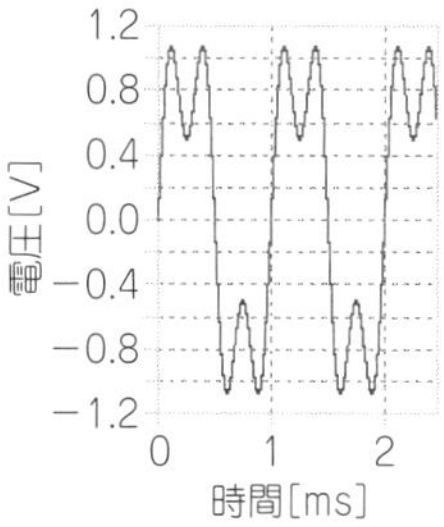

（a）波形

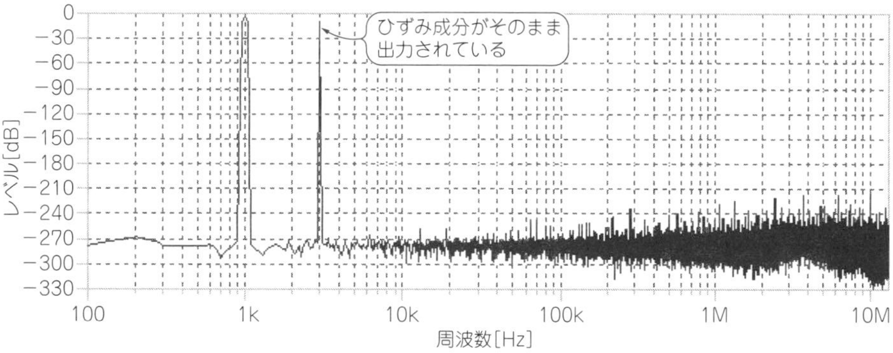

ひずみ成分がそのまま
出力されている

（b）スペクトラム

Harmonic Number	Frequency [Hz]	Fourier Component	Normalized Component
1	1.000e+03	1.000e+00	1.000e+00
2	2.000e+03	9.131e-13	9.132e-13
3	3.000e+03	5.000e-01	5.000e-01
4	4.000e+03	1.692e-12	1.692e-12
5	5.000e+03	2.107e-12	2.107e-12
6	6.000e+03	2.511e-12	2.511e-12
7	7.000e+03	2.892e-12	2.892e-12
8	8.000e+03	3.376e-12	3.377e-12
9	9.000e+03	3.858e-12	3.858e-12

Total Harmonic Distortion : 49.999947%

（c）全高調波ひずみ率

図3　図1の出力信号の波形，スペクトラム，全高調波ひずみ率の計算結果
きれいな正弦波だった入力信号が変わり果てた姿に…．全高調波ひずみ率も50％ととても大きい．こんなアンプは使えない．負帰還の効果はまったく確認できない

1 V，3 kHz成分は0.5 Vです．入力の0.5 Vに，ひずみ成分として加えた0.25 Vがそのまま加算されて，2倍になっています．基本波と，すべての高調波の2乗和平方根の比である全高調波ひずみ率（THD：Total Harmonic Distortion）は，約50％もあります．

テスト②
OPアンプの出力部でひずみ発生

● **手計算**

図2（b）のE_1のゲインをA［倍］，アンプの出力電圧をV_{out}，出力信号のもどし率（帰還率）をβとすると，次式が成り立ちます．

$$V_{out} = \{V_{in} - (v_D + V_{out}\beta)\}A$$
$$\beta = R_1/(R_1 + R_2)$$

V_{out}に着目して，解くと次のようになります．

$$V_{out} = (V_{in} - v_D)\left(\frac{A}{1 + A\beta}\right) \fallingdotseq (V_{in} - v_D)\left(\frac{A}{A\beta}\right)$$
$$\fallingdotseq (V_{in} - v_D)(1/\beta) \quad\cdots\cdots\cdots\cdots\cdots (1)$$

ただし，$A\beta$は1よりも十分大きい

図1（b）のゲインは$1/\beta$なので，ひずみ成分v_Dもそのままゲイン倍になります．図2（b）に関して同様に式を立てると，次のようになります．

$$V_{out} = (V_{in} - V_{out}\beta)A + v_D$$

V_{out}に関して式を解くと，次のようになります．

$$V_{out} = V_{in}\left(\frac{A}{1 + A\beta}\right) + \frac{v_D}{1 + A\beta} \approx V_{in}\left(\frac{1}{\beta}\right) + \frac{v_D}{A\beta}$$
$$\cdots\cdots\cdots\cdots\cdots\cdots\cdots\cdots (2)$$

式（1）と式（2）から，入力信号V_{in}はゲイン倍に増幅され，ひずみ成分v_Dは$1/(A\beta)$に減少することがわかります．$A = 100$ dB，$\beta = -6$ dBなら，ひずみは-94 dB（5万分の1）に小さくなります．

● **パソコンで実験**

LTspiceを使ってグラフ化してみましょう．図4に解析結果を示します．出力波形はとてもきれいな正弦波です．3 kHz成分は1 kHz成分よりも100 dB以上小さいです．「.four」解析の結果も3 kHz成分は5 μV程度に減少していることがわかります．THDは0.0005％です．

OPアンプがひずみを
打ち消すようす

「回路2のひずみ成分は，いったいどこに消えてしまったのだろう？」という疑問をもつかもしれません．

図5に示すのは，加算したひずみ成分，電圧制御電圧源E_1の出力と$V_{(out)}$を重ね描きしたものです．負帰還の効果によって$V_{(out)}$の波形が入力電圧と相似形になるよう，電圧制御電圧源E_1の出力が自動的に調整されます．OPアンプ（E_1）は，注入したひずみと逆の波形になるように自分をひずませているわけです．負帰還技術って素晴らしいですね．

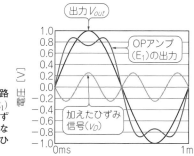

出力V_{out}

OPアンプ
（E_1）の出力

加えたひずみ
信号（v_D）

図5　図2の回路のOPアンプ（E_1）は，注入したひずみと逆の波形になるように自分をひずませていた

使い方の基本
基本法則
電子部品の基礎
トランジスタ基本
MOSFET基本
OPアンプ基本

column▶03 LTspiceのひずみ解析シミュレーション

小川 敦

　LTspiceでひずみを精度よく解析したいときは，次のような準備をするとよいでしょう．

● 基本設定

　ひずんだ正弦波は，基本波以外に，2倍，3倍などの周波数の高調波成分を含んでいます．ひずみ率は，この高調波成分を足し合わせると求まります．高調波成分を調べるときは，LTspiceが備えるFFT（Fast Fourier Transform）解析機能を利用します．

　FFT解析機能は，使い方によって精度が変わります．特に，次の3つの設定が効きます．

- ●トランジェント解析の時間刻み幅
- ●出力データの桁数　●圧縮設定

　図Aに示す基本的なアンプを例に，精度の違いを調べてみましょう．トランジェント解析でSTOP TIMEだけ指定して解析します（.tran 10 m）．解析終了後，出力端子の波形をプロットしたら，［View］-［FFT］を選んで，解析結果を表示します（図B）．

　「Select Waveforms to include in FF」ウィンドウが表示されたら，デフォルト設定のまま［OK］を押すと，図C(a)のFFT解析結果が表示されます．

● 精度を上げる

　トランジェント解析の最大刻み時間幅を追加します．

　解析設定を「.tran 0 10m 0 0.1u」に変更します．トランジェント解析後，［View］-［FFT］を再度選

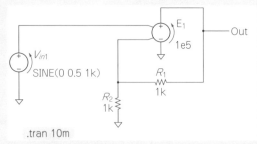

図A　例題回路…教科書によくある非反転アンプ
トランジェント解析の時間刻み幅や出力データの桁数，圧縮設定に注意

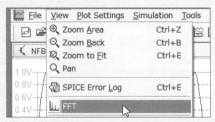

図B　FFT解析を選ぶ…［View］-［FFT］を選択

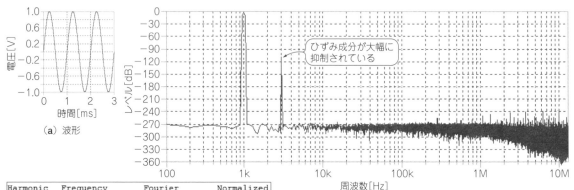

（a）波形

（b）スペクトラム

ひずみ成分が大幅に抑制されている

Harmonic Number	Frequency [Hz]	Fourier Component	Normalized Component
1	1.000e+03	1.000e+00	1.000e+00
2	2.000e+03	3.615e-13	3.615e-13
3	3.000e+03	5.000e-06	5.000e-06
4	4.000e+03	6.514e-13	6.515e-13
5	5.000e+03	8.610e-13	8.610e-13
6	6.000e+03	9.904e-13	9.904e-13
7	7.000e+03	1.161e-12	1.161e-12
8	8.000e+03	1.336e-12	1.336e-12
9	9.000e+03	1.491e-12	1.491e-12

Total Harmonic Distortion : 0.000500%

（c）全高調波ひずみ

図4　図2の出力信号の波形，スペクトラム，全高調波ひずみ率の計算結果
入力信号がきれいなまま2倍に増幅されている．全高調波ひずみ率も0.0005%ととても低い，とても優秀なアンプだ．負帰還の効果がバッチリ得られている

びます. この作業をしないと, FFT解析結果の画面の情報が更新されません.

図C(b)に解析結果を示します. 10 kHz以上のスペクトラムが変わりました. きれいなスペクトラムを出したいなら, 「.tran 0 50m 0.01u」ぐらいに設定すると, 高域のノイズ・フロアもほとんど平らになります. ただし計算時間が長くなります.

● さらに精度を上げる

さらに, [SPICE Directive]で設定を追加します.

[SPICE Directive]を選んだら「.option plotwinsize = 0 numdgt = 15」と入力します. これは解析結果出力の圧縮を禁止して, データの桁数を15桁(デフォルトは6けた)に変更するオプション設定です.

解析結果を図C(c)に示します. 不要なノイズが減少して解析精度が上がりました. ノイズ・フロアは約−120 dBから約−280 dBに減少しています.

本文の解析は, 図Cの設定で行っています. ひずみ解析には, .four コマンドも利用できるので, 「.four 1k V(Out)」というコマンドを追加しておきます.

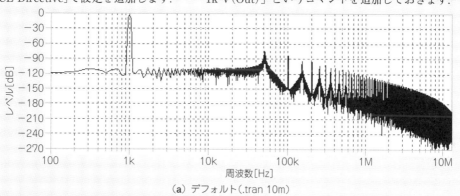

(a) デフォルト(.tran 10m)

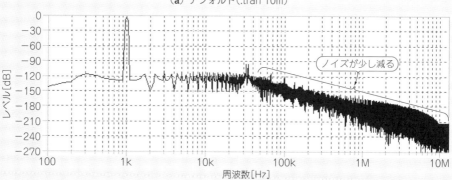

ノイズが少し減る

(b) 解析精度を上げる①…計算の刻み幅をシミュレータ任せにしないで最大値を設定する(.tran 0 10m 0 0.1μ)

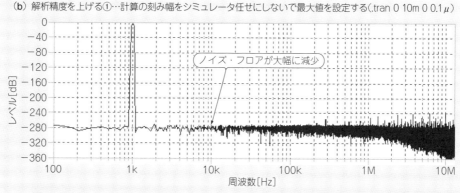

ノイズ・フロアが大幅に減少

図C FFT解析の精度が上がっていくようす

(c) 解析精度を上げる②…計算結果の圧縮を禁止してデータの桁を15(デフォルトは6)に変更する

7-7 負帰還によるひずみ改善の効果

〈小川 敦〉

OPアンプは出力信号の一部を入力に戻すという負帰還をかけて使います. 負帰還をかけると周波数特性が広帯域にフラットになったり, 雑音が小さくなったりして, いろいろな特性が改善されるからです. オーディオ用アンプなどで問題となる, ひずみ特性も改善できます.

● 負帰還によるひずみの改善量を計算する

ひずんだ波形は, 基本波以外にたくさんの高調波成分をもっています. 波形がひずむということは, 基本波に余分な高調波が加算されてしまうことと同じです.

負帰還により高調波の量がどの程度減少するかを計算すれば, 負帰還によるひずみの改善量がわかります.

図1に示すのは, 負帰還によるひずみの改善量を計算するための回路です. OPアンプのオープン・ループ・ゲインをAとし, 帰還回路の帰還率をβとします. また, ひずみの高調波成分として, V_Dという信号がOPアンプの出力に加算されています. 負帰還により, このV_Dがどの程度小さくなるのかを計算します.

図1に示したOPアンプ出力V_Oは非反転入力端子の電圧と反転入力端子の電圧の差をA倍したものなので, 次式で表されます.

$$V_O = (V_{in} - \beta V_{out})A \cdots\cdots\cdots (1)$$

出力V_{out}はOPアンプ出力に高調波のV_Dを足したものなので次式で表せます.

$$V_{out} = V_O + V_D \cdots\cdots\cdots (2)$$

式(1)と式(2)をV_{out}について解くと, 次式のようになります.

$$V_{out} = \frac{A}{1+A\beta}V_{in} + \frac{1}{1+A\beta}V_D \cdots\cdots (3)$$

式(3)の第1項は帰還アンプのゲインの一般式です. 帰還アンプのゲインをGとし, OPアンプのゲインAが十分大きいとすると, Gは次式で表されます.

$$G = \frac{A}{1+A\beta} = \frac{1}{\frac{1}{A}+\beta} \fallingdotseq \frac{1}{\beta} \cdots\cdots\cdots (4)$$

式(3)をGを使用して書き直すと次式になります.

$$V_{out} = GV_{in} + \frac{1}{1+A\beta}V_D \cdots\cdots\cdots (5)$$

式(5)より, ひずみの高調波成分V_Dは$1/(1+A\beta)$に減少することがわかります.

OPアンプのオープン・ループ・ゲインAと帰還率βが大きいほど, 高調波成分が小さくなり, ひずみ率が小さくなります.

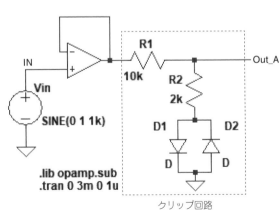

図1 負帰還によるひずみの改善量を計算するための回路
ひずみの高調波成分としてV_DがOPアンプの出力に加算されている

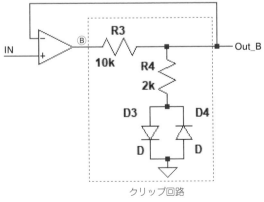

（a）OPアンプの出力部にクリップ回路を接続　　　　（b）負帰還ループ内にクリップ回路を接続

図2 負帰還によるひずみの改善効果をシミュレーションするための回路
入力信号として1kHzで2V$_{P-P}$の正弦波を加えている

● 負帰還はアンプの出力段で発生するひずみを効果的に低減する

図2に示すのは，負帰還によるひずみの改善効果をシミュレーションするための回路図です．

OPアンプの入力には1kHzで2V_{P-p}の正弦波が加えられています．OPアンプの出力には抵抗とダイオードで構成されたクリップ回路が接続されています．クリップ回路は0.6V以上の信号をソフトにクリップさせる働きをします．図2(b)はクリップ回路が負帰還ループの中に含まれるような配線になっています．

図3に示すのは，図2のシュミレーション結果です．図2(a)の回路の出力「Out_A」は波形がひずんでおり，正弦波ではありません．しかし，図2(b)の回路の出力「Out_B」は入力と同じ正弦波になっています．

図2(a)に示した回路は，信号が小さいときはダイオードD_1とD_2が導通しないため，OPアンプの出力信号はそのまま「Out_A」に伝わります．しかし，出力信号の振幅が0.6Vを越えるとダイオードが導通し，信号は抵抗R_1とR_2で分圧され振幅が制限されます．そのため，正弦波が変形してひずんだ波形になります．

一方，図2(b)に示した回路でもクリップ回路は動作しており，「Out_B」の電圧が0.6Vよりも大きくなると，ダイオードが導通して出力振幅は小さくなろうとします．しかし，負帰還がかかっているため，OPアンプの出力®点がこの振幅減少を補うような波形と

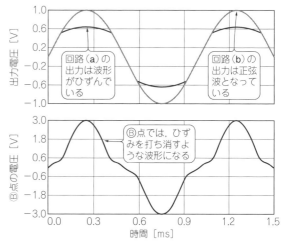

図3 ®点はクリップ回路によるひずみを打ち消すような波形になっている
図2のシミュレーション結果

なることでOut_Bのひずみが改善されます．

*

負帰還はアンプの出力段で発生するひずみを効果的に低減します．しかし，B級出力回路で発生するスイッチングによるひずみのようなものに対しては，OPアンプの帯域とスルー・レートの制約から低減効果が低くなります．

column▷04 ひずみ波形は基本波に高調波が加算されたもの

小川 敦

図Aに示すのは，波形がひずんでいる図2(a)の出力をFFT解析したものです．ひずみ波形は基本波の1kHzに，3kHzや5kHzの高調波が加算されたものです．

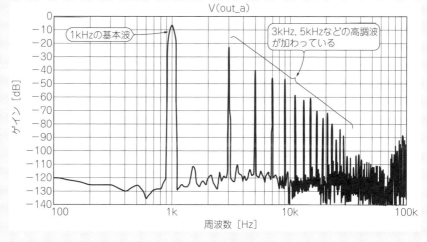

図A ひずんだ出力波形をFFT解析すると，基本波に3kHzや5kHzの高調波が加算されている

7-8 レール・ツー・レールOPアンプの基本動作

〈小川 敦〉

携帯電話やディジタル・カメラなどバッテリ駆動の製品は内部で使用される電源の種類が限られているため，低電圧駆動が可能で単電源方式のOPアンプが使われています．そこで重要になる特性は電源電圧いっぱいまで使用できる「レール・ツー・レール」対応であることです．特に入力はグラウンドを基準にした信号を扱うことが多いため，入出力は0V（グラウンド・レベル）から電源電圧まで使用できるOPアンプが重要になります．

● **入力電圧範囲は電源電圧より±1V程度狭い**

OPアンプを選ぶときの重要な仕様として，入力電圧範囲があります．正負電源間で，OPアンプが正常に動作する電圧範囲を示したものです．

表1はOPアンプLT1881の仕様を抜粋したものです．入力電圧範囲V_{CM}の最小値が「V$^-$+1.0」とは，「入力端子の電圧は負電源の電圧から1.0V以上高い必要がある」ということです．入力端子の電圧が負電源の電圧に近いとOPアンプは正常動作しません．

図1に示すのは，OPアンプの入力段を簡略化した例です．入力段のNPNトランジスタが動作するためには，0.7V程度の電圧が必要です．つまり，定電流源が正常動作するために0.3V程度が必要であり，IN$^+$とIN$^-$の電圧は負電源よりも1V以上の高い電圧が必要です．

● **一般的なOPアンプはグラウンドに近い電圧レベルの信号を増幅することができない**

図2はモータ電流（0〜200 mA）を検出するための回路です．抵抗R_1でモータの電流を電圧に変化し，OPアンプで10倍に増幅して出力します．OPアンプの電源は5Vの単電源です．R_1で発生する電圧は0〜200 mVになります．

低い電圧を増幅する場合，OPアンプの選択を誤るとうまく動作しません．ここで使用しているOPアンプはLT1881です．表1に示したように，OPアンプの入力電圧範囲は「マイナス電源電圧+1V」以上です．負電源（グラウンド）に近い電圧を増幅する用途には向かないため，正常に動作できません．一般的なOPアンプの出力は，負側もしくは正側に張り付きます．

図3に示すのは，OPアンプ（LT1881）を使用したシミュレーション結果です．電流I_1が変わっても，出力電圧は電源電圧とほぼ同じ値で変化していません．このOPアンプを使用する場合は，回路の電源を単電源から±電源に変更する必要があります．

● **レール・ツー・レール入力OPアンプは，正負電源と同じ電圧レベルの信号も扱える**

図2のような回路に使用するOPアンプは，入力信号レベルが負電源と同じ値でも正常に動作する必要があります．このような用途に使用するため，レール・ツー・レール（Rail-to-Rail）入力OPアンプと呼ばれる入力電圧範囲を負電源から正電源と同じ電圧まで広げたOPアンプが開発されています．

レール・ツー・レール入力とするための入力段の構成にはいろいろな方法があります．図4のように，NPNトランジスタとPNPトランジスタを組み合わせる方法があります．

入力電圧が負電源に近いときはPNPトランジス

表1 一般的なOPアンプLT1881の概略仕様[1]

記号	項 目		最小	標準	最大	単位
V_{OS}	入力オフセット電圧		–	25	50	μV
I_B	入力バイアス電流		–	100	200	pA
V_{CM}	**入力電圧範囲**		V$^-$+1.0	–	V$^+$-1.0	V
V_{OL}	出力電圧	Lレベル	–	20	40	mV
V_{OH}	振幅	Hレベル	–	120	220	mV

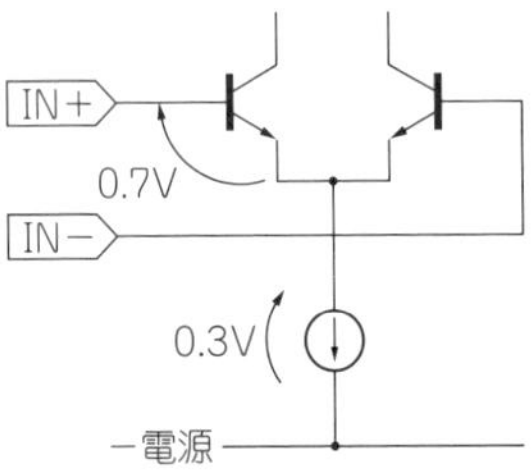

図1 OPアンプの入力端子IN$^+$とIN$^-$の電圧は，マイナス電源よりも1V以上高くする必要がある

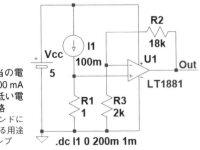

図2 モータ相当の電流源I_1を0から200 mAまで変化させて低い電圧を増幅する回路
LT1881はグラウンドに近い電圧を増幅する用途に向かないOPアンプ

.dc I1 0 200m 1m

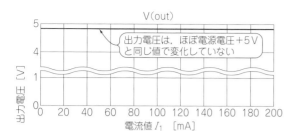

図3 低い電圧を増幅する場合，OPアンプの選択を誤るとうまく動作せずに，電流を変化させても出力電圧は変化しない
図2のシミュレーション結果

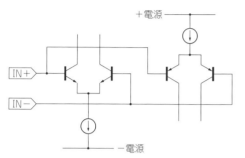

図4 レール・ツー・レール入力OPアンプの入力段の例
NPNトランジスタとPNPトランジスタを組み合わせている

タ・ペアが動作し，正電源に近いときはNPNトランジスタ・ペアが動作することで，レール・ツー・レール入力を実現できます．

表2はOPアンプLT1366の仕様を抜粋したものです．「入力同相範囲に両レールを含む」と書かれており，入力電圧が正負電源と同じレベルでも正常に動作します．非反転アンプとしてのゲインGは次式のように10倍になります．

$$G = (R_2 + R_3)/R_3 = 10 倍 \cdots (1)$$

R_1の電圧はI_1とR_1の抵抗値を掛けたもので，Out端子の電圧はそれをG倍したものです．出力電圧は次式で表せて，I_1が100 mAのときは1 Vになります．

表2 レール・ツー・レール入力OPアンプLT1366の概略仕様[2]

特徴	レール・ツー・レール入力(入力同相範囲に両レールを含む)				
記号	パラメータ	最小	標準	最大	単位
V_{OS}	入力オフセット電圧	–	150	475	uV
I_B	入力バイアス電流	0	10	35	nA
V_{OL}	出力電圧 Lレベル	–	6	12	mV
V_{OH}	振幅 Hレベル	–	40	120	mV

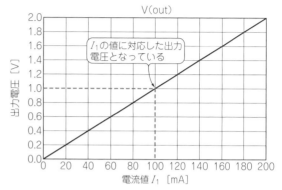

図5 I_1が100 mAのときにOut端子の電圧は1 Vになっている
レール・ツー・レール入力OPアンプを使用したときのシミュレーション結果

$$V_{out} = GI_1R_1 = 10 \times 100 mA \times 1 \Omega = 1 V \cdots (2)$$

図5に示すのは，OPアンプをLT1366に変更したときのシミュレーション結果です．出力電圧はI_1が増加するとともに大きくなっています．そして式(2)で計算したように，I_1が100 mAのとき，Out端子の電圧は1 Vになっています．

◆参考文献◆
(1) LT1881の仕様書，アナログ・デバイセズ
https://www.analog.com/media/jp/technical-documentation/data-sheets/j18812fb.pdf
(2) LT1366の仕様書，アナログ・デバイセズ
https://www.analog.com/media/jp/technical-documentation/data-sheets/j1366fb.pdf

column▶05 レール・ツー・レールじゃないOPアンプで代用するには

小川 敦

LT1881のようなレール・ツー・レール入力でないOPアンプを図2の用途に使用する場合，正負電源を使用する方法があります．

図Aに示すのは，図2の回路を正負電源に書き換えたものです．V_{CC}で正電源端子に+5 Vを与え，V_{EE}で負電源端子に－5 Vを与えています．正負電源を使用すれば，入力電圧範囲の仕様を満たした使い方ができます．

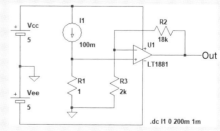

図A 正負電源を使用して電流を検出する回路では，レール・ツー・レール入力でないOPアンプも使用できる

7-9 オープン・ループ・ゲインと周波数の積 GBW

〈小川 敦〉

OPアンプがどのくらい高い周波数まで使用できるかという性能指標として，ゲイン帯域幅積 GBW（Gain Band Width product）があります．

一定の割合でゲインが減少するような位相補償が施されたOPアンプでは，ゲインと周波数の積は常に一定になるという性質があります．このゲインと周波数の積がゲイン帯域幅積です．

● OPアンプは負帰還をかけたときに不安定にならないように位相補償が内蔵されている

OPアンプは一般的に位相補償が内蔵されています．

図1に示すのは，位相補償がある場合とない場合のオープン・ループ・ゲインの例です．

▶位相補償なしの場合

オープン・ループ・ゲインのカーブは途中から12 dB/octに変わり，位相が180°回転したときのゲインが20 dBあります．

負帰還は出力信号を反転入力端子に帰還します．位相が180°回転すると，負帰還ではなく正帰還になり発振してしまいます．

一般的な位相補償回路は，OPアンプ内部のカットオフ周波数を極端に低くし，できるだけ6 dB/オクターブでゲインが減少するように構成します．

▶位相補償ありの場合

ゲインは0 dBになるまで6 dB/オクターブで減衰し，位相が180°回転する周波数のゲインは－40 dBと十分小さくなっています．

このような特性であれば，OPアンプをゲイン0 dB（ユニティ・ゲイン）で使用しても，安定に動作させることができます．

● オープン・ループ・ゲインをシミュレーションする場合には負帰還をかけた状態で行う

OPアンプのオープン・ループ・ゲインをシミュレーションする最もシンプルな方法は，図2のように帰還をかけずに，反転入力（－）端子をグラウンドにして，非反転入力（＋）端子に信号を入れる方法です．

OPアンプのモデリングの仕方にもよりますが，この方法では出力DC電圧が電源もしくはグラウンドに張り付いてしまい，正しいゲインがシミュレーションできないことがあります．

そのようなときは，OPアンプに負帰還をかけたまま，オープン・ループ・ゲインやループ・ゲインをシミュレーションする方法があります．

図3に示した回路は，OPアンプに負帰還をかけたまま，オープン・ループ・ゲインやループ・ゲインをシミュレーションする最も簡単な方法です．この回路を使用してOPアンプLT1354のオープン・ループ・ゲインのシミュレーションを行います．

OPアンプのオープン・ループ・ゲインを G とし，抵抗 R_1 と R_2 による分圧比を H とすると，H は次式で表されます．

$$H = \frac{R_2}{R_1 + R_2} \quad \cdots\cdots\cdots\cdots\cdots\cdots\cdots\cdots (1)$$

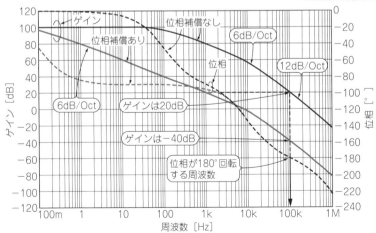

図1 位相補償がない場合は位相が180°回転したときにゲインが20 dBある
位相補償の有無によるオープン・ループ・ゲインの違い

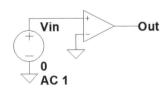

図2 オープン・ループ・ゲインをシミュレーションする最もシンプルな方法では，出力DC電圧が張り付き正しいゲインが計算できないことがある

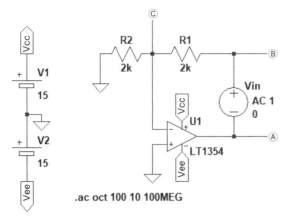

.ac oct 100 10 100MEG

図3 負帰還をかけた状態でオープン・ループ・ゲインをシミュレーションする方法
Ⓐ点の電圧をⒸ点の電圧で割ることでオープン・ループ・ゲインがわかる

A点の電圧 V_A はOPアンプの出力電圧のため，C点の電圧 V_C を $-G$ 倍したものになり，次式で表されます．

$$V_A = -GV_C \cdots\cdots\cdots\cdots\cdots\cdots (2)$$

式(2)を変形すると，次式のようになり，Ⓐ点の電圧 V_A をⒸ点の電圧 V_C で割ることで，オープン・ループ・ゲインを求めることができます．

$$G = -\frac{V_A}{V_C} \cdots\cdots\cdots\cdots\cdots\cdots (3)$$

一方，Ⓒ点の電圧 V_C はⒷ点の電圧 V_B に分圧比 H を掛けたものなので，次式で表されます．

$$V_C = HV_B \cdots\cdots\cdots\cdots\cdots\cdots\cdots (4)$$

式(2)に式(4)を代入すると，次式のようになります．

$$V_A = -GHV_B \cdots\cdots\cdots\cdots\cdots\cdots (5)$$

式(5)を変形すると，次式が得られます．

$$GH = -\frac{V_A}{V_B} \cdots\cdots\cdots\cdots\cdots\cdots (6)$$

式(6)の GH はループ・ゲインと呼ばれ，負帰還の量を表す係数です．

● **ゲインと周波数の積(ゲイン帯域幅積)は常に一定**

オープン・ループ・ゲインが6 dB/octで減衰するような位相補償が施されたOPアンプでは，「ゲインと周波数の積は常に一定になる」という性質があります．このゲインと周波数の積のことをゲイン帯域幅積 GBW(Gain Band Width product)と呼びます．

図4に示すのは，オープン・ループ・ゲインのシミュレーション結果です．ゲインが1倍(0 dB)になる周波数は10.7 MHzです．そのため，ゲインと周波数の積(GBW)は10.7 MHzになります．また，107 kHzのときのゲインは100倍(40 dB)なので，その積も10.7 MHzになります．そして，1.7 MHzや10.7 KHzのときも同じ値になります．これを式で表したものが式(7)です．

$$GBW = 1000 \times 10.7 \text{ kHz}$$
$$= 100 \times 107 \text{ kHz}$$

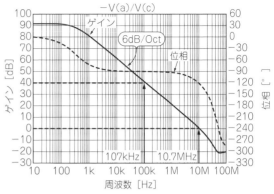

図4 107 kHzのゲインは40 dB
図2のシミュレーション結果

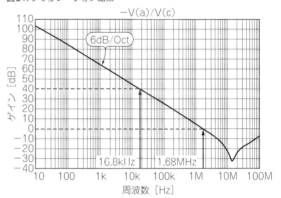

図5 ゲインと周波数の積が常に一定になるという関係が保たれている
図2のOPアンプをLT1457に変更してシミュレーションした結果

$$= 10 \times 1.07 \text{ MHz}$$
$$= 1 \times 10.7 \text{ MHz}$$
$$= 10.7 \text{ MHz} \cdots\cdots\cdots\cdots\cdots\cdots (7)$$

式(7)からわかるように，6 dB/octで減衰している場合は，特定の周波数のゲインを測定することで，ゲイン帯域幅積を求めることができます．

図5に示すのは，LT1457という別のOPアンプのオープン・ループ・ゲインのシミュレーション結果です．このOPアンプのゲインが0 dBになる周波数は1.68 MHzと図4よりも低くなっていますが，周波数とゲインの積が1.68 MHzで同じであるという関係は保たれています．

OPアンプを選択する場合，使用する最高周波数とゲインおよび，その周波数での負帰還の量をいくつ以上にするか，ということがわかれば，必要なゲイン帯域幅積の値が計算できます．

たとえば，仕上がりゲインが20 dBのアンプで，最高周波数が100 kHz，その周波数での負帰還量を20 dBとすると，100 kHzでのオープン・ループ・ゲインが40 dB必要になります．そのため，ゲイン帯域幅積が10 MHz以上(= 100 × 100 kHz)のOPアンプを選択すればよいことになります．

7-10 μVの微小信号計測向きOPアンプ

〈小川　敦〉

電流を検出する方法には，負荷と直列に低抵抗を挿入して電圧に変換する方法があります．また，高精度な測定のためには入力オフセット電圧の小さなOPアンプを使用し，差動アンプを用いることで，配線抵抗による誤差を小さくできます．

● 差動アンプを使用した電流検出回路は配線抵抗の誤差を小さくできる

電流を検出する最も簡単な方法は，負荷と直列に抵抗を挿入し，電圧に変換します．ただし，挿入する抵抗の値が大きいと，回路動作の妨げになり，発熱が大きくなります．挿入する抵抗値は非常に小さくします．

一方，回路を構成する配線にも抵抗があるため，図1のような回路では正確な電流を測定できません．配線抵抗による電圧降下が誤差になります．

正確な電流を測定するためには，図2のような差動アンプを使用します．$R_3 = R_1$，$R_4 = R_2$とすると，図2の回路の出力電圧V_{out}は次式で表せます．

$$V_{out} = \frac{R_2}{R_1}(V_A - V_B) \quad \cdots\cdots\cdots\cdots\cdots\cdots (1)$$

差動アンプを使用すると，抵抗の両端電圧のみを増幅できます．図2の回路で負荷電流をI_Lとすると，出力電圧V_{out}は次式のように表せます．

$$V_{out} = \frac{R_2}{R_1} I_L R_S = \frac{100\,\text{k}\Omega}{2\,\text{k}\Omega} \times I_L \times 10\,\text{m}\Omega = 0.5 I_L \quad (2)$$

I_Lが8Aのときに，出力電圧が4Vになります．

● 電流測定精度を上げるには入力オフセット電圧を自動的に調整する機能をもったOPアンプを使用する

さらに，高精度な測定のためには入力オフセット電圧の小さなOPアンプを使用します．図2の回路の電流検出抵抗は10mΩです．負荷電流が1mAのときに発生する電圧は，10μVになります．電流測定精度を

±1mAとするためには，OPアンプの入力オフセット電圧は10μV以下でなければなりません．通常のOPアンプではなく，入力オフセット電圧を自動的に調整する機能をもったOPアンプを使用します．オート・ゼロ・アンプやゼロ・ドリフト・アンプと呼ばれており，10μV以下の入力オフセット電圧を実現しています．オフセット調整モードと通常モードを高速に切り替えて動作させているため，温度が変化しても入力オフセット電圧が大きく変動しません．

図2の回路に使用しているのはゼロ・ドリフト・アンプAD8551（アナログ・デバイセズ）です．入力オフセット電圧のスペックは1μVとなっており，±1mAの電流精度を達成します．

図3にシミュレーション結果を示します．0～8Aの負荷電流の変化を0～4Vの電圧に，誤差±1mAよりも十分精度よく変換できています．

ゼロ・ドリフト・アンプ[1]は，入力オフセット電圧の極めて小さいタイプとして，通常のOPアンプとほぼ同等の使い方ができます．

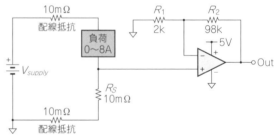

図1 配線抵抗による電圧降下が誤差となる回路
正確な負荷電流が測定できない

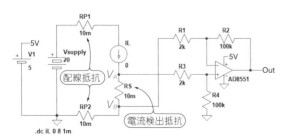

図2 抵抗の両端電圧のみを増幅することができる差動アンプを使用した電流検出回路

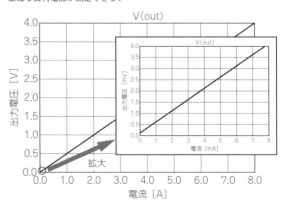

図3 AD8551を使用した電流検出回路は，0～8Aの負荷電流の変化を0～4Vの電圧に正確に変換できる

◆参考文献◆

(1) AD8551日本語版参考資料 https://www.analog.com/media/jp/technical-documentation/data-sheets/AD8551_8552_8554_JP.pdf

第3部

応用回路の解析

センサ回路の解析

小川 敦 Atushi Ogawa

8-1 ブリッジ回路を利用したひずみ計測

〈小川 敦〉

ひずみゲージは物体のひずみを計測するセンサです．一般的には抵抗線の長さの変化による抵抗値の変化を利用しています．身近なものでは体重計などにも使用されています．ひずみに対応して発生する電圧は非常に小さなものであるため，ひずみゲージは単純な分圧回路ではなく，変化電圧のみを出力できるブリッジ回路の中で主に使われます．

● ひずみゲージは物体の変形を検出するセンサ

ひずみの大きさ ε は，次式のように物体の伸び縮み

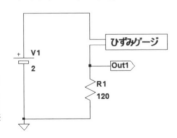

図1 単純分圧によるひずみ測定回路では，ひずみが発生したときと定常状態との電圧差が少ない

の量 ΔL と，もとの長さ L との比で定義され，STという記号をつけて表します．

$$\varepsilon = \Delta L/L \cdots\cdots\cdots\cdots\cdots\cdots (1)$$

ひずみ量が $1000\,\mu$ST となっていた場合，長さが $0.1\%(=1000\times10^{-6})$ 変わったことになります．ひずみゲージの抵抗の初期値を R とすると，ひずみの大きさ ε に対する抵抗値の変化量 ΔR は次式で表されます．

$$\Delta R = R\varepsilon K \cdots\cdots\cdots\cdots\cdots\cdots (2)$$

ただし，K はゲージ率と呼ばれる係数で，ひずみゲージの材質によって異なります．2程度の値のものが多いです．K が2の場合，$1000\,\mu$ST のひずみに対して，抵抗値の変化は0.2%と非常に小さな値になります．

● 単純分圧によるひずみ測定回路は，ひずみが発生したときと定常状態との電圧差が少ない

ひずみゲージを使用したひずみ量の測定は，ひずみゲージの抵抗変化を電圧に変換することで行います．図1のような回路でも抵抗値の変化を電圧に変換する

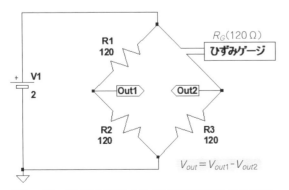

$$V_{out} = V_{out1} - V_{out2}$$

図2 ブリッジ回路を使用したひずみ測定回路で R_G の値が変化したときの出力電圧を計算する

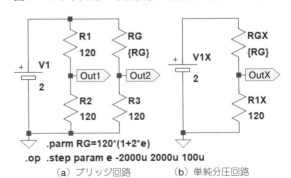

.parm RG=120*(1+2*e)
.op .step param e -2000u 2000u 100u

(a) ブリッジ回路 　　(b) 単純分圧回路

図3 ひずみ量と出力電圧の関係をシミュレーションする回路
.step コマンドでひずみ量 e を $-2000\,\mu$ から $2000\,\mu$ まで変化させる

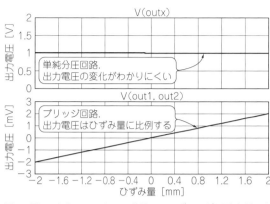

図4 図3のシミュレーション結果から，ブリッジ回路を利用すると，ひずみ量に比例した出力電圧となることがわかる

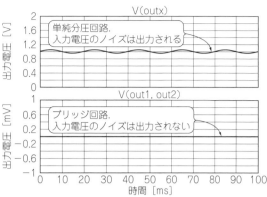

図5 ブリッジ回路を利用すると，ノイズが出力されない
入力電圧に重畳したノイズの影響をシミュレーションした結果

ことはできます．しかし，この回路はほとんど使われません．ひずみゲージの抵抗変化量が非常に小さいため，定常状態とひずみが発生したときの電圧差が非常に小さいためです．またV_1が変動したとき，その変動がそのまま出力されてしまうという問題もあります．

● 抵抗変化を電圧に変換する

ひずみゲージを使用したひずみ量の測定には，図2に示すようなブリッジ回路が使用されます．この回路はホイートストン・ブリッジとして有名なものです．

out1とout2の差電圧を出力電圧V_{OUT}とします．すると，ひずみが発生していない時の出力電圧は0Vとなり，出力にはひずみに対応した電圧だけが出力されます．出力電圧V_{out}は次式で計算できます．

$$V_{out} = V_{out1} - V_{out2}$$
$$= V_1 \frac{R_2}{R_1 + R_2} - V_1 \frac{R_3}{R_G + R_3} \cdots\cdots\cdots (3)$$

ここで，$R_1 = R_2 = R_3 = R$，R_Gの初期値をRとします．すると次式のようにV_{out}は0Vになります．

$$V_{out} = V_1 \frac{R}{R+R} - V_1 \frac{R}{R+R} = 0 \cdots\cdots\cdots (4)$$

次に，R_GがΔRだけ変化したときの出力電圧を計算すると次式のようになります．

$$V_{out} = V_1 \frac{R}{R+R} - V_1 \frac{R}{R+\Delta R+R}$$
$$= V_1 \frac{\Delta R}{4(R+\Delta R/2)} \cdots\cdots\cdots (5)$$

ここで，ひずみゲージの抵抗変化ΔRは非常に小さいため，$R+\Delta R/2 \fallingdotseq R$と近似すると次式になります．

$$V_{out} = V_1 \frac{\Delta R}{4(R+\Delta R/2)} \fallingdotseq \frac{1}{4} \frac{\Delta R}{R} V_1 \cdots\cdots (6)$$

式(6)に式(2)を代入すると，次式になります．

$$V_{out} = \frac{1}{4} \frac{\Delta R}{R} V_1 = \frac{1}{4} \frac{\Delta R}{R} V_1 \cdots\cdots\cdots (7)$$

$K = 2$のひずみゲージに1000μSTのひずみが発生した場合，図2の出力電圧は，次式になります．

$$V_{out} = \frac{1}{4} K \varepsilon V_1 = \frac{1}{4} \times 2 \times 1000\mu \times 2 = 1\,\text{mV} \cdot\cdot (8)$$

● ひずみ量に比例した電圧だけが取り出せる

図3に示すのは，ひずみ量と出力電圧の関係をシミュレーションするための回路です．ブリッジ回路を使用したものと比較用に，通常は使用されない単純分圧型の回路をシミュレーションします．ひずみゲージの抵抗値R_Gは，初期値を120Ω，ゲージ率を2とし，ひずみ量をεとすると次式で計算できます．

$$R_G = 120 \times (1 + 2\varepsilon) \cdots\cdots\cdots\cdots\cdots (9)$$

図3の回路では.paramコマンドでR_Gを定義しています．そして.stepコマンドでひずみ量εを-2000μから2000μまで100μステップで変化させています．

図4に示すのは，ひずみ量と出力電圧の関係のシミュレーション結果です．上段の単純分圧回路では，出力電圧は1Vを中心に±2mV変化するだけなので，変化がわかりにくくなっています．下段のブリッジ回路を使用したものは，変化電圧のみが出力され，その出力電圧はひずみ量と比例したものになっています．

● ブリッジ回路は入力電圧にノイズが重畳しても影響を受けない

入力電圧（V_1，V_{1X}）にノイズが重畳したとき，ノイズがどのように出力されるかをシミュレーションしてみます．V_1，V_{1X}は2Vの直流電圧で，50Hz，振幅0.1Vの正弦波を重畳します．ひずみ量を表すeは0とし，ひずみが発生していないときの状態を検証します．

図5に示すのは，入力電圧にノイズが重畳したときのシミュレーション結果です．単純分圧回路では入力電圧に重畳したノイズが出力されますが，ブリッジ回路を使用したものはノイズが出力されません．

8-2 サーミスタを利用した温度計測

〈小川 敦〉

サーミスタ(**写真1**)には，温度が上がると抵抗値が小さくなる，NTC(Negative Temperature Coefficient Thermistor)サーミスタと，温度が一定値以上に上がると抵抗値が急激に大きくなるPTC(Positive Temperature Coefficient Thermistor)サーミスタがあります．温度計のような用途には，一般的にNTCサーミスタが使用されます．NTCサーミスタの抵抗値は温度に対して指数的に変化するため，一般的にはリニアライズ回路で直線化して使用します．

● NTCサーミスタは温度に対して指数関数的に抵抗値が変化する

NTCサーミスタの抵抗値R_Tは，温度に対して指数的に変化し，近似的に次式で表すことができる．

$$R_T = R_0 \exp\left(B\left(\frac{1}{T} - \frac{1}{T_0}\right)\right) \cdots\cdots\cdots (1)$$

ここで，R_0は温度T_0(一般的には25℃)のときの抵抗値，Tは絶対温度です．Bはサーミスタの温度に対する抵抗値の変化の傾きを表しており，B定数と呼ばれています．

B定数自身も温度で若干変化しますが，温度範囲を限定すれば定数とみなせます．メーカの仕様書には代表的な温度におけるB定数と，R_0が記載されています．

● サーミスタの温度特性を確認する

LTspiceでは抵抗値に数式を使用することができるため，サーミスタの温度特性を再現できます．一例として，25℃の抵抗値であるR_0が10kΩで，B定数が3380K(Kは絶対温度の単位)というサーミスタをLTspice上に再現し，特性をシミュレーションします．

図1に示すのは，サーミスタの特性をシミュレーシ

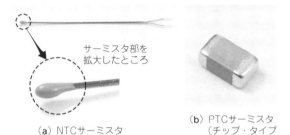

（a）NTCサーミスタ
（リード・タイプの例）

（b）PTCサーミスタ
（チップ・タイプの例）

写真1 温度が上がると抵抗値が小さくなるNTCサーミスタと抵抗値が急激に大きくなるPTCサーミスタ［村田製作所］

ョンするための回路図です．.paramコマンドでRというパラメータを数式を使用して定義しています．

この数式は式(1)に定数を代入したものです．数式中のTEMPはシミュレーションする温度(℃)の値に置き換えて計算されます．.stepコマンドで温度を−10℃から40℃まで1℃ステップで変化させ，DC動作点解析を行います．

図2に示すのは，再現したサーミスタの温度特性です．R_Tの両端電圧をR_Tに流れる電流で割ることで，抵抗値を表示しています．温度変化に対して指数的に抵抗値が変化しています．

● 温度に対する出力電圧の変化を直線に近づける回路

サーミスタを使用して温度を計測する場合，温度に対して直線的に変化する電圧が得られるほうが望ましい場合があります．そのようなとき，**図3**のように一定の電圧源にサーミスタと抵抗を直列に接続した回路

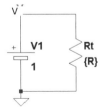

```
.param R=10k*exp(3380*((1/(TEMP+273))-(1/(25+273))))
.step temp -10 40 1
.op
```

図1 サーミスタの特性をシミュレーションする回路
R_0が10kΩでB定数が3380Kというサーミスタを表す

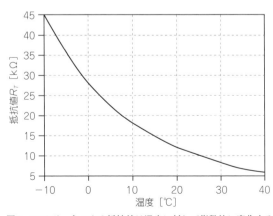

図2 NTCサーミスタの抵抗値は温度に対して指数的に変化する

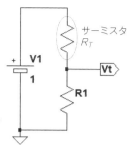

図3 温度に対して直線的に変化する電圧を得るための簡易回路
V_1の電圧をR_1とR_Tで分圧している

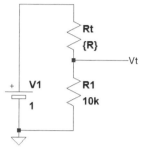

```
.param R=10k*exp(3380*((1/(TEMP+273))-(1/(25+273))))
.step temp -10 40 1
.op
```

図5 簡易リニアライズ回路の温度特性をシミュレーションする回路
温度を−10℃から40℃まで変化させる

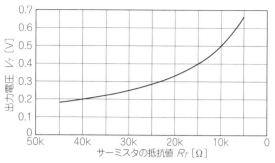

図4 抵抗値R_Tが小さくなると電圧の変化率が大きくなる
サーミスタの抵抗値R_Tを45kΩから5kΩまでリニアに変化させた

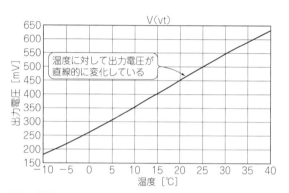

図6 簡易リニアライズ回路の温度特性

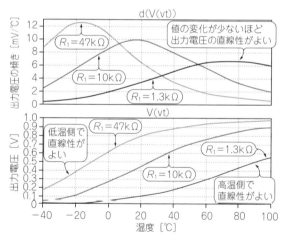

図7 サーミスタを使用する温度範囲が高温側の場合はR_1の値を小さくし，低温側の場合は大きくすればよい
$R1$の値を変化させたときのシミュレーション結果．下段が出力電圧のカーブ，上段が出力電圧カーブの傾きを表示している

とすることで，温度変化に対する出力電圧変化を簡易的に直線化することができます．この回路は簡易リニアライズ回路と呼ばれます．

この回路の出力電圧V_Tは次式で計算できます．

$$V_T = V_1 \frac{R_1}{R_1+R_T} \quad\cdots\cdots\cdots\cdots\cdots\cdots (2)$$

図4に示すのは，式(2)の$R_1=10$kΩとしてR_Tを45kΩから5kΩまでリニアに変化させたときのV_Tをプロットしたものです．R_Tが小さくなると，V_Tの変化率が大きくなります．

図5に示すのは，簡易リニアライズ回路をシミュレーションするための回路です．

使用しているサーミスタは25℃の抵抗値が10kΩで，B定数が3380Kのものです．サーミスタの抵抗値はRという変数で表し，.paramコマンドでRの値を式(1)を使用して設定しています．

図6に示すのは出力電圧の温度特性です．温度に対して出力電圧が直線的に変化しています．

● 温度範囲に適した抵抗値を選択する場合，高温側は小さく低温側は大きくする

簡易リニアライズ回路は，すべての温度範囲で電圧を直線化することはできません．そのため，使用温度範囲を限定し，その温度範囲に適した抵抗値を選択する必要があります．

図7に示すのは，**図5**のR_1の値を1.3kΩ，10kΩ，

47kΩの3種類に変化させ，温度範囲を−40℃から100℃に広げたシミュレーション結果です．

下段が出力電圧のカーブで，上段は出力電圧カーブの傾きを表示しています．この傾きの値の変化が少ないほど，出力電圧の直線性がよいことを表しています．

図7よりサーミスタを使用する温度範囲が高温側の場合はR_1の値を小さくし，低温側の場合は大きくすればよいことがわかります．

8-3 熱電対を利用した温度計測

〈小川 敦〉

　熱電対（Thermocouple）は2種類の金属線の先端同士を接触させて回路を作り，接合点に発生する熱起電力を通じて温度差を測定する温度計に使われています．寿命の長さ，耐熱性，機械的強度などの利点があり，中高温領域の温度センサとして工業的に最も広く用いられています．

　温度を計測する場合には，基準接点補償回路を使用して熱電対の電圧を増幅します．熱電対の電圧を単に増幅しただけでは室温変化により出力電圧が変化してしまい，被測定物の温度を正確に測定することができません．基準接点を室温とし，0℃と室温の温度差によって熱電対が発生するはずの電圧を加算して補正することが一般的に行われます．

● 熱電対の構造と使い方

　熱電対は図1のように2種類の金属を接合したものです．金属Aと金属Bの接合部分を測温接点と呼び，金属A，金属Bと銅線を接合した部分を基準接点と呼びます．そして，測温接点と基準接点の，2つの接合部分の温度差に比例した電圧を発生します．

　そのため，熱電対で測定できるのは温度の絶対値ではなく，2点間の温度差です．

　温度の絶対値を測定する方法の1つが，図2のように，基準接点を既知の温度とするため，氷水で冷やす

表1　2種類の金属の組み合わせ方で8種類の熱電対がある

種類の記号	構成材料		測定範囲 [℃]
	＋極	－極	
B	ロジウム30％を含む白金ロジウム合金	ロジウム6％を含む白金ロジウム合金	＋600〜＋1700
R	ロジウム13％を含む白金ロジウム合金	白金	0〜＋1100
S	ロジウム10％を含む白金ロジウム合金	白金	＋600〜＋1600
N	ニッケル，クロムおよびシリコンを主とした合金	ニッケルおよびシリコンを主とした合金	－200〜＋1200
K	ニッケルおよびクロムを主とした合金	ニッケルおよびアルミニウムを主とした合金	－200〜＋1200
E	ニッケルおよびクロムを主とした合金	銅およびニッケルを主とした合金	－200〜＋900
J	鉄	銅およびニッケルを主とした合金	－40〜＋750
T	銅	銅およびニッケルを主とした合金	－200〜＋350

方法です．0℃を基準とした測定になり，温度の絶対値が測定できます．絶対値の測定ができないという弱点のある熱電対ですが，構造が単純で壊れにくく，－200℃〜＋2500℃といった，広い温度範囲の測定が可能なため，広く使用されています．

　2種類の金属の組み合わせにより，表1に示す8種類の熱電対があります．そのなかでも，ニッケルとクロムを主成分とした合金と，ニッケルとアルミニウムを主成分とした合金を組み合わせたものをK熱電対と呼び，安価なため工業用として最も広く使用されています．熱電対の種類によって熱起電力の大きさが変わりますが，K熱電対の起電力は41μV/℃となります．

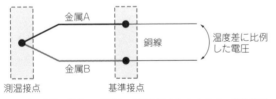

図1　熱電対の構成は2種類の金属を接合したもので，接合部の温度差に比例した電圧が発生する

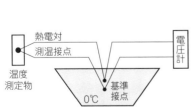

図2　基準接点の温度を0℃に維持する熱電対を使った温度計測回路の一例

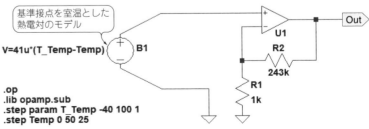

図3　熱電対はB電源を使用して測定物の温度と室温の差に比例する電圧を発生させ，10mV/℃の電圧を出力する

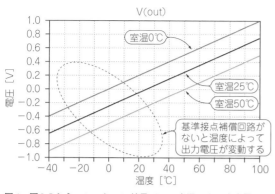

図4　図3のシミュレーション結果では，室温により出力電圧が変化している

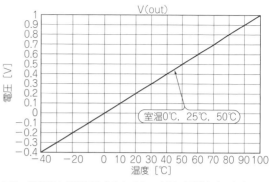

図6　基準接点補償回路を入れると，室温の影響を受けなくなる
図5のシミュレーション結果

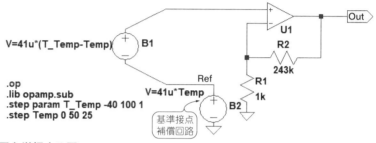

図5　図3に，室温に比例した電圧を加算する回路として基準接点補償回路を組み込む

```
.op
.lib opamp.sub
.step param T_Temp -40 100 1
.step Temp 0 50 25
```

● **基準接点を室温として熱電対の電圧を増幅する回路の場合は，温度が変わると出力電圧も変化する**

　熱電対の発生する電圧は非常に小さいので，通常増幅して使用します．一例として，熱電対の電圧を増幅して，1℃あたり10mVの電圧に変換する回路を考えてみます．41μV/℃の熱電圧を10mV/℃とするために必要なゲインGは次式のように244倍になります．

$$G = \frac{10\text{mV/℃}}{41\,\mu\text{V/℃}} = 244\,倍 \quad\cdots\cdots\cdots\cdots\cdots (1)$$

　図3に示すのは，非反転アンプ回路を使用して熱電対の電圧を244倍に増幅する回路です．非反転増幅回路のゲインは次式のように244倍になっています．

$$G = \frac{R_1 + R_2}{R_1} = \frac{1\text{k}\Omega + 243\text{k}\Omega}{1\text{k}\Omega} = 244\,倍 \quad\cdots\cdots\cdots (2)$$

　基準接点を氷水で冷却するのはあまり実用的ではないため，通常，基準接点は室温で使用されます．そのため，基準接点を室温で使用した場合にどうなるかをシミュレーションで確認します．熱電対はLTspiceのB電源を使用し，測定物の温度T_Tempと室温Tempの差に比例する電圧を発生するようになっています．この回路で測定物の温度を−40℃から100℃まで変化させ，さらに室温が0℃，＋25℃，＋50℃と変化したときの出力電圧をシミュレーションします．

　図4は図3のシミュレーション結果です．基準接点を室温としているため，当然ですが，室温により出力電圧が変化しています．室温が0℃のときは，出力電圧が100℃で1Vとなっており，10mV/℃の感度から期待される出力電圧となっています．しかし，25℃，

50℃のときは下側に平行移動した結果になっています．

● **基準接点補償回路を入れると室温の影響を受けなくなる**

　図4のように，単純に基準接点を室温とすると，室温の変化により出力電圧が変化してしまい，被測定物の温度を正確に測定することができません．そこで，基準接点を室温とし，0℃と室温の温度差によって熱電対が発生するはずの電圧を加算し，補正することが，一般的に行われます．

　図5に示すのは，熱電対の出力に室温に比例した電圧を加算する回路を追加したものです．実際の回路では，この部分には温度センサICなどが使用されます．ここでは，簡易的にB電源を使用して周囲温度Tempに比例した電圧を発生させています．

　図6に示すのは，基準接点補償回路を組み込んだ場合のシミュレーション結果です．0℃，25℃，50℃の室温のとき，すべての直線は重なっており，室温の影響による出力電圧の変化はありません．

＊

　熱電対の出力は非常に小さいため，使用するOPアンプの選定にあたってはオフセット電圧特性に十分注意する必要があります．また基準接点補償回路の構成も複雑になりがちですが，基準接点補償機能まで含んだ，熱電対用の専用IC（AD8495など）があります．これらのICを使用することで，高性能な熱電対用増幅回路を簡単に構築できます．

8-4 コンデンサ・マイクを利用した音響計測

〈小川　敦〉

コンデンサ・マイクは音を検出する振動膜をコンデンサの一方の電極とし，コンデンサの電極間の距離が音で変化することで容量値が変わることを利用して，音を電気信号に変換します．

振動膜は一般に数μmの厚みで非常に軽いため，応答が非常に速くクリアな音質が得られます．

音響測定や録音，あるいは各種機器へ組み込むなど小型化が求められる場合に使われます．

● 容量変化を電気信号に変換するコンデンサ・マイク

コンデンサ・マイクには，通常のコンデンサ・マイクとエレクトレット・コンデンサ・マイクの2種類があります．図1に通常のコンデンサ・マイクとエレクトレット・コンデンサ・マイクの模式図を示します．

通常のコンデンサ・マイクは容量の変化を電気信号に変換するために，振動膜電極に比較的高い電圧（48Vなど）を印加する必要があります．エレクトレット・コンデンサ・マイクは振動膜（高分子フィルム）に電荷を帯電させ，常に静電気が発生している状態とすることで，振動膜に電圧を印加せずに，音を電気信号に変換できます．

エレクトレット・コンデンサ・マイクは，マイク自身に電圧を印加する必要はありません．しかし，マイ

クとして動作するコンデンサの容量値は小さく，低い周波数まで検出できるようにするためには，次段の増幅回路の入力抵抗を数百MΩまで大きくする必要があります．一般的なエレクトレット・コンデンサ・マイクは，非常に大きな入力抵抗でバイアスされたFETと一体化したユニットとなっています．図2に示すのは，エレクトレット・コンデンサ・マイク・ユニット（ECM）の構造図です．

● 動作解析するための等価回路

図3に示すのは，ECMの動作をシミュレーションするための等価回路です．V_sは音によって発生した電圧を模擬するための信号源です．FETの入力バイアス抵抗R_Bは500MΩです．

ECMはFETが内蔵されているため，使用する場合は電源電圧の印加された負荷抵抗を接続します．負荷抵抗の値によって，音から電気信号に変換するときのゲインが変化します．そのため，ECMの仕様書には推奨する負荷抵抗の値が記載されています．

図4に示すのがシミュレーション結果です．ゲインの絶対値には意味がありません．FETの入力バイアス抵抗R_Bを500MΩにすることで，低域のカットオフ周波数は，20Hzまで低域に伸びます．FETの入力バイアス抵抗を小さくすると，カットオフ周波数が高くなってしまいます．

● 人間が聞こえる最少の音を基準にした感度の単位 dB_SPL

ECMの仕様書には，推奨する値の負荷抵抗を使用

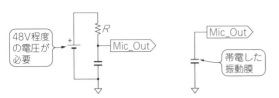

（a）通常のコンデンサ・マイク　（b）エレクトレット・コンデンサ・マイク

図1　通常のコンデンサ・マイクは振動膜電極に比較的高い電圧を印加する必要があるが，エレクトレット・コンデンサ・マイクは振動膜電極に静電気が発生しているため，電圧を印加せずに音を電気信号に変換できる

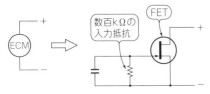

図2　エレクトレット・コンデンサ・マイク・ユニット（ECM）は，大きな入力抵抗でバイアスされたFETと一体化されており，電源と負荷抵抗が必要である

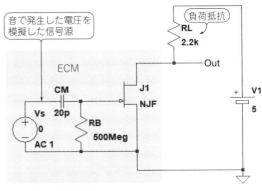

図3　エレクトレット・コンデンサ・マイク・ユニットのシミュレーション回路
電源電圧の印加された負荷抵抗を接続する

.ac dec 10 10 100k

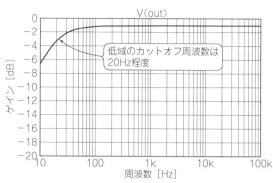

図4 低域のカットオフ周波数は20Hzまで伸びている
図3のシミュレーション結果

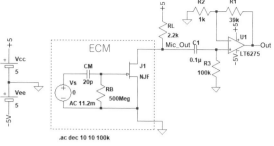

図5 1Paの音を400mVに変換するマイク・アンプ回路
Mic_Outの出力が−40dBVとなるよう信号源V_SのAC Amplitudeの値を設定する

した時の感度が記載されています．その単位はdB/Paです．1Paの音圧時に1Vの出力電圧が得られるマイクを0dB/Paとして定義されています．−40dB/Paだったとすると−40dBV＝10mVになります．

音の大きさの表し方にはPaのほかにdB$_{SPL}$（dB Sound Pressure Level：デービー・エスピーエル）というものがあります．これは人間が聞こえる最小の音（20μPa）を基準の0dBとしたものです．音の大きさを表す単位としては，dB$_{SPL}$のほうが一般的に使用され，SPLを省略して「騒音の大きさが100dBを超えた」などの使い方をされています．Paの値をdB$_{SPL}$に変換するには，Paの値を20μで割り，対数を取って20倍します．1Paは次式のように，94dB$_{SPL}$になります．

$$dB_{SPL}=20\log\left(\frac{P_a}{20\mu}\right)=20\log\left(\frac{1}{20\mu}\right)=94dB_{SPL} \cdots (1)$$

● OPアンプと組み合わせてECMの信号を増幅する

図5に示すのは，ECMの等価回路と，OPアンプを組み合わせた，1Paの音を400mVに変換するマイク・アンプ回路です．

使用するECMの感度を−40dB/Paとし，1Paの音がマイクに入力されたとき，出力レベルを400mV（−8dBV）にする場合，後段のアンプのゲインは 8

−（−40）＝32から，32dB（40倍）とすればよいことになります．OPアンプを使用した非反転アンプのゲインGは次式のように40倍に設定してあります．

$$G=\frac{R_1+R_2}{R_2}=\frac{39k\Omega+1k\Omega}{1k\Omega}=40倍 \cdots (2)$$

Mic_Outの出力が−40dBVとなるよう，信号源V_SのAC Amplitudeの値を補正しています．

図6に示すのは，マイク・アンプ回路のシミュレーション結果で，1Paの音が入力されたときを想定しています．Mic_Outは−40dBVでOutは設計通り−8dBV（400mV）になっています．

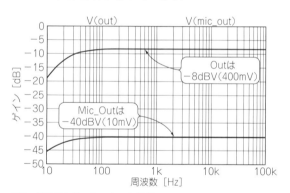

図6 図5のシミュレーション結果

---

column 01 スピーカと類似した構造のダイナミック・マイク

小川 敦

ダイナミック・マイクは，電気信号を音に変換するスピーカと類似した構造となっています．音を検出する振動膜にはコイルが接続され，磁石で作られた磁界の中でコイルが振動することで発電し，電気信号を出力します．そのため，ダイナミック・マイクは外部電源が必要ありません．図Aのような回路で信号を増幅できます．

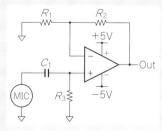

図A ダイナミック・マイクの出力を増幅する回路では，マイクには外部電源は必要ない

8-5 CdSセルを利用した光量計測

〈小川 敦〉

CdSセル(**写真1**)は，硫化カドミウム(Cd：cadmium)と硫黄(S：sulphur)の化合物を主成分とする素子で，光量による抵抗値の変化が非常に大きく，回路をシンプルにできるというメリットがあります．

CdSセルは光量を抵抗値に変換する素子としてゆっくりした変化の光検出に利用されています．暗くなると自動的に点灯する街路灯や夜間の保安灯などに使われています．ただし，カドミウムを含有しているため，欧州連合(EU)への輸出品には使用できません．

● CdSセルは光量変化に対して抵抗値が変化する

CdSセルは硫化カドミウムと硫黄の化合物を主成分とする素子です．周囲の明るさによって抵抗値が大きく変化します．光がないときは1MΩ程度と非常に大きく，光が当たると数kΩ程度まで小さくなります．

● CdSの抵抗変化を利用した自動点灯回路

図1に示すのは，CdSセルを使用したLEDの自動点灯回路です．CdSセルの抵抗値R_{CdS}の値を1kΩから1MΩまで変化させたときのLED電流をシミュレーションしてみます．LEDが点灯するのはトランジスタQ_1がONになったときです．そのときLEDに流れる電流I_{LED}は，次式で概算できます．

$$I_{LED} = \frac{V_{CC} - V_{LED}}{R_2} = \frac{5V - 3.2V}{360\,\Omega} = 5\,\text{mA} \cdots\cdots (1)$$

ここで，V_{LED}はLEDの順方向電圧で3.2 Vです．

B点(Q_1のベース)の電圧は，トランジスタのベース電流が無視できる範囲では，次式で計算できます．

$$V_B = \frac{R_{CdS}}{R_{CdS} + R_1} V_{CC} \cdots\cdots\cdots\cdots\cdots\cdots (2)$$

ここでトランジスタがONする電圧V_Bを0.7 Vとすると，トランジスタがONするCdSの抵抗値R_{CdS}は，式(2)を変形して式(3)のように求めることができます．

$$R_{CdS} = \frac{0.7\,\text{V} \times R_1}{V_{CC} - 0.7\,\text{V}} = \frac{0.7\,\text{V} \times 47\,\text{k}\Omega}{5\,\text{V} - 0.7\,\text{V}} = 7.7\,\text{k}\Omega \cdots (3)$$

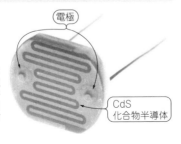

写真1　CdSセルは硫化カドミウムと硫黄の化合物を主成分とする素子で光量による抵抗値の変化が非常に大きい

電極
CdS
化合物半導体

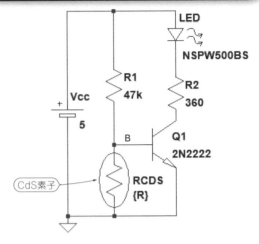

.step dec param R 1k 1MEG 50
.op

図1　CdSセルの抵抗値$RCDS$の値を1kΩから1MΩまで変化させたときのLED電流をシミュレーションする自動点灯回路

つまり，この回路は周囲が暗くなって，CdSの抵抗値が7.7 kΩ以上になったときにLEDが点灯します．

● CdS抵抗値が大きくなるとLEDが点灯する

点灯動作を確かめるため，R_{CdS}の値を1kΩから1MΩまで変化させ，LED電流をシミュレーションします．**図2**に示すのは，CdSセルを使用したLEDの自動点灯回路のシミュレーション結果です．R_{CdS}が小さいときはLEDには電流が流れず，およそ7kΩ以上になると電流が流れていることがわかります．つまり，明るいときはLEDは消灯しており，周囲が暗くなってCdSセルの抵抗値が大きくなると，LEDが点灯することになります．

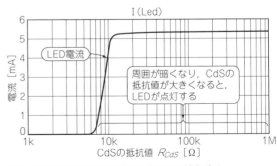

I(Led)

LED電流

周囲が暗くなり，CdSの抵抗値が大きくなると，LEDが点灯する

図2　CdSの抵抗値が大きくなるとLEDが点灯する
図1のシミュレーション結果

8-6 ホール素子を利用した磁気計測

〈小川　敦〉

ホール素子はホール効果を利用した磁気センサです．素子に電流を流し，固体表面に対して垂直に磁界を加えたときに，電流方向と磁界方向それぞれに垂直な方向に電圧が発生するという原理を応用しています．ホール素子は磁界を検出する素子として，磁気センサやモータの回転位置検出など，広範囲に使われています．

● 磁界の強さを電気信号に変換する磁気センサ

ホール素子の構造は図1のように薄い半導体素子の4辺に電極をつけたものです．①の上側電極がプラスで③の下側電極がマイナスになるように電圧を加えると，電流は上から下（①から③）に向かって流れます．この状態で矢印の方向の磁界Bが加わると，フレミング左手の法則により流れている電流は手前側に力を受けます．すると電流の方向が変わり，④番端子と②番端子の間に電位差が発生します．この現象は1879年に米国の物理学者ホール（Hall）によって発見され，ホール効果と呼ばれています．

この電位差を利用しているのがホール素子です．発生する電圧は流れている電流の大きさ及び磁界の強さに比例し，電圧の極性は磁界の向きで決まります．

● ホール素子は4本の抵抗の等価回路で表せる

ホール素子は図2のように，抵抗を4本使用した等価回路で表すことができます．基本的には4本の抵抗の抵抗値はすべて同じです．

しかし，製造上それぞれの抵抗値に多少の違いが発生します．R_1とR_2もしくはR_3とR_4の抵抗値が異なると，磁界が加わっていないときでも，出力電圧が発生しオフセット電圧となります．

表1　ホール素子の感度や入出力抵抗

項目	測定条件	最小	標準	最大	単位
ホール出力電圧	$B=50\,mT$，$V_C=6\,V$	55	(65)	75	mV
入力抵抗	$B=0\,mT$，$I_C=0.1\,mA$	650	(750)	850	Ω
出力抵抗	$B=0\,mT$，$I_C=0.1\,mA$	650	(750)	850	Ω
不平衡電圧	$B=50\,mT$，$V_C=6\,V$	− 11	0	11	mV

表1に示すのは，HG-0711というホール素子[1]の仕様書の一部です．仕様書にはホール素子の感度（磁束密度に対する出力電圧）や入力抵抗，出力抵抗が表記されています．元の仕様書には標準値の記載がなかったため，最大値と最小値の中心値をかっこの中に追記してあります．このホール素子は，6Vで駆動したとき，磁束密度50mT（ミリ・テスラ）のときに，65mVの出力が得られることがわかります．また，入力抵抗は，①番端子と③番端子間の抵抗値で，出力抵抗は②番端子と④番端子間の抵抗値を表しています．

図2の等価回路では，①番端子と③番端子間の抵抗値$R_{1\text{-}3}$は次式で表されます．

$$R_{1\text{-}3} = \cfrac{1}{\cfrac{1}{R_1+R_2}+\cfrac{1}{R_3+R_4}} \quad\cdots\cdots\cdots (1)$$

$R_1 \sim R_4$の抵抗がすべて等しく，その値をRとすると，次式のようにRは①番端子と③番端子の抵抗値と同じになります．このホール素子の場合は入力抵抗の標準値が750Ωなので，Rも750Ωになります．

$$R_{1\text{-}3} = \cfrac{1}{\cfrac{1}{R+R}+\cfrac{1}{R+R}} = R \quad\cdots\cdots\cdots (2)$$

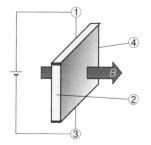

図1　ホール素子の構造は薄い半導体素子の4辺に電極をつけたもの

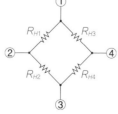

図2　ホール素子の等価回路
R_{H1}とR_{H2}またはR_{H3}とR_{H4}の抵抗値が異なるとオフセット電圧が発生する

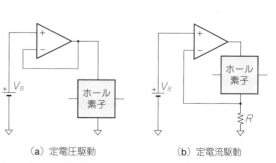

（a）定電圧駆動　　（b）定電流駆動

図3　ホール素子の駆動回路には定電圧駆動と定電流駆動がある

◆参考文献◆
(1) 旭化成エレクトロニクス　製品情報　ホール素子
https://www.akm.com/jp/ja/products/magnetic-sensor/hall-element/

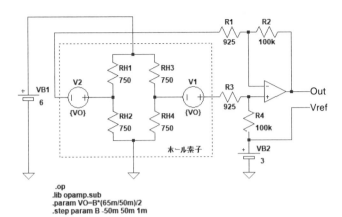

```
.op
.lib opamp.sub
.param VO=B*(65m/50m)/2
.step param B -50m 50m 1m
```

図4　ホール素子の出力を増幅する差動アンプ
磁束密度1 mTあたり100 mVの出力となるようゲインを設定した

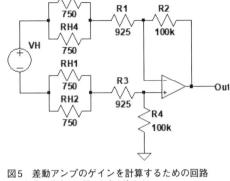

図5　差動アンプのゲインを計算するための回路
差動信号に着目して図4を書き換えた

● **駆動回路には定電圧駆動と定電流駆動がある**

　ホール素子を動作させるためには，ホール素子に電流を流す必要があります．その駆動方法には**図3**(a)のように定電圧を印加する方法と，**図3**(b)のように動作電流が一定電流となるように定電流駆動する方法があります．

　図3(a)ではホール素子には電圧源のV_Bと同じ電圧が加わります．**図3**(b)では，Rに加わる電圧がV_Bと等しくなり，ホール素子にはV_B/Rという一定の電流が流れます．

　定電圧駆動と定電流駆動では，磁界を電圧に変換する感度の温度係数が異なりますので，用途に応じてどちらかを選択します．

● **差動アンプのゲインを求める**

　ホール素子の出力電圧は小さいため，その出力を増幅する必要があります．出力は差動信号となっているため，一般的には差動アンプで増幅します．

　図4に示すのは，**表1**の特性をもつホール素子を使用し，磁束密度1 mTあたり100 mVの出力が得られるようアンプのゲインを設定した回路です．

　V_1，V_2は，ホール素子の出力電圧を表しており，それぞれの電圧はV_Oという変数を使用し「$V_O＝B×$(65 mT/50 mT)/2」という数式で**表1**の感度を表現しています．Bという変数が磁束密度を表しており，Bを-50 mTから$+50$ mTまで変化させるシミュレーションを行います．Bが負のときは，磁界の極性が変わった状態のシミュレーションになります．ここで，シミュレーションを実行する前に，**図4**のR_1，R_3の定数や差動アンプのゲインの算出を解説します．

　図5に示すのは，**図4**の回路を計算するため，差動信号に着目して書き換えたものです．

　ここで，$R_1＝R_3$，$R_2＝R_4$，$R_{H1}＝R_{H2}＝R_{H3}＝R_{H4}＝R$とすると，この回路のゲイン$G$は次式で表すことが

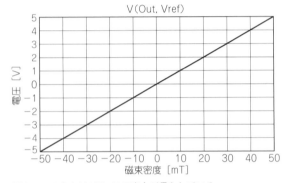

図6　1 mTあたり100 mVの出力が得られている
図4のシミュレーション結果

できます．

$$G = \frac{R_2}{\dfrac{R}{2} + R_1} \quad\cdots\cdots\cdots\cdots\cdots\cdots\cdots (3)$$

　磁束密度50 mTのときに出力電圧が60 mVであることから，1 mTあたり1.3 mVになります．これを1 mTあたり100 mVとするために必要なゲインは，次式のように76.9倍と計算できます．

$$G = \frac{100\ \mathrm{mV}}{1.3\ \mathrm{mV}} = 76.9\ 倍 \quad\cdots\cdots\cdots\cdots\cdots (4)$$

　ここで，帰還抵抗R_2を100 kΩとし，式(2)を変形してゲインが76.9倍となるR_1を求めると，次式のように925 Ωとなります．

$$R_1 = \frac{R_2}{G} - \frac{R}{2} = \frac{100\ \mathrm{k\Omega}}{76.9} - \frac{750\ \Omega}{2} = 925\ \Omega \cdots (5)$$

　$R_1＝R_3＝925$ Ω，$R_2＝R_4＝100$ kΩとすれば，アンプ回路の出力では1 mTあたり，100 mVの出力が得られることになります．

　図6に示すのは，**図4**のホール素子とアンプ回路のシミュレーション結果です．Out端子とV_{ref}端子の差電圧を表示しています．設計通り，1 mTあたり100 mVの出力が得られています．

フィルタ回路の解析

小川 敦, 平賀 公久 Atushi Ogawa, Kimihisa Hiraga

9-1 OPアンプ1個のバンドパス・フィルタ

〈小川 敦〉

バンドパス・フィルタ(BPF：Bandpass Filter)は，周波数の範囲を決めて，その周波数のみを通過させるフィルタ回路です．

OPアンプを使うと抵抗とコンデンサで簡単にフィルタ回路が作れます．OPアンプを使用した多重帰還型バンドパス・フィルタは比較的少ない部品点数で構成できます．回路の入力段などに用いて，ノイズや必要な周波数以外の信号を除去したいときに使用します．

● 多重帰還型バンドパス・フィルタの動作解析

図1に示すのは，多重帰還型バンドパス・フィルタの動作を解析するための回路図です．抵抗R_1に流れる電流をI_{R1}，コンデンサC_1に流れる電流をI_{C1}，C_2に流れる電流をI_{C2}とします．R_1の電流はC_1の電流とC_2の電流を加算したものなので次式になります．

$$I_{R1} = I_{C1} + I_{C2} \cdots\cdots\cdots\cdots\cdots\cdots\cdots\cdots (1)$$

また，I_{R1}は次式になります．

$$I_{R1} = (V_{in} - V_A)/R_1 \cdots\cdots\cdots\cdots\cdots\cdots\cdots (2)$$

I_{C1}は次式になります．

$$I_{C1} = \frac{V_A - V_{out}}{1/(sC_1)} = sC_1(V_A - V_{out}) \cdots\cdots\cdots (3)$$

I_{C2}は次式になります．

$$I_{C2} = \frac{V_A}{(sC_2)} = sC_2 V_A \cdots\cdots\cdots\cdots\cdots\cdots (4)$$

式(2)～式(4)を式(1)に代入すると次式が得られます．

$$(V_{in} - V_A)/R_1 = sC_1(V_A - V_{out}) + sC_2 V_A \cdots (5)$$

一方，OPアンプの帰還抵抗R_2に流れる電流は，C_2の電流と同じI_{C2}となるため，V_{out}は次式になります．

$$V_{out} = sC_2 V_A R_2 \cdots\cdots\cdots\cdots\cdots\cdots\cdots\cdots (6)$$

式(6)と式(5)からV_{out}は，次式のようになります．

$$V_{out} = \frac{-sC_2 R_2}{s^2 C_1 C_2 R_1 R_2 + s(C_1 R_1 + C_2 R_1) + 1} V_{in} \cdots (7)$$

さらに，式(7)の分母，分子を$C_1 C_2 R_1 R_2$で割ったものが次式です．

$$V_{out} = \frac{-s/(C_1 R_1)}{s^2 + 1/R_2(1/C_1 + 1/C_2)s + 1/(C_1 C_2 R_1 R_2)} V_{in} \cdots\cdots (8)$$

バンドパス・フィルタの一般的な伝達関数は次式で表されます．

$$H_{BPF}(s) = \frac{H(\omega_0/Q)s}{s^2 + (\omega_0/Q)s + \omega_0^2} \cdots\cdots\cdots\cdots\cdots (9)$$

ω_0がバンドパス・フィルタの中心周波数です．式(9)で$s = j\omega_0$と置くと，次式のようにゲインGは，Hになります．

$$G = \frac{H(\omega_0/Q)j\omega_0}{(j\omega_0)^2 + (\omega_0/Q)j\omega_0 + \omega_0^2}$$
$$= \frac{H(\omega_0/Q)j\omega_0}{-\omega_0^2 + (\omega_0/Q) + \omega_0^2} = H \cdots\cdots\cdots (10)$$

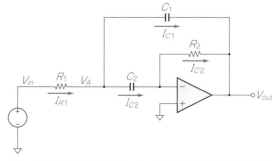

図1 多重帰還型バンドパス・フィルタの動作を解析するための回路
R_1に流れる電流をI_{R1}とし，C_1に流れる電流をI_{C1}，C_2に流れる電流をI_{C2}とする

センサ回路

フィルタ回路

OPアンプ応用

トランジスタ応用

パワー・アンプ

電源回路

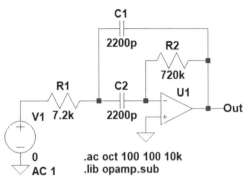

図2 多重帰還型バンドパス・フィルタの回路
$f_0 = 1\,\mathrm{kHz}$, $Q = 5$ となるよう定数設定している

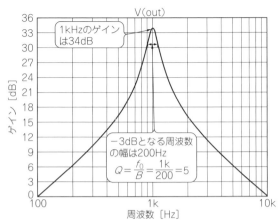

図3 多重帰還型バンドパス・フィルタの周波数特性
中心周波数，ゲインと Q の値は設計値と同じ値になっている

つまりバンドパス・フィルタの中心周波数でのゲインは H となることがわかります．式(8)と式(9)を比較し，ω_0 と Q および H を計算すると ω_0 は次式になります．

$$\omega_0 = \sqrt{1/(C_1 C_2 R_1 R_2)} \cdots\cdots\cdots\cdots\cdots (11)$$

Q は次式になります．

$$Q = \frac{\sqrt{1/(C_1 C_2 R_1 R_2)}}{1/R_2(1/C_1 + 1/C_2)} \cdots\cdots\cdots\cdots (12)$$

H は次式になります．

$$H = \frac{-1/(C_1 R_1)}{1/R_2(1/C_1 + 1/C_2)} \cdots\cdots\cdots\cdots (13)$$

ここで，$C_1 = C_2 = C$ とすると，式(12)は次式に簡略化できます．

$$Q = 1/2\sqrt{R_2/R_1} \cdots\cdots\cdots\cdots\cdots\cdots (14)$$

式(13)は次式のように簡略化できます．

$$H = -R_2/(2R_1) \cdots\cdots\cdots\cdots\cdots\cdots (15)$$

さらに，次式のように R を定義すると，

$$R = \sqrt{R_1 R_2} \cdots\cdots\cdots\cdots\cdots\cdots\cdots (16)$$

式(11)は，次式のように簡略化することができます．

$$\omega_0 = 1/(CR) \cdots\cdots\cdots\cdots\cdots\cdots\cdots (17)$$

式(16)を使用して，式(14)を変形すると，R_1 は次式のように表すことができます．

$$R_1 = R/(2Q) \cdots\cdots\cdots\cdots\cdots\cdots\cdots (18)$$

また，R_2 は次式のように表すことができます．

$$R_2 = 2QR \cdots\cdots\cdots\cdots\cdots\cdots\cdots\cdots (19)$$

式(18)と式(19)を式(15)に代入すると，H は次式になり，Q^2 に比例します．

$$H = \frac{-R_2}{2R_1} = \frac{-2QR}{2R/(2Q)} = -2Q^2 \cdots\cdots\cdots (20)$$

● バンドパス・フィルタの中心周波数とそれ以外の周波数のゲインのメリハリを表す Q を決める

ここでは中心周波数が1 kHzのバンドパス・フィルタを設計します．設計には中心周波数だけではなく，Q をいくつにするかを決める必要があります．バンドパス・フィルタの Q は，中心周波数とそれ以外の周波数のゲインのメリハリを表す係数です．Q が大きいほど中心周波数以外の成分が急峻に減衰します．中心周波数を f_0 とし，中心周波数のゲインに対してゲインが $-3\,\mathrm{dB}$ となる周波数の幅を B とすると Q は次式で表されます．

$$Q = f_0/B \cdots\cdots\cdots\cdots\cdots\cdots\cdots\cdots (21)$$

今回は，$f_0 = 1\,\mathrm{kHz}$，$Q = 5$ のフィルタを設計します．まず，$C_1 = C_2 = C = 2200\,\mathrm{pF}$ に決めます．そして，式(17)を使用して次式のように R を求めます．

$$R = 1/(2\pi f_0 C) = 72.3\,\mathrm{k\Omega} \cdots\cdots\cdots\cdots (22)$$

次に，式(22)の結果と式(18)，式(19)から R_1 を求めると次式から約7.2 kΩ になります．

$$R_1 = R/(2Q) \fallingdotseq 7.2\,\mathrm{k\Omega} \cdots\cdots\cdots\cdots (23)$$

同様に R_2 を求めると次式から約720 kΩ となります．

$$R_2 = 2QR = 2\times5\times72.3\,\mathrm{k\Omega} \fallingdotseq 720\,\mathrm{k\Omega} \cdots\cdots (24)$$

また，中心周波数でのゲインは次式のように34 dBになります．

$$G = |H| = 2Q^2 = 2\times5^2 = 50 = 34\,\mathrm{dB} \cdots\cdots\cdots (25)$$

● フィルタの中心周波数と3 dB減衰する周波数幅から Q の値が求められる

図2に示すのは，$f_0 = 1\,\mathrm{kHz}$，$Q = 5$ となるように定数を設定した多重帰還型バンドパス・フィルタの回路図です．図3がシミュレーション結果です．中心周波数の f_0 は1 kHzで，そのときのゲインは34 dBと設計通りになっています．中心周波数から3 dB減衰する周波数の幅は約200 Hzになっています．次式から Q の値も設計値と同じ5になっていることがわかります．

$$Q = f_0/B = = 5 \cdots\cdots\cdots\cdots\cdots\cdots\cdots (26)$$

センサ回路

フィルタ回路

OPアンプ応用

トランジスタ応用

パワー・アンプ

電源回路

9-2 ハイ／ロー／バンドパスとして働くフィルタ

〈小川 敦〉

　ステート・バリアブル・フィルタ(State Variable Filter)は状態変数フィルタとも呼ばれ，2つの積分器と加算器で構成されています．カットオフ周波数とQ(選択度)を独立して設定できるという特徴があります．出力を取り出す場所を変えることで，ハイパス・フィルタ，バンドパス・フィルタ，ローパス・フィルタの3種類のフィルタとして使用することができます．

● ステート・バリアブル・フィルタは，ハイパス，バンドパス，ローパスの3種のフィルタとして動作する

　図1に示すのは，ステート・バリアブル・フィルタ回路です．OPアンプU_2とR_4，C_1で積分回路を構成しています．同様にOPアンプU_3とR_5，C_2も積分回路を構成しています．

　それぞれの積分時定数が等しくなるように，$R_4 = R_5 = R$とし，$C_1 = C_2 = C$とします．$R_1 = R_2 = R_3$とすると，カットオフ周波数(バンドパス・フィルタの中心周波数)は次式で表されます．

$$f_C = \frac{1}{2\pi RC} \cdots\cdots\cdots\cdots\cdots\cdots\cdots (1)$$

　式(1)に値を代入すると次式のようにカットオフ周波数は159 Hzとなります．

$$f_C = \frac{1}{2\pi RC} = \frac{1}{2\pi \times 10\,\text{k}\Omega \times 0.1\,\mu\text{F}} = 159\,\text{Hz} \cdots\cdots (2)$$

　ハイパス・フィルタの通過帯域のゲインG_Hは，次式で表され，G_Hが1倍になります．

$$G_H = \frac{R_2}{R_1} = 1 \cdots\cdots\cdots\cdots\cdots\cdots\cdots (3)$$

　ローパス・フィルタの通過帯域のゲインG_Lは，式

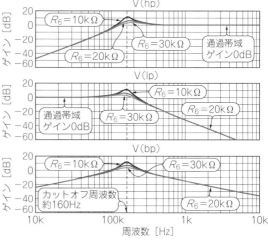

図2　図1のシミュレーションの結果から，R_6の値を変えることで各フィルタのQが変化していることがわかる

(4)で表され，G_Lが1倍となります．

$$G_L = \frac{R_3}{R_1} = 1 \cdots\cdots\cdots\cdots\cdots\cdots\cdots (4)$$

　Qは式(5)で表されます．また，バンドパス・フィルタの通過帯域のゲインG_Bは式(6)で表されます．QとG_Bは同じ式で表されます．

$$Q = \frac{R_6 + R_7}{3R_6} \cdots\cdots\cdots\cdots\cdots\cdots\cdots (5)$$

$$G_B = \frac{R_6 + R_7}{3R_6} \cdots\cdots\cdots\cdots\cdots\cdots\cdots (6)$$

　図1でR_6の値が10 kΩのときの値を計算すると，バンドパス・フィルタのQとゲインG_Bは次式のように3.67になります．

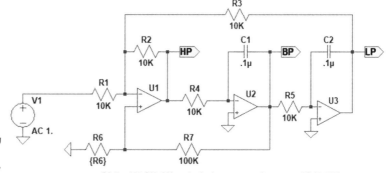

図1　OPアンプを使用したステート・バリアブル・フィルタ
ハイパス・フィルタ，バンドパス・フィルタ，ローパス・フィルタとして動作する

.step param R6 list 10k 20k 30k　.include opamp.sub　.ac oct 25 10 10K

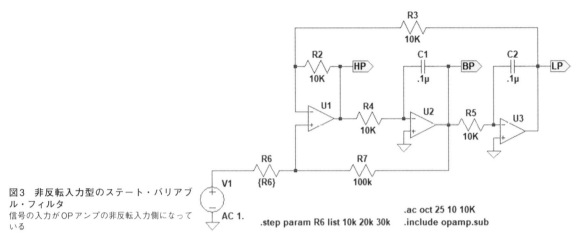

図3　非反転入力型のステート・バリアブル・フィルタ
信号の入力がOPアンプの非反転入力側になっている

.ac oct 25 10 10K
.step param R6 list 10k 20k 30k
.include opamp.sub

$$Q = G_B = \frac{R_6 + R_7}{3R_6} = \frac{10\,\mathrm{k}\Omega + 100\,\mathrm{k}\Omega}{3 \times 10\,\mathrm{k}\Omega} = 3.67 \cdots (7)$$

● 1本の抵抗値で各フィルタのQを可変できる

　図2に示すのは，図1のステート・バリアブル・フィルタのシミュレーション結果です．R_6の値を.stepコマンドで10 kΩ，20 kΩ，30 kΩと変えてシミュレーションしています．R_6の値を変えることで，各フィルタのQが変化していますが，カットオフ周波数は一定です．また，ハイパス・フィルタHPおよびローパス・フィルタLPの通過帯域内のゲインは1で，Qを変えても変化しないことがわかります．

　バンドパス・フィルタBPのゲインはR_6が10 kΩのとき，11.3 dB（3.7倍）となっており，式(7)の結果と一致しています．また各フィルタのカットオフ周波数は約160 Hzとなっており，これも式(2)と一致しています．

● 非反転入力タイプはQを変えるとハイパスとローパス・フィルタのゲインが少し変化する

　図3に示すのは，信号の入力をOPアンプの非反転入力側に変えたステート・バリアブル・フィルタです．この回路でも$R_4 = R_5 = R$，$C_1 = C_2 = C$として，$R_2 = R_3$とすると，カットオフ周波数は図1と同様に式(1)で表されます．そして，Qは次式に変わります．

$$Q = \frac{R_6 + R_7}{2R_6} \cdots\cdots\cdots\cdots\cdots\cdots (8)$$

　また，ハイパス・フィルタの通過帯域のゲインG_Hと，ローパス・フィルタの通過帯域のゲインG_Lは次式になります．

$$G_H = G_L = \frac{2R_7}{R_6 + R_7} \cdots\cdots\cdots\cdots (9)$$

　G_HとG_LがR_6とR_7で決まるため，Qを変えるためにR_6，R_7の値を変えると，G_HとG_Lも変わることになります．バンドパス・フィルタの通過帯域のゲインG_Bは次式で表されます．

$$G_B = \frac{R_7}{R_6} \cdots\cdots\cdots\cdots\cdots\cdots\cdots (10)$$

　図4に示すのは，非反転入力タイプのステート・バリアブル・フィルタのシミュレーション結果です．図1と同様にR_6の値を.stepコマンドで10 kΩ，20 kΩ，30 kΩと変えてシミュレーションしています．

　カットオフ周波数は，図1の回路のシミュレーション結果と同じで約160 Hzになっています．R_6を変えることでQが変化し，ハイパス・フィルタHPおよびローパス・フィルタLPの通過帯域内のゲインも若干変化しています．そのため，ハイパス・フィルタもしくはローパス・フィルタとして使用する場合は，通過帯域のゲインが変わらない反転入力型のステート・バリアブル・フィルタのほうが適しています．バンドパス・フィルタとして使用する場合は，図3の非反転入力タイプのステート・バリアブル・フィルタのほうが，抵抗が1本少なくて済むというメリットがあります．

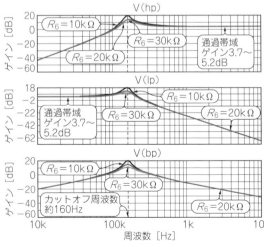

図4　Qを変えることでハイパス・フィルタとローパス・フィルタのゲインも少し変化する
図3のシミュレーションの結果

9-3 誰でも安心のフィルタ バターワース×サレン・キー

〈小川 敦〉

センサ回路

フィルタ回路

OPアンプ応用

トランジスタ応用

パワー・アンプ

電源回路

● 入力電圧と出力電圧の比を周波数の関数で表す

　紹介するのは，減衰特性はそれほど急峻ではないけれど，通過帯域のゲインがフラットなバターワース・フィルタです．n次バターワース型LPFの伝達関数の絶対値は次式で表されます．

$$|H(s)| = \frac{1}{\sqrt{1+(\omega/\omega_C)^{2n}}} \quad \cdots\cdots\cdots (1)$$

　ただし，ω_C：カットオフ周波数，n：次数
減衰量A [dB] は次式で表されます．

$$A = 20\log\left\{\frac{1}{\sqrt{1+(\omega/\omega_C)^{2n}}}\right\}$$
$$= 10\log\{1+(\omega/\omega_C)^{2n}\} \cdots\cdots\cdots\cdots (2)$$

　カットオフより十分高い周波数では，$(\omega/\omega_C)^{2n} \gg 1$と見なせるので，式(2)は次のように簡略化できます．

$$A = 10\log\left\{1+\left(\frac{\omega}{\omega_C}\right)^{2n}\right\} \fallingdotseq 20n\log\left(\frac{\omega}{\omega_C}\right) \cdots (3)$$

　式(3)から，減衰特性の傾きは$20n$ dB/decに収束します．つまり周波数10倍で，$20n$ dB減衰します．

● 減衰量から次数を逆算する

　式(3)を変形すると，次のように減衰量(A)から次数(n)を求めることができます．

$$n = \frac{A}{20\log(\omega/\omega_C)} \quad\cdots\cdots\cdots\cdots\cdots\cdots\cdots (4)$$

● 希望の周波数特性から次数を求める

　図1の周波数特性のバターワース型LPF(図1)は，

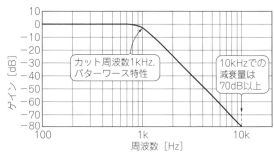

図1　出題…このような周波数特性をもつフィルタを設計せよ

何次構成がよいでしょうか？式(4)に上記の条件を代入すると，次式から$n = 3.5$，切り上げて4次と求まります．

$$n = \frac{A}{20\log\left(\dfrac{\omega}{\omega_C}\right)} = \frac{70}{20\log\left(\dfrac{2\pi 10k}{2\pi 1k}\right)} \fallingdotseq 3.5 \cdots\cdots (5)$$

● 伝達関数を特性グラフにして確認する

　LTspiceの電圧制御電圧源モデルには伝達関数を記述できます(図3)．これを利用して，式(1)のバターワース型LPFの伝達関数(図2)をグラフ化します．

　図3に示すように，カットオフ周波数の変数f_Cに，1 kHzと入力します．図4に計算結果を示します．通過帯域のゲインは0 dBでフラットです．ゲインが3 dB減衰するカットオフ周波数は期待どおり1 kHzです．10 kHzでの減衰量は，60 dB(3次)，80 dB(4次)，100 dB(5次)，120 dB(6次)です．10 kHzで70 dB以上の減衰量がほしいなら4次を選びます．

$$H_3(s) = \frac{1}{\left(\dfrac{s}{\omega_C}+1\right)\left\{\left(\dfrac{s}{\omega_C}\right)^2+\dfrac{s}{\omega_C}+1\right\}} \cdots\cdots\cdots\cdots\cdots\cdots (6)$$

(a) 3次

$$H_4(s) = \frac{1}{\left\{\left(\dfrac{s}{\omega_C}\right)^2+\dfrac{0.7654s}{\omega_C}+1\right\}\left\{\left(\dfrac{s}{\omega_C}\right)^2+\dfrac{1.8478s}{\omega_C}+1\right\}} \cdots\cdots\cdots (7)$$

(b) 4次

$$H_5(s) = \frac{1}{\left(\dfrac{s}{\omega_C}+1\right)\left\{\left(\dfrac{s}{\omega_C}\right)^2+\dfrac{0.618s}{\omega_C}+1\right\}\left\{\left(\dfrac{s}{\omega_C}\right)^2+\dfrac{0.618s}{\omega_C}+1\right\}} \cdots\cdots\cdots (8)$$

(c) 5次

$$H_6(s) = \frac{1}{\left\{\left(\dfrac{s}{\omega_C}\right)^2+\dfrac{0.5176s}{\omega_C}+1\right\}\left\{\left(\dfrac{s}{\omega_C}\right)^2+\dfrac{1.4142s}{\omega_C}+1\right\}\left\{\left(\dfrac{s}{\omega_C}\right)^2+\dfrac{1.9319s}{\omega_C}+1\right\}} \cdots (9)$$

(d) 6次

図2　通過域がフラットになるバターワース型LPFの伝達関数

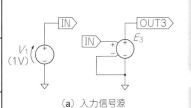

(a) 入力信号源

$$H(s) = \frac{1}{\left(\dfrac{s}{\omega_C}+1\right)\left\{\left(\dfrac{s}{\omega_C}\right)^2+\dfrac{s}{\omega_C}+1\right\}}$$

(b) E_3に3次LPFの伝達関数をセット

図3　図2の伝達関数を電子回路シミュレーションに入力して，周波数特性をグラフで確認する

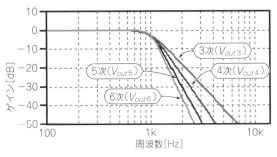

図4 図3の計算結果

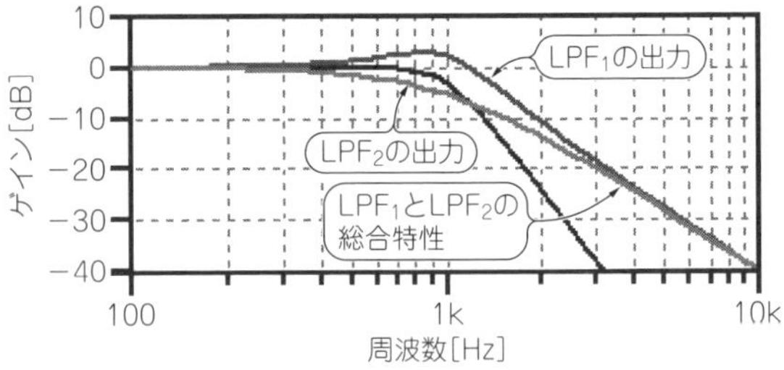

図7 図6のフィルタの周波数特性…図4とほぼ同じ特性を実現

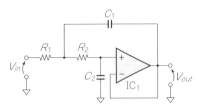

図5 2次のOPアンプLPFを2段シリーズに
つないで4次バターワースLPFを作る

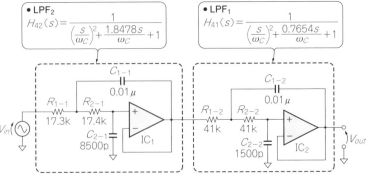

図6 4次バターワース型LPF

● 低次数のOPアンプ回路を複数つないでいく

入力信号と出力信号の関係が，式(7)の関数になる
回路を作ります．これが，4次のバターワース型LPF
です．多次数のLPFを作るときは，一般に，1次や2
次の低次数のLPFを複数用意して，直列に接続します．
次数の大きい回路は計算が煩雑だからです．

式(7)の伝達関数は，次の2つに分解できます．

$$H_{41}(s) = \frac{1}{(s/\omega_C)^2 + 0.7654s\ /\omega_C + 1} \cdots\cdots (10)$$

$$H_{42}(s) = \frac{1}{(s/\omega_C)^2 + 1.8478s\ /\omega_C + 1} \cdots\cdots (11)$$

式(10)と式(11)の違いは1次項の係数だけです．こ
の逆数は，Q（クオリティ・ファクタ）で，次の値です．

$$Q_1 = 1/0.7653, \quad Q_2 = 1/1.8478$$

● 回路方式は実績の多い「サレン・キー構成」

2次の伝達特性を実現する回路方式にはいろいろあ
ります．今回は，2次のアナログ・フィルタで実績の
多いサレン・キー構成を採用します（図5）．

回路の定数と伝達関数の関係は次のとおりです．

$$H_{SK}(s) = \frac{1}{C_1 C_2 R_1 R_2 s^2 + C_2(R_1+R_2)s + 1} \cdots (12)$$

式(12)と，式(10)，式(11)が同じ特性になるように
するためには，次の2式を満たすように値を決めます．

$$\omega_C = \sqrt{1/(C_1 C_2 R_1 R_2)} \cdots\cdots\cdots\cdots (13)$$
$$1/Q\omega_C = C_2(R_1+R_2) \cdots\cdots\cdots\cdots (14)$$

▶1段目を作る

計算を少しでも簡単にするために，$R_1 = R_2 = R$と
すると，式(13)と式(14)は次のようになります．

$$\omega_C = 1/(R_1\sqrt{C_1 C_2}) \cdots\cdots\cdots\cdots (15)$$
$$1/Q = 2\sqrt{C_2/C_1} \cdots\cdots\cdots\cdots (16)$$

例えばC_1を10 nFと決めて，前述の$Q_1 = 1/0.7653$
を式(17)に入れると，$C_2 = 1.5$ nFと求まります．

$$C_2 = C_1\left(\frac{1}{2Q_1}\right)^2 = 10\text{ nF}\times\left(\frac{0.7654}{2}\right)^2 = 1.5\text{ nF} \cdots (17)$$

抵抗Rは次式から41 kΩと求まります．

$$R = 1/\omega\sqrt{C_1 C_2} = 2\pi\times 1\text{ k}\Omega\times\sqrt{10\text{ nF}\times 1.5\text{ nF}}$$
$$= 41\text{ k}\Omega \cdots\cdots\cdots\cdots\cdots (18)$$

▶2段目を作る

$Q_2 = 1/1.8478$から，$C_2 = 8.5$ nF，$R = 17.3$ kΩです．

$$C_2 = C_1\{1/(2Q_2)\}^2 = 10\times 10^{-8}\times (1.8478/2)^2$$
$$\fallingdotseq 8.5\text{ nF} \cdots\cdots\cdots\cdots\cdots (19)$$

$$R = \frac{1}{\omega\sqrt{C_1 C_2}} = \frac{1}{2\pi\times 1\text{ k}\Omega\sqrt{10\text{ nF}\times 8.5\text{ nF}}}$$
$$\fallingdotseq 17.3\text{ k}\Omega \cdots\cdots\cdots\cdots\cdots (20)$$

● 完成したフィルタの周波数特性

図6に示すのは，完成したバターワース特性の4次
LPFです．式(10)と式(11)の2つのLPFは，前段と後
段のどちらに置いてもかまいませんが，Qと振幅が大
きいLPF₁を後段にしました．図7に示すのは，式(11)
のLPF₁，式(11)のLPF₂，そして両者を合わせた特性
です．図4と特性が同じです．Qの高いLPF₁は1 kHz
前後でゲインが上昇しています．

第9章 フィルタ回路の解析

センサ回路

フィルタ回路

OPアンプ応用

トランジスタ応用

パワー・アンプ

電源回路

9-4 急減衰するチェビシェフ・フィルタ

〈小川 敦〉

チェビシェフ特性は，通過帯域内でゲインが変動しますが，バターワース特性よりも低い次数で，カットオフ周波数近傍の減衰特性を急峻にできます．設計するときは，通過域内のリプルをどの程度許容するかを決めます．ロシアの数学者チェビシェフが見つけた多項式を応用したフィルタです．

こんなフィルタ

● リプルと減衰の急峻さはトレードオフ

n次チェビシェフ特性LPFの伝達関数の絶対値は次式で表されます．

$$|H(s)| = \frac{1}{\sqrt{1 + \varepsilon^2 T_n\left(\omega/\omega_C\right)}} \cdots\cdots\cdots (1)$$

ただし，ω_C：カットオフ周波数，ε：リプル係数，$T_n()$：n次のチェビシェフ多項式

（a）入力信号源と解析条件

```
.param fc=1k
.ac oct 50 10 100k
.param wc=fc*2*pi
```

V_1
(1V)

IN ── C_OUT3
E_3

$$H(s) = \frac{1}{\left(\frac{s}{0.299\omega_C}+1\right)\left\{\left(\frac{s}{0.916\omega_C}\right)^2 + \frac{0.326s}{0.916\omega_C}+1\right\}}$$

（b）チェビシェフ型（リプル量3dB）

IN ── B_OUT3
E_1

$$H(s) = \frac{1}{\left(\frac{s}{\omega_C}+1\right)\left\{\left(\frac{s}{\omega_C}\right)^2 + \frac{s}{\omega_C}+1\right\}}$$

（c）バターワース型

図1 チェビシェフ特性LPFとバターワース特性LPFの周波数特性を調べる
電圧制御電圧源に，リプル量を3dBの3次チェビシェフ特性LPFの伝達関数式(6)とバターワースLPFの伝達関数式(7)を入力

リプルr[dB]はリプル係数（ε）で決まり，次式で表されます．

$$r = \left| 20\log\left(\frac{1}{\sqrt{1+\varepsilon^2}}\right) \right| \cdots\cdots\cdots (2)$$

逆にリプル係数は，リプルの大きさ[dB]から次式で求まります．

$$\varepsilon = \sqrt{10^{\frac{r}{10}}-1} \cdots\cdots\cdots (3)$$

リプルを大きくすれば，減衰特性の傾きが急峻になり，必要な減衰量を得るための次数が少なくてすみます．

● バターワースとの違い

バターワース特性と違い，チェビシェフ特性のカットオフ周波数での減衰量は3dBとは限りません．奇数次のチェビシェフ特性LPFのカットオフ周波数での減衰量は，リプルと同じです．偶数次の場合は，直流ゲインと同じ（0dB）です．

● 必要な減衰特性から次数を求める

周波数ω_Sのとき，A[dB]の減衰量が得られるフィルタの次数は次式で計算できます．

$$n = \frac{\text{arcosh}\left(\sqrt{\dfrac{10^{\frac{A}{10}}-1}{10^{\frac{r}{10}}-1}}\right)}{\text{arcosh}\left(\dfrac{\omega_S}{\omega_C}\right)} \cdots\cdots\cdots (4)$$

$r = 3$ dB，$\omega_C = 1$ kHz，$\omega_S = 10$ kHz，$A = 70$ dBにすると，次式から$n = 2.92$ですから，答えは3次です．

$$n = \frac{\text{arcosh}\left(\sqrt{\dfrac{10^{\frac{A}{10}}-1}{10^{\frac{r}{10}}-1}}\right)}{\text{arcosh}\left(\dfrac{\omega_S}{\omega_C}\right)} = \frac{\text{arcosh}\left(\sqrt{\dfrac{10^{\frac{70}{10}}-1}{10^{\frac{3}{10}}-1}}\right)}{\text{arcosh}\left(\dfrac{10\,\text{kHz}}{1\,\text{kHz}}\right)}$$

$$\fallingdotseq 2.92 \cdots\cdots\cdots (5)$$

同じ条件でバターワース特性LPFで計算すると4次になります．

パソコンで実験

● [実験①]減衰特性対決！チェビシェフvs.バターワース

バターワース特性は次数を決めると，伝達関数の係数が一意に決まりましたが，チェビシェフ特性はリプル量

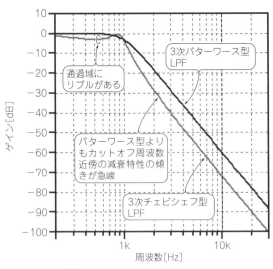

図2　図1の計算結果
10 kHzでの減衰量はチェビシェフ特性LPFのほうが大きい

を指定しないと係数が決まりません．フィルタ関係の書籍にはリプル量ごとの係数が記載されていたりします．

　次式は，リプル量3 dBの3次チェビシェフ特性LPFの伝達関数です．

$$H_{C33}(s) = \cfrac{1}{\left(\cfrac{s}{0.299\,\omega_C}+1\right)\left\{\left(\cfrac{s}{0.916\,\omega_C}\right)^2+\cfrac{0.326\,s}{0.916\,\omega_C}+1\right\}}$$
　‥‥‥‥‥‥‥‥‥‥‥‥‥‥‥‥‥‥(6)

　次式は，3次バターワース特性LPFの伝達関数です．

$$H_3(s) = \cfrac{1}{\left(\cfrac{s}{\omega_C}+1\right)\left\{\left(\cfrac{s}{\omega_C}\right)^2+\cfrac{s}{\omega_C}+1\right\}}$$
　‥‥‥‥‥(7)

　図1に示すように，電子回路シミュレータLTspiceの信号源モデルに，式(6)，式(7)の伝達関数を入力して，その周波数特性をグラフで確認します．カットオ

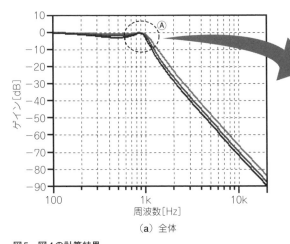

図5　図4の計算結果
チェビシェフ特性はカットオフ周波数(1 kHz)での減衰量がリプルの大きさと等しい

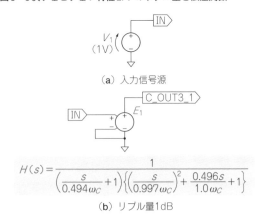

$$H_{C31}(s) = \cfrac{1}{\left(\cfrac{s}{0.494\,\omega_C}+1\right)\left\{\left(\cfrac{s}{0.997\,\omega_C}\right)^2+\cfrac{0.496\,s}{1.0\,\omega_C}+1\right\}}$$
（a）リプルを1 dB許容したとき

$$H_{C32}(s) = \cfrac{1}{\left(\cfrac{s}{0.369\,\omega_C}+1\right)\left\{\left(\cfrac{s}{0.941\,\omega_C}\right)^2+\cfrac{0.392\,s}{0.941\,\omega_C}+1\right\}}$$
（b）リプルを2 dB許容したとき

$$H_{C33}(s) = \cfrac{1}{\left(\cfrac{s}{0.299\,\omega_C}+1\right)\left\{\left(\cfrac{s}{0.916\,\omega_C}\right)^2+\cfrac{0.326\,s}{0.916\,\omega_C}+1\right\}}$$
（c）リプルを3 dB許容したとき

図3　3次チェビシェフ特性LPFのリプル量と伝達関数

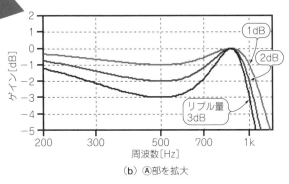

（a）入力信号源

$$H(s) = \cfrac{1}{\left(\cfrac{s}{0.494\,\omega_C}+1\right)\left\{\left(\cfrac{s}{0.997\,\omega_C}\right)^2+\cfrac{0.496\,s}{1.0\,\omega_C}+1\right\}}$$
（b）リプル量1dB

図4　図3の伝達関数(リプル量1～3 dB)の周波数特性をグラフ化する

フ周波数の変数(f_C)は1 kHzに設定します．図2に計算結果を示します．チェビシェフ特性は，通過帯域内でゲインの変動(リプル)が生じますが，10 kHzでの減衰量はバターワース特性よりも大きいです．

● [実験②] リプル量と減衰特性
　リプル量を変えたときの周波数特性の変化を調べてみましょう．図3に示すのは，リプル量を1 dB，2 dB，3 dBとしたときの3次チェビシェフ特性LPFの伝達関数です．

　図4に示すように，図3の伝達関数の周波数特性を

$$H_{C33}(s) = \cfrac{1}{\left(\cfrac{s}{0.299\,\omega_C}+1\right)\left\{\left(\cfrac{s}{0.916\,\omega_C}\right)^2+\cfrac{0.326s}{0.916\,\omega_C}+1\right\}}$$

(a) 3次

$$H_{C43}(s) = \cfrac{1}{\left\{\left(\cfrac{s}{0.443\,\omega_C}\right)^2+\cfrac{0.929s}{0.443\,\omega_C}+1\right\}\left\{\left(\cfrac{s}{0.95\,\omega_C}\right)^2+\cfrac{0.179s}{0.95\,\omega_C}+1\right\}}$$

(b) 4次

$$H_{C53}(s) = \cfrac{1}{\left(\cfrac{s}{0.178\,\omega_C}+1\right)\left\{\left(\cfrac{s}{0.614\,\omega_C}\right)^2+\cfrac{0.468s}{0.614\,\omega_C}+1\right\}\left\{\left(\cfrac{s}{0.967\,\omega_C}\right)^2+\cfrac{0.113s}{0.967\,\omega_C}+1\right\}}$$

(c) 5次

$$H_{C63}(s) = \cfrac{1}{\left\{\left(\cfrac{s}{0.298\,\omega_C}\right)^2+\cfrac{0.957s}{0.298\,\omega_C}+1\right\}\left\{\left(\cfrac{s}{0.722\,\omega_C}\right)^2+\cfrac{0.289s}{0.722\,\omega_C}+1\right\}\left\{\left(\cfrac{s}{0.977\,\omega_C}\right)^2+\cfrac{0.078s}{0.977\,\omega_C}+1\right\}}$$

(d) 6次

図6　リプル量3dBのチェビシェフ特性LPFの次数と伝達関数

LTspiceで確認してみます．電圧制御電圧源モデルにリプル量(1 dB，2 dB，3 dB)を設定します．カットオフ周波数(f_C)は1 kHzです．

図5に計算結果を示します．**図5(b)**からわかるように，カットオフ周波数(1 kHz)での減衰量はリプルの大きさと同じです．また，カットオフ周波数近傍の減衰量の傾きは，リプルが大きいほうが急峻です．

● ［実験③］次数とリプル量

リプル量は，次数が偶数か奇数かによって変わります．リプル量を3 dB，カットオフ周波数を1 kHzに決めて，今度は次数を変えながら周波数特性を調べます．

図6に，リプル量3 dBの3次～6次のチェビシェフ特性LPFの伝達関数を示します．**図7**に示すように，電子回路シミュレータLTspiceの電圧制御電圧源モデルに，**図6**の伝達関数を入力して周波数特性を計算させます．カットオフ周波数(f_C)は1 kHzです．

図8に，3次，4次，5次，6次のチェビシェフ特性LPFの周波数特性を示します．次数が偶数のときは通過帯域内でゲインが増す方向で，次数が奇数のときはゲインが減少する方向でリプルが発生します．

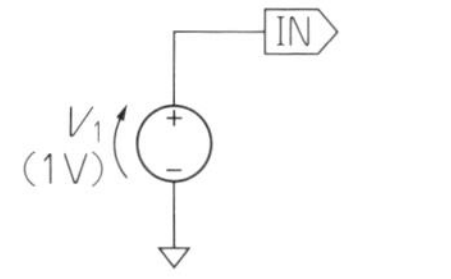

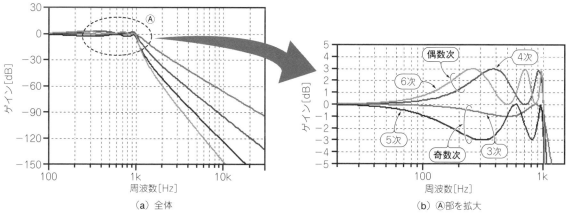

(a) 入力信号源(図(b)に加える)

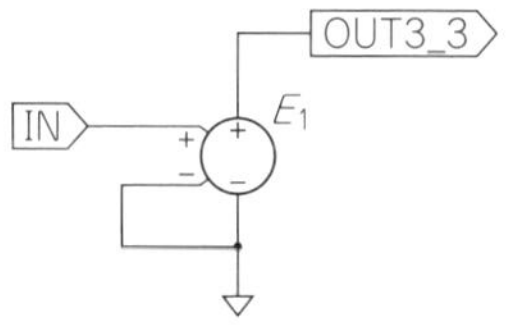

$$H(s) = \cfrac{1}{\left(\cfrac{s}{0.299\omega_C}+1\right)\left\{\left(\cfrac{s}{0.916\omega_C}\right)^2+\cfrac{0.326s}{0.916\omega_C}+1\right\}}$$

(b) 3次の場合

図7　図6の伝達関数(次数3～6)の周波数特性をグラフ化する

実際のチェビシェフLPF回路の作り方

実際の回路は，バターワース特性と同じく，**図3**や**図6**に示した伝達関数をOPアンプで実現します．4次のチェビシェフLPFを設計してみましょう．

図8　図7の計算結果(LTspiceによるシミュレーション)
次数が偶数のときは通過域でゲインが増し，奇数のときは減る

(a) 全体

(b) Ⓐ部を拡大

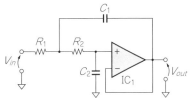

図9 4次のチェビシェフLPFは，定番の2次OPアンプ・フィルタ「サレン・キー」を2個組み合わせて作れる

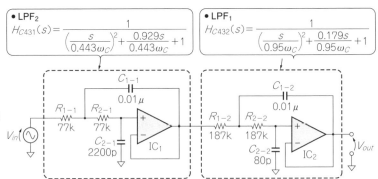

● LPF$_2$

$$H_{C431}(s) = \cfrac{1}{\left(\cfrac{s}{0.443\omega_C}\right)^2 + \cfrac{0.929s}{0.443\omega_C} + 1}$$

● LPF$_1$

$$H_{C432}(s) = \cfrac{1}{\left(\cfrac{s}{0.95\omega_C}\right)^2 + \cfrac{0.179s}{0.95\omega_C} + 1}$$

図10 4次チェビシェフLPF
回路構成はバターワースと同じ．定数だけが違う

● バターワース同様，低次のOPアンプ・フィルタを組み合わせる

図6に示した4次の伝達関数を2つに分解します．

$$H_{C431}(s) = \cfrac{1}{\left\{\left(\cfrac{s}{0.443\,\omega_C}\right)^2 + \cfrac{0.929s}{0.443\,\omega_C} + 1\right\}} \quad \cdots (8)$$

$$H_{C432}(s) = \cfrac{1}{\left\{\left(\cfrac{s}{0.95\,\omega_C}\right)^2 + \cfrac{0.179s}{0.95\,\omega_C} + 1\right\}} \quad \cdots (9)$$

式(8)と式(9)のω_Cの係数をkとし，1次の項の係数の逆数をQとおいて一般式に変えます．

$$H_C(s) = \cfrac{1}{\left\{\left(\cfrac{s}{k\omega_C}\right)^2 + \cfrac{s}{Qk\omega_C} + 1\right\}} \quad \cdots (10)$$

ただし，$Q_1 = 1/0.929$，$Q_2 = 1/0.179$，$k_1 = 0.443$，$k_2 = 0.95$

● サレン・キー回路を採用

回路は，バターワース特性のときにも使ったサレン・キー構成を採用します（図9）．伝達関数は次のとおりです．

$$H_{SK}(s) = \cfrac{1}{C_1 C_2 R_1 R_2 s^2 + C_2(R_1 + R_2)s + 1} \quad \cdots (11)$$

式(10)の特性と式(11)の特性が同じになるように，式(10)の伝達特性を回路で表現します．

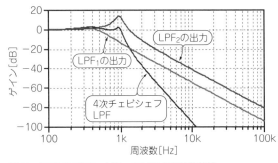

図11 図10の4次チェビシェフLPFの周波数特性

分母のs_2の項に着目し，式(12)を成立させます．

$$C_1 C_2 R_1 R_2 = \left(\cfrac{1}{k\omega_C}\right)^2 \quad \cdots (12)$$

式(12)から$k\omega_C$を求めると，式(13)になります．

$$k\omega_C = \sqrt{1/(C_1 C_2 R_1 R_2)} \quad \cdots (13)$$

sの項に着目して，式(14)を成立させます．

$$1/(Qk\omega_C) = C_2(R_1 + R_2) \quad \cdots (14)$$

計算を簡単にするために，$R_1 = R_2 = R$とすると，式(13)と式(14)は次のように変形できます．

$$k\omega C = 1/R\sqrt{C_1 C_2} \quad \cdots (15)$$

$$1/Q = 2\sqrt{C_2 C_1} \quad \cdots (16)$$

C_1を10 nFとし手しやすい定数で決め打ちして10 nFとします．$Q_1 = 1/0.929$を式(16)に代入してC_2を求めると，次式から2.2 nFと求まります．

$$C_2 = C_1 \left(\cfrac{1}{2Q_1}\right)^2 = 10\,\text{nF} \times \left(\cfrac{0.929}{2}\right)^2 \fallingdotseq 2.2\,\text{nF} \quad \cdots (17)$$

抵抗Rは次式から77 kΩと求まります．

$$R = \cfrac{1}{k\omega_C \sqrt{C_1 C_2}} = \cfrac{1}{2\pi \times 0.443 \times 1\,\text{kΩ} \times \sqrt{10\,\text{nF} \times 2.2\,\text{nF}}}$$
$$\fallingdotseq 77\,\text{kΩ} \quad \cdots (18)$$

同様に，$Q_2 = 1/0.179 Q2$から，C_2とRを求めると，次式から$C_2 = 80$ pF，$R = 187$ kΩと求まります．

$$C_2 = C_1 \left(\cfrac{1}{2Q_2}\right)^2 = 10n \left(\cfrac{0.179}{2}\right)^2 \fallingdotseq 80\,\text{pF} \quad \cdots (19)$$

$$R = \cfrac{1}{k\omega_C \sqrt{C_1 C_2}} = \cfrac{1}{2\pi \times 0.95 \times 1\,\text{kΩ} \times \sqrt{10\,\text{nF} \times 80\,\text{pF}}}$$
$$\fallingdotseq 187\,\text{kΩ} \quad \cdots (20)$$

● 完成した4次チェビシェフ特性LPF

図10に示すのは，式(17)～式(20)で計算した定数を入れたチェビシェフ特性LPFです．回路構成はバターワース特性LPFと同じで，抵抗とコンデンサの定数が違うだけです．LPF$_1$の伝達関数は式(8)，LPF$_2$の伝達関数は式(9)です．

図11に周波数特性を示します．LPF$_2$はQが高いため，1 kHz前後でゲインがかなり上昇しています．

センサ回路

フィルタ回路

OPアンプ応用

トランジスタ応用

パワー・アンプ

電源回路

9-5 ほしいフィルタを作れる正規化フィルタ

〈平賀 公久〉

● **HPFやLPFを作ったり，カットオフ周波数を変更したりできる正規化フィルタ**

図1(a)に示すのは，サレン・キー構成のバターワース特性2次LPFです．遮断周波数(ω_C)が1 rad/sに正規化されています．

▶ **正規化LPFから正規化HPFを作る**

図1(b)に示すのは，図1(a)の正規化フィルタから作り出したHPFです．これを周波数変換と呼びます．

抵抗をコンデンサに置き換えて値を1/Rに，コンデンサは抵抗に置き換えて値を1/Cにするだけです．

具体的には，図1(a)のR_1とR_2を，C_1とC_2［図1(b)］に置き換えて値を1/1 = 1Fにします．図1(a)のC_1をR_1［図1(b)］に置き換えて，1/1.414 = 0.707 Ωにします．同様にC_2をR_2に置き換えて，1/0.707 = 1.414 Ωにします．

▶ **カットオフ周波数を決める**

図2(a)は図1(b)の正規化HPFの遮断周波数(f_C)が1 kHzになるように，定数を見直したHPFです．

最初に1Fのコンデンサをすべて0.01 μFに変更します．抵抗値は，その倍率分の1に変更しました．この処理をスケーリングと呼びます．

図1(b)のR_1 = 0.707 ΩとR_2 = 1.414 Ωの比を保てば，

バターワース特性を維持したまま，カットオフ周波数を変更できます．図2(b)は，R_{1b}とR_{2b}の定数を間違って決めてしまったよくない例です．

● **正規化LPFのC_1とC_2の導き方**

図1(a)のC_1とC_2の定数を求める式を導出します．

サレン・キー2次LPFの伝達関数と一般式から，回路のゲイン(G)や遮断周波数(ω_C)，Q(Quality Factor)と，4つの受動素子の関係がわかります．

サレン・キーLPFの伝達関数は次のとおりです．

$$\frac{V_{out}(s)}{V_{in}(s)} = \frac{G(1/R_1R_2C_1C_2)}{s^2+(1/R_1C_1+1/R_2C_1+(1-G)/R_2C_2)s+1/R_1R_2C_1C_2} \quad \cdots (1)$$

ボルテージ・フォロワなので，G = 1倍です．抵抗R_1とR_2を単位値(1 Ω)にすると次式が得られます．

$$\frac{V_{out}(s)}{V_{in}(s)} = \frac{1/C_1C_2}{s^2 + (2/C_1)s + 1/(C_1C_2)} \quad \cdots (2)$$

2次LPF伝達関数の一般式は，ゲイン，遮断周波数，Qを使うと次のようになります．

$$\frac{V_{out}(s)}{V_{in}(s)} = \frac{G\omega_C^2}{s^2 + (\omega_C/Q)s + \omega_C^2} \quad \cdots (3)$$

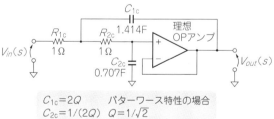

(a) LPF
$C_{1c}=2Q$　バターワース特性の場合
$C_{2c}=1/(2Q)$　$Q=1/\sqrt{2}$

(b) HPF
$R_{1d}=1/(2Q)$　バターワース特性の場合
$R_{2d}=2Q$　$Q=1/\sqrt{2}$

図1　部品を入れ替えて定数を変換すると，正規化LPFを同じ特性(サレン・キー構成＆バターワース特性)のHPFに変換できる

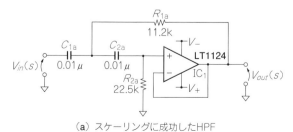

(a) スケーリングに成功したHPF

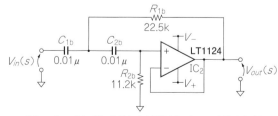

(b) スケーリングに失敗したHPF(R_{1b}とR_{2b}を間違えた)

図2　定数を変換すると，バターワース特性を維持したまま正規化フィルタのカットオフ周波数を変更することができる

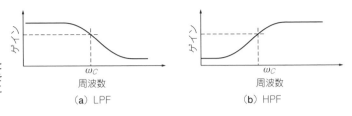

▶図3　同じ特性（たとえばバターワース）のLPFとHPFのゲイン-周波数特性は逆の関係なので，LPFをHPFに変換したり，HPFをLPFに変換したりすることは可能

(a) LPF　　　(b) HPF

（a）抵抗の変換　　（b）コンデンサの変換

図4　LPFをHPFに変換するときの部品の入れ替え操作

式(2) = 式(3)なので，式(2)と式(3)のω_Cと，Qに関係する項を比べると，C_1とC_2の定数が求まります．

式(3)の，ゲインGを1倍，遮断周波数を$\omega_C = 1\,\mathrm{rad/s}$として，式(2)と比べると次のようになります．

$$\omega_C{}^2 = 1/C_1C_2 = 1,\ C_1C_2 = 1$$

式(2)の分母の$2/C_1$と式(3)の分母のω_C/Qは等しいので，$\omega_C = 1$から，次の関係があります．

$$C_1 = 2Q,\ C_2 = 1/2Q$$

この関係を図1(a)にあてはめます．バターワース特性の場合$Q = 0.707$なので次のように求まります．

$$C_1 = 2Q = 1.414\mathrm{F},\ C_2 = 1/2Q = 0.707\mathrm{F}$$

● パソコンで実験① 正規化LPFを正規化HPFに変換

図3にLPFとHPFの周波数特性を示します．同じ特性（たとえばバターワース特性）のLPFとHPFの周波数特性は互いに逆の関係です．これを利用すれば，LPFとHPFは相互に変換可能です．

この変換は，LPFの伝達関数の変数sを$1/s$に変更することで実現できます．具体的には，サレン・キーLPF[図1(a)]の抵抗をコンデンサに置き換えてその値を$1/R$にします[図4(a)]．コンデンサは抵抗に置

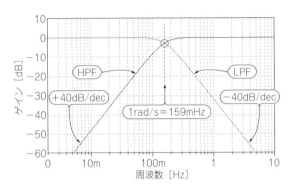

図5　周波数変換前のLPFと返還後のHPFの周波数特性
2次バターワース特性がキープされたまま，LPFからHPFにうまく変換できている

き換えてその値を$1/C$にします[図4(b)]．この操作を周波数変換と呼びます．

▶LTspiceでシミュレーション

図1に示す周波数変換が成功しているかどうか調べてみましょう．バターワース特性なので，$Q = 1/\sqrt{2} \fallingdotseq 0.707$，OPアンプは理想モデルです．

図5に計算結果を示します．通過域のゲインは0dBで減衰せず平坦です．遮断周波数（$\omega_C = 1\,\mathrm{rad/s}$）では，ゲインが$-3.01\,\mathrm{dB}$減衰し，遮断周波数（$\omega_C$）より高い周波数では$-40\,\mathrm{dB/dec}$の傾斜で減衰します．2次バターワース特性がキープされたまま，LPFからHPFにうまく変換できています．

● パソコンで実験② 正規化HPFを$f_C = 1\,\mathrm{kHz}$の実用HPFに変換

図1(b)のHPFの遮断周波数（f_C）を1kHzに設定します．最初にC_{1d}，C_{2d}を0.01 μFに決め打ちしてから抵抗値を求めます．C_{1d}，C_{2d}が0.01 μFのとき，インピーダンス・スケーリング係数（k_m）は次式で求まります．

$$k_m = \frac{1}{C_{1a}k_F} = \frac{1}{0.01 \times 10^{-6} \times k_F}$$

k_Fは$f_C = 1\,\mathrm{kHz}$になる周波数のスケーリング係数で，その値は$2\pi \times 1000$です．スケーリング係数k_mは15.9×10^3です．したがって，抵抗値は次のとおりです．

$$R_{1d} = 0.707\,\Omega \times k_m = 0.707 \times 15.9 \times 10^3 = 11.2\,\mathrm{k}\Omega$$
$$R_{2d} = 1.414\,\Omega \times k_m = 1.414 \times 15.9 \times 10^3 = 22.5\,\mathrm{k}\Omega$$

図6に示すのは，正しくスケーリングされたHPF[図2(a)]と，誤っているHPF[図2(b)]の周波数特性です．

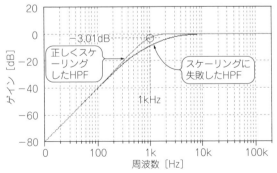

図6　図1(b)の正規化HPFのカットオフ周波数を1kHzに変更した実用HPFの周波数特性
バターワース特性がキープされた状態で，カットオフ周波数が変更されている．赤色の線は定数設定を間違えてスケーリングに失敗したHPF[図2(b)]の周波数特性

センサ回路

フィルタ回路

OPアンプ応用

トランジスタ応用

パワー・アンプ

電源回路

9-6 回路はそのまま周波数で制御する カットオフ可変フィルタ

〈小川　敦〉

● 部品も回路もそのまま！クロック周波数でカットオフ周波数を調節できる

図1に示すのは，スイッチとコンデンサで構成するスイッチト・キャパシタ・フィルタの原型です．

回路や部品を変更しなくても，クロック周波数でカットオフ周波数を調整できます．ペア・コンデンサ（C_1とC_2）の容量比が正確なほど，カットオフ周波数がばらつきません．ICは，構成部品の特性のペア精度を高めやすいのでこのタイプが向いています．

図1に，2つのスイッチ（SW_1とSW_2）を駆動するクロック信号（CK_1とCK_2）の波形も示しました．スイッチはHレベルのときにONします．CK_1とCK_2は，同時にHレベルにならないように逆位相にします．

● 「コンデンサ1個＋スイッチ2個＝抵抗」の証明

▶スイッチを1回だけ動かして移動する電荷量を計算

図2に示すのは，コンデンサを抵抗に変える回路で

す．2つのスイッチを周期的にON/OFFさせます．

図2(a)のSW_1がONのとき，SW_2はOFFです．C_1に蓄えられている電荷Q_1は次式のとおりです．

$$Q_1 = C_1 V_1 \cdots\cdots\cdots (1)$$

図2(b)のSW_2がONのとき，SW_1はOFFです．C_1に蓄えられている電荷Q_2は次式のとおりです

$$Q_2 = C_1 V_2 \cdots\cdots\cdots (2)$$

図2(a)から図2(b)の状態に移行したとき，V_2に移動する電荷ΔQは次式で表されます．

$$\Delta Q = Q_1 - Q_2 = C_1(V_1 - V_2) \cdots\cdots (3)$$

▶スイッチを周期的に動かしたときの電流を求める式

図2(a)から図2(b)への状態変化が周期Tで繰り返されると，時間Tの間に移動する電荷の量は式(3)のΔQになります．

単位時間に移動する電荷量が電流ですから，V_1からV_2に流れる電流Iは次式で表されます．

$$I = \Delta Q/T = C_1(V_1 - V_2)/T \cdots\cdots (4)$$

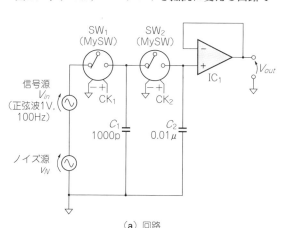

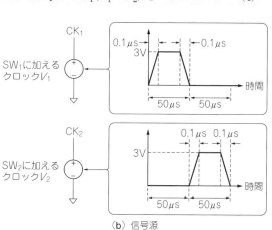

（a）回路

（b）信号源

図1　回路や部品を変えなくても，クロック周波数だけでカットオフ周波数を変更できるフィルタ「スイッチト・キャパシタ」の原型
クロック周波数を10kHzにすると，カットオフ周波数160Hzのローパス・フィルタになる

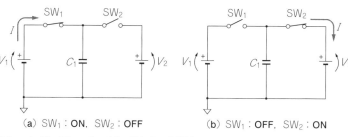

（a）SW_1：ON，SW_2：OFF　　　（b）SW_1：OFF，SW_2：ON

図2　コンデンサにスイッチを2個加えると抵抗器になる
この回路のV_1からV_2に流れる電流を求める式が，図3の抵抗だけの回路と形が同じになる

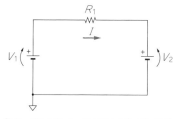

図3　図2のスイッチ2個とコンデンサは，抵抗R_1と等価な働きをする

▶抵抗だけの回路の式と式(4)を比べる

図3に示すのは，V_1とV_2の間に抵抗R_1を接続した回路です．

この回路に流れる電流は式(5)で表されます．

$$I = (V_1 - V_2)/R_1 \quad\cdots\cdots\cdots\cdots\cdots (5)$$

式(4)と式(5)を見比べると，次のように，T/C_1が抵抗R_1と等価な働きをすることがわかります．

$$R_1 = T/C_1 \quad\cdots\cdots\cdots\cdots\cdots\cdots\cdots (6)$$

▶スイッチを周期的にON/OFFする

周期Tと周波数f_{CK}の関係は，

$$f_{CK} = 1/T$$

なので，式(6)は次のように変形できます．

$$R_1 = T/C_1 = 1/(f_{CK}C_1) \quad\cdots\cdots\cdots (7)$$

*

まとめると「**図2**は**図3**と等価であり，その抵抗値は周波数に反比例し，電圧源V_2をコンデンサに置き換えると，RC LPFになる」となります．

図1の回路は，このRC LPFにバッファを足したものです．カットオフ周波数は，抵抗値が$1/(f_{CK}C_1)$で，コンデンサ容量がC_2なので，次式で表されます．

$$f_C = \frac{f_{CK}C_1}{2\pi C_2} \quad\cdots\cdots\cdots\cdots\cdots (8)$$

f_{CK}はクロック周波数です．**図1**の定数とクロック周波数10 kHzを代入すると，カットオフ周波数は次

のように約160 Hzになります．

$$f_{CA} = \frac{10 \text{ kHz} \times 0.001 \ \mu\text{F}}{2\pi \times 0.01 \ \mu\text{F}} \fallingdotseq 159.1 \quad\cdots\cdots\cdots\cdots (9)$$

● 本当にそうなるのかパソコンで確認する

図1の回路をLTspiceで動かしてみましょう．入力信号は，次の2つの信号が混じっています．

● 信号：V_{in}（振幅2 V_{P-P}，100 Hz，正弦波）
● ノイズ：v_N（振幅1 V_{P-P}，2 kHz，正弦波）
クロック周波数は10 kHzです．

図4に，入力と出力の波形を示します．入力信号に重畳していた2 kHzの雑音が減衰しています．カットオフ周波数160 HzのLPFであることが確認できました．

実際のIC（LTC1569-7など）には，高次のスイッチト・キャパシタ・フィルタが組み込まれています．

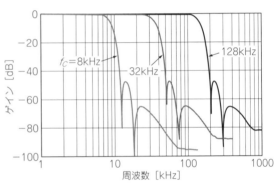

図5 スイッチト・キャパシタ・フィルタ LTC1569-7（アナログ・デバイセズ）のゲイン-周波数特性
カットオフ周波数は電源5 Vのとき最大300 kHz，電源3 Vのとき最大150 kHz．10次リニア・フェーズ・フィルタ

表1 スイッチト・キャパシタ・フィルタIC LTC1569-7は周辺抵抗でカットオフ周波数を変更する

R_{ext}	カットオフ周波数（標準値）	周波数ばらつき
3.844 kΩ	320 kHz	± 3.0 %
5.010 kΩ	256 kHz	± 2.5 %
10 kΩ	128 kHz	± 1.0 %
20.18 kΩ	64 kHz	± 2.0 %
40.2 kΩ	32 kHz	± 3.5 %

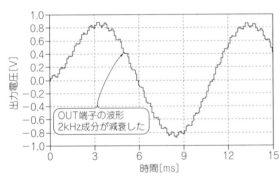

OUT端子の波形
2kHz成分が減衰した

（b）スイッチト・キャパシタ・フィルタを通した後

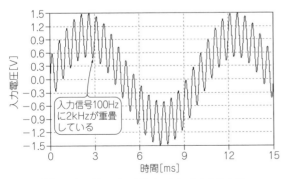

入力信号100Hz
に2kHzが重畳
している

（a）スイッチト・キャパシタ・フィルタを通す前

図4 図1の入力信号と出力信号の波形
雑音（振幅1 V_{P-P}，2 kHz，正弦波）が減衰している

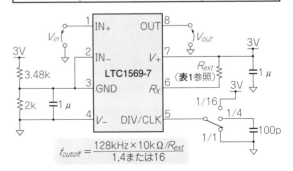

$$f_{cutoff} = \frac{128\text{kHz} \times 10\text{k}\Omega/R_{ext}}{1,4 \text{または} 16}$$

図6 スイッチト・キャパシタ・フィルタIC LTC1569-7（アナログ・デバイセズ）とその応用回路

9-7 周波数特性をフラットにする 10：1プローブの調整

〈小川　敦〉

オシロの10：1プローブの基礎知識

オシロスコープに標準で付いてくるパッシブ・プローブの多くは，10：1タイプです．

ターゲット信号のレベルが1/10になりますが，その分入力インピーダンスが高くなるので，電子回路の動作への影響が少なくなります．

図1の10：1プローブの入力部には9 MΩの高抵抗があり，10：1のアッテネータ（減衰器）を構成しています．アッテネータの効果で，プローブの入力抵抗はオシロスコープの入力抵抗の10倍になります．入力容量（オシロスコープの入力容量＋ケーブル容量）も1/10になります．

● プローブは使う前に周波数特性を調整するべし！

プローブは測定前に毎回調整するのが常識です．周波数特性調整用のトリマ・コンデンサを内蔵しており，ちょうどいいところに調整されていないと，オシロスコープの波形が実際のものと違うものになります．正しく測れない測定系は，使う意味がありません．

● プローブの周波数特性がフラットな状態とは

図1に示す10：1パッシブ・プローブ回路は，

- C_1, R_1
- R_2, C_3, C_2

が分圧回路を構成しています．R_2はオシロスコープの入力抵抗，C_3はオシロスコープの入力容量，C_2はケーブルの容量です．理想は，周波数特性か全周波数においてフラットで，どんな信号も同じ比で分圧することです．ここで，素子の値をどのように選んだら，周波数特性がフラットになるのか考えてみましょう．

直流での分圧比K_{DC}は，R_1とR_2だけで決まるので次式が成り立ちます．

$$K_{DC} = \frac{R_2}{R_1 + R_2} \quad \cdots\cdots\cdots\cdots\cdots (1)$$

R_1とR_2のインピーダンスが無視できる高い周波数での分圧比K_{AC}はC_1, C_2, C_3で決まります．

$$K_{AC} = \frac{\dfrac{1}{j\omega(C_2+C_3)}}{\dfrac{1}{j\omega(C_2+C_3)} + \dfrac{1}{j\omega C_1}} = \frac{1}{1 + \dfrac{C_2+C_3}{C_1}}$$

$$= \frac{C_1}{C_1 + C_2 + C_3} \quad \cdots\cdots\cdots\cdots\cdots (2)$$

ここで，次式が成り立つように定数を設定すれば，

$$K_{DC} = K_{AC}$$

直流でも高い周波数でも分圧比Kは同じになり，分圧比の周波数特性がフラットになります．周波数特性がフラットになる条件は次式になります．

$$\frac{R_2}{R_1 + R_2} = \frac{C_1}{C_1 + C_2 + C_3} = K \cdots\cdots\cdots (3)$$

図1は$R_1 = 9$ MΩ，$R_2 = 1$ MΩなので式(3)から，

$$K = 0.1$$

です．式(3)を変形するとC_1は次式になります．値を入れると，C_1は10 pFになります．

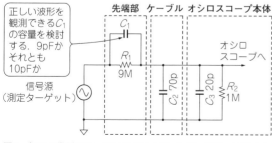

図1　毎日お世話になっている10：1パッシブ・プローブをオシロスコープに接続した状態の等価回路
先端部のコンデンサC_1の容量が適切にチューニングされていないと正しい波形を観測できない．C_1が10 pFなのか9 pFなのかで，オシロスコープに出力される波形が大きく変わる

回路図ラベル：
正しい波形を観測できるC_1の容量を検討する．9 pFかそれとも10 pFか
先端部　ケーブル　オシロスコープ本体
C_1
R_1 9M
C_2 70p
C_3 20p
R_2 1M
信号源（測定ターゲット）
オシロスコープへ

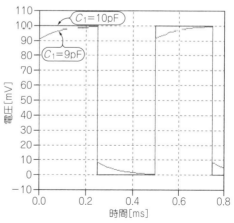

図2　図1の等価回路に矩形波を入れたときの出力信号
$C_1 = 10$ pFのときはきれいな矩形波だが，$C_1 = 9$ pFのときは角の丸まった波形である

グラフ軸：電圧 [mV]，時間 [ms]
$C_1 = 10$ pF，$C_1 = 9$ pF

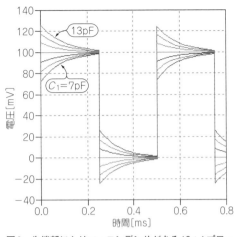

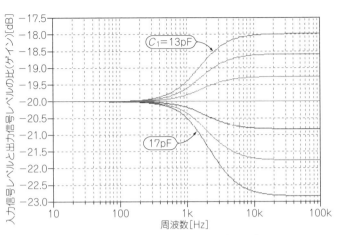

図3 先端部にトリマ・コンデンサがある10：1プローブのC_1を7pFから13pFまで1pFずつ変化させたときの出力波形（2kHzの矩形波を入力）

図4 先端部にトリマ・コンデンサがある10：1プローブのC_1を7pFから13pFまで1pFずつ変化させたときの周波数特性

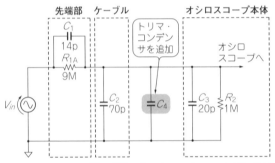

図5 オシロスコープとの接続コネクタにトリマ・コンデンサがある10：1プローブの等価回路

$$C_1 = \frac{K}{1-K}(C_2 + C_3) = \frac{0.1}{0.9} \times 90\,\text{pF} = 10\,\text{pF} \cdots (4)$$

プローブの入力抵抗R_{in}は，R_1とR_2の直列なので，式(5)から10MΩです．入力容量C_{in}は，C_1と$(C_2 + C_3)$の直列容量なので式(6)から9pFです．

$$R_{in} = R_1 + R_2 = 9\,\text{MΩ} + 1\,\text{MΩ} = 10\,\text{MΩ} \cdots\cdots (5)$$

$$C_{in} = \frac{1}{\dfrac{1}{C_1} + \dfrac{1}{C_2 + C_3}} = \frac{1}{\dfrac{1}{10\,\text{pF}} + \dfrac{1}{90\,\text{pF}}} = 9\,\text{pF}$$
$$\cdots\cdots\cdots\cdots\cdots\cdots\cdots (6)$$

● パソコンで実験① 10：1プローブの出力波形を観測

図1の回路をLTspiceで動かして，出力信号の波形を見てみましょう．図2に計算結果を示します．入力信号波矩形波です．$C = 10\,\text{pF}$のときは，きれいな矩形波ですが，$C = 9\,\text{pF}$のときは角が丸まっています．

● パソコンで実験② 先端部にトリマ・コンデンサがある10：1プローブ

図1のC_1が，周波数特性調整用のコンデンサにな

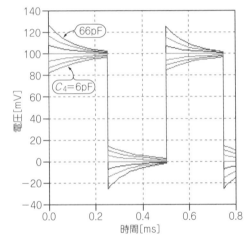

図6 図5の等価回路に2kHzの矩形波を入れて，C_4を6pFから66pFまで変化させたときの出力信号

っている10：1プローブの周波数応答を調べます．

C_1の部分に|C|という変数を設定します．.step param C 7p 13p 1pとして，Cを7p〜13pFの範囲で，1pFおきに変化させて2kHzの矩形波を入力します．

図3に波形を，図4に周波数特性の計算結果を示します．C_1が1pF変化するだけで，周波数特性も出力波形も大きく変化します．

● パソコンの実験③ オシロスコープとの接続コネクタにトリマ・コンデンサがある10：1プローブ

周波数特性調整用のコンデンサが先端ではなく，オシロスコープとの接続コネクタ部分にあるプローブも多いです．図5はC_1が容量固定で，オシロスコープの入力側に周波数特性調整用のトリマ・コンデンサ(C_4)があります．図6は，C_4を6p〜66pFで10pFずつ変化させた出力波形です．波形が大きく変化しています．

センサ回路

フィルタ回路

OPアンプ応用

トランジスタ応用

パワー・アンプ

電源回路

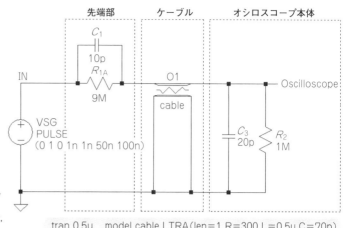

図7　図1のケーブル部をコンデンサ(C_3)からLossy
transmission lineモデルに変更
Lossy transmission lineは，単位長さあたりの抵抗値や容量，
インダクタンスなどを設定できるケーブルのモデル

.tran 0.5u　.model cable LTRA(len=1 R=300 L=0.5u C=70p)

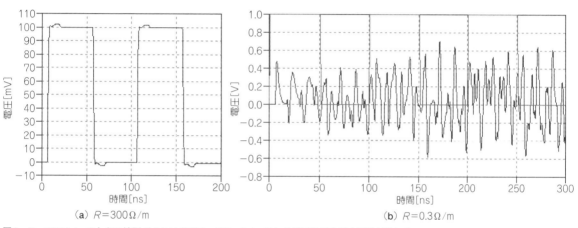

(a) $R = 300\,\Omega/\text{m}$　　　(b) $R = 0.3\,\Omega/\text{m}$

図8　$R = 300\,\Omega$/mのときは波形がきれいだが$R = 300\text{m}\Omega$/mのときは反射がひどく波形が乱れる
図7の出力波形

意外と小さくない
ケーブルの影響

● 高速信号はケーブル内で反射する

　図1では，ケーブルをコンデンサ(C_3)と考えました
が，実際のパッシブ・プローブのケーブルの素材は，
RF信号の伝送用の同軸ケーブルとは違います．

　同軸ケーブルの場合は，入出力インピーダンスをケー
ブルの特性インピーダンスに合わせて反射を防ぎま
すが，パッシブ・プローブは入力インピーダンスをで
きるだけ高くするために，インピーダンスを合わせる
ことができません．プローブに同軸ケーブルを使うと，
信号が反射して，正しい波形観察はできません．パッ
シブ・プローブのメーカは，芯線に抵抗の大きな線材
を積極的に使って，反射を防いでいます．

● パソコンで実験④ ケーブルの抵抗値が適切な場合

　LTspiceが備えるケーブルのモデル「Lossy
transmission line」を使用して芯線の抵抗値と波形の
関係を調べます．

　図7は図1のケーブル部をLossy transmission line
モデルに置き換えたものです．「ltline」という名前で
登録されており，シンボル選択画面から選択できます．

　ltlineを使うときはモデルを定義する必要がありま
す．「cable」というモデルを次のように定義しました．
.model cable LTRA(len=1 R=300 L=0.5u C=70p)
　各パラメータの意味は次のとおりです．

　len：ケーブルの長さ，R：単位長さあたりの抵抗
　値，L：単位長さあたりのインダクタンス，C：単
　位長さあたりの容量

　上訳は実在のケーブルの値ではなく，シミュレーシ
ョン用です．単位長さあたりの抵抗値Rを300Ωにし
て計算した応答波形を図8(a)に示します．10 MHzの
矩形波を入力しました．出力信号はほぼ矩形波です．

● パソコンで実験⑤ プローブ・ケーブルの抵抗値が
低すぎる場合

　芯線の抵抗が低いとき($R = 0.3\,\Omega$/m)の波形を調べ
ます．図8(b)に計算結果を示します．反射の影響が
ひどく波形が完全にくずれています．

第10章

OPアンプ応用回路

小川 敦，平賀 公久，中村 黄三 Atushi Ogawa, Kimihisa Hiraga, Kozo Nakamura

10-1 大信号も微小信号も扱える コンプレッサ・アンプ

〈小川 敦〉

● **入力が変化しても出力があまり変わらないアンプ**

図1に示すのは「対数アンプ」と呼ばれる増幅回路です．入力信号を対数(log)の関数で圧縮して出力する回路で，入力信号のレベルを10倍ずつ掛け算で増しても，出力電圧は1Vずつしか大きくなりません(負の方向に)．図2に入出力電圧の関係を示します．10 μV(−100 dBV)から3V(10 dBV)まで，約110 dB入力電圧が変化しても，出力電圧の変化幅は−3〜+3Vの範囲に収まります．

教科書的回路

▶**動作**

対数アンプはOPアンプ1個とトランジスタ1個で簡単に作れます(図3)．トランジスタのコレクタ電流とベース-エミッタ間電圧が対数の関係にあることを利用しています．OPアンプは，入力端子に電流を流れ込ませず，R_1を通過した電流(I_{R1})はすべてQ_1のコ

レクタ電流(I_C)に流します．出力電圧(V_{out})は，グラウンド電位からV_{BEQ1}だけ低い電圧です．OPアンプが正常に動くのは，V_{in}が正のときだけです．

▶**入力電圧と出力電圧の関係**

V_{out}に等しいV_{BEQ1}は，次のように表され，コレクタ電流の自然対数に比例します．

$$V_{BE} = V_T \ln(I_C/I_S) \cdots\cdots\cdots\cdots\cdots\cdots (1)$$

式(1)のI_Sは，トランジスタ内のチップ・サイズによって異なる基本特性(逆方向飽和電流と呼ぶ)で，温度によって大きく変化します．V_Tは熱電圧と呼び，

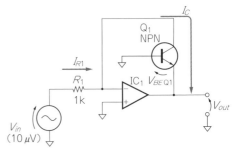

図3 OPアンプ1個とトランジスタ1個で構成した教科書的な対数アンプ

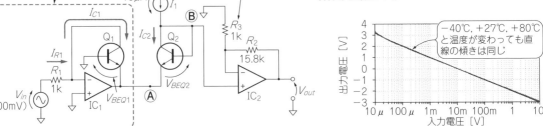

図1 入力電圧が10倍ずつ大きくなっても，出力電圧は1Vずつしか変化しない圧縮アンプ

図2 図1の回路の入力電圧と出力電圧特性
温度補正対策ずみ

式(2)で表されます. これも温度によって変化します.

$$V_T = kT/q \quad\cdots\cdots\cdots\cdots\cdots\cdots\cdots (2)$$

ただし，k：ボルツマン定数(1.379553×10^{-23}) [J/K]，T：絶対温度[K]，q：電子電荷(1.60218×10^{-19}) [C]

抵抗R_1に流れる電流は次式で求まります.

$$I_{R1} = V_{in}/R_1 \quad\cdots\cdots\cdots\cdots\cdots\cdots\cdots (3)$$

Q_1のベース-エミッタ間電圧(V_{BEQ1})は次式です.

$$V_{BEQ1} = V_T \ln\{V_{in}/(R_1 I_S)\} \quad\cdots\cdots (4)$$

V_{BEQ1}はV_{in}の自然対数に比例します.

▶実験！対数アンプになっているかどうかを確認

図4に入力レベルを$10\,\mu \sim 10\,V$で変化させたときの出力電圧の変化を示します. 横軸は対数目盛りです. 室温($27\,℃$)のときを見ると，出力電圧は直線的に変化しており，入力電圧の対数に比例しています.

▶出力信号が取り出しにくく，温度変化も大きい

図3の回路はあまり使いやすくありません. 出力電圧の変化範囲が$-840\,m \sim -480\,mV$と負電圧で. しかも狭いからです. また図4に示すように，V_{BE}の温度係数の影響をもろに受けます.

実用的回路

● **出力電圧が0Vを中心に変化し，温度にも強い**

▶回路の説明

図1に示すのは，基本回路(図3)に，電流源(I_1)とトランジスタQ_2とOPアンプ(IC_2)を追加した改良版です. 出力電圧のレンジを$-3 \sim +3\,V$にして使いやすくし，温度の影響も受けにくく改良しました.

▶入力電圧と出力電圧の関係

図1の点Ⓐの電圧は図3のV_{out}と同じです.

$$V_A = -V_T \ln\{V_{in}/(R_1 I_S)\} \quad\cdots\cdots\cdots (5)$$

次式のように，IC_2の反転アンプの入力電圧である点Ⓑの電圧は，点Ⓐの電圧にQ_2のベース-エミッタ間電圧(V_{BEQ2})が足され，出力電圧は0Vを基準に変化します. V_{BE}の温度変化もキャンセルされます.

$$V_B = V_A + V_{BEQ2}$$

V_{BEQ2}は次式で表されます. Q_1とQ_2のI_Sは同じです.

$$V_{BEQ2} = V_T \ln(I_{C2}/I_S) \quad\cdots\cdots\cdots\cdots (6)$$

Q_2のベース電流を無視できれば，Q_2のコレクタ電流(I_{C2})は電流源(I_1)と等しくなります. これを踏まえて，式(5)と式(6)から点Ⓑの電圧を計算すると，I_Sが消去されて，V_Bは次のように求まります.

$$V_B = -V_T \ln\{V_{in}/(R_1 I_S)\} + V_T \ln(I_{C2}/I_S)$$
$$= -V_T \ln\{V_{in}/(R_1 I_S)\} \quad\cdots\cdots\cdots (7)$$

V_{out}は次のようになります. 計算が楽になるように，式(7)の対数の底をeから10に変換します.

$$V_{out} = -GV_B = -GV_T \log_{10}\{V_{in}/(R_1 I_S)\}/\log_{10} e$$

$R_1 I_1$にV_{ref}とおいて，

$$V_{out} = -GV_T \ln 10 \times \log(V_{in}/V_{ref}) \quad\cdots\cdots (8)$$

となります.

G[倍]はIC_2で構成した非反転アンプのゲインです. $V_{in} = R_1 I_1$のときV_{out}は0Vになります.

▶入力変化10倍で，出力変化が1Vになるように設定

ゲインGで，$GV_T \ln(10) = 1$になるようにすると，V_{in}が$R_1 I_1$の10倍になるごとに，V_{out}が1Vずつ増すようになります. 式で表すと次のようになります.

$$V_{out} = -\log_{10}(V_{in}/V_{ref}) \quad\cdots\cdots\cdots\cdots\cdots (9)$$

Gの値は次式で計算できます.

$$G = 1/(V_T \ln 10) = q/kT \ln 10 \fallingdotseq 16.8 \text{倍} \cdots (10)$$

図1と図5の定数を代入すると，Gは16.8倍です.

$$G = (R_2 + R_3)/R_2 = 16.8 \text{倍} \quad\cdots\cdots\cdots\cdots (11)$$

$R_1 I_1 (= 1\,k\Omega \times 10\,\mu A = 10\,mV)$です. V_{in}が$10\,mV$でV_{out}は0V，V_{in}が$100\,mV$でV_{out}は1Vです.

▶パソコンで実験

図6に示すのは，図1の回路の入力電圧と出力電圧の関係です. 入力電圧が$10\,mV$のとき出力電圧は0Vです. 入力電圧が$100\,mV$のとき出力電圧は$-1\,V$ですから，確かにV_{in}が10倍になるごとにほぼ1Vずつ変化しています. 式(8)のV_Tの項が正の温度係数をもっているため，温度で直線の傾きが変化します. IC_2で構成した非反転アンプの帰還回路にあるR_3を温度係数$+3300\,ppm$の抵抗に交換すると，図2のように，温度による直線の傾きの変化がなくなります.

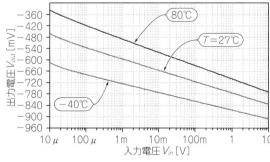

図4 教科書的対数アンプ(図3)の入出力特性

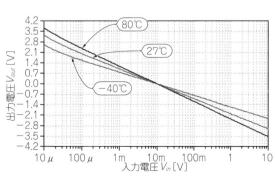

図5 温度補正対策前の実用的対数アンプ(図1)の入出力特性

10-2 高安定&広帯域な I-V 変換回路

〈小川 敦〉

フォトダイオードに光が当たると湧き出る電流を取り出すときは，通常，OPアンプで構成した電流-電圧変換回路（I-V変換回路）を利用します（**図1**）．

寄生容量の大きい受光面積の大きいフォトダイオードを接続すると，電流-電圧変換回路の動作が不安定になり，発振気味になります．逆に，安定させようとすると，高い周波数のゲインが減衰します．このトレードオフは，**図2**に示すように，JFETを1個追加するだけで解決できます．フォトダイオードの寄生容量の両端に加わる電圧振幅が小さくなり，等価的に容量が小さくなります．

● **基本回路のふるまい**

通常の電流-電圧変換回路（**図1**）のフォトダイオードから生じる電流をI_{PD}とすると，出力電圧（V_{out}）は次式で表されます．

$$V_{out} = R_F I_{PD} \cdots\cdots\cdots\cdots\cdots\cdots\cdots (1)$$

C_Fは，フォトダイオードの容量（C_{PD}）によってOP

アンプが発振するのを防ぎます．OPアンプのゲイン帯域幅積がf_{GBW}のとき，C_Fは次のように決めます．

$$C_F \geqq \sqrt{\frac{C_{PD}}{2\pi f_{GBW} R_F}} \cdots\cdots\cdots\cdots\cdots\cdots (2)$$

C_{PD}を10 pF，GBWを50 MHzならば，次のようにC_Fを0.18 pF以上にします．

$$C_F \geqq \sqrt{\frac{10\,\text{pF}}{2\pi \times 50\,\text{MHz} \times 1\,\text{M}\Omega}} = 0.18\,\text{pF} \cdots\cdots (3)$$

C_{PD}が3000 pFの場合は，C_Fを3 pF以上にします．

$$C_F \geqq \sqrt{\frac{3000\,\text{pF}}{2\pi \times 50\,\text{MHz} \times 1\,\text{M}\Omega}} = 3\,\text{pF} \cdots\cdots (4)$$

● **寄生容量が大きいと高域の電流を取り出せない**

図3に示すのは，教科書的回路の周波数特性を調べる回路です．.stepコマンドで，フォトダイオードの容量値（C_{PD}）とC_Fを次の3とおりに変化させます．

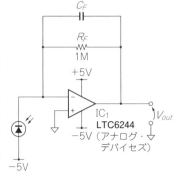

図1　光センサ「フォトダイオード」と組み合わせてよく使われる教科書的な電流-電圧変換回路
フォトダイオードに光が当たる発生する電流を受けて電圧に変換して出力する．受光面の小さいフォトダイオードならこの回路で問題ない

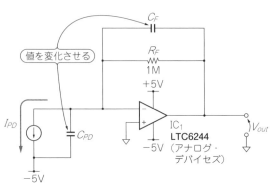

図3　教科書回路（図1）の泣き所「フォトダイオードの受光面積と周波数特性のトレードオフ」を調べる回路

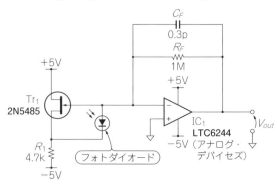

図2　安定性と広帯域性能を両立できる寄生容量キャンセラ付きワイドバンドI-V変換回路
受光面の大きいフォトダイオード本来の周波数特性を引き出せる

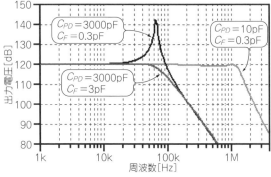

図4　図3の回路のゲイン-周波数特性
受光面の大きいフォトダイオード（C_{PD} = 3000 pF）を使うときは，発振防止用のコンデンサも大きくしないと（C_F = 3 pF），発振気味になる

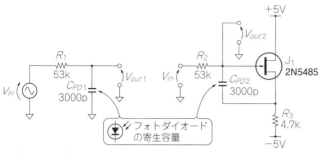

(a) 時定数が $R_1 C_{PD1}$ の
ローパス・フィルタ

(b) JFETによるソース・フォロワと組み
合わせると C_{PD2} の影響がなくなる

図5 JFETソース・フォロワでフォトダイオードの寄生容量の影響をなくす
実験回路

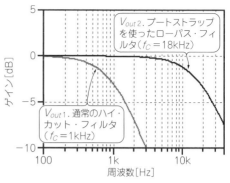

図6 図5の回路のゲイン-周波数特性
図5(b)は，ブートストラップ回路によって寄生容量の影響
が緩和され，カットオフが1kHzから18kHzに伸びる

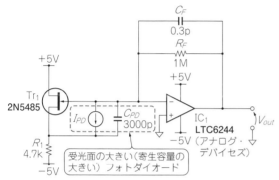

図7 ブートストラップでフォトダイオードの寄生容量の影響をな
くしたワイドバンド I-V 変換回路の周波数特性と安定性を調べる

(1) $C_{PD} = 10$ pF, $C_F = 0.3$ pF
(2) $C_{PD} = 3000$ pF, $C_F = 0.3$ pF
(3) $C_{PD} = 3000$ pF, $C_F = 3$ pF

図4にゲインの周波数特性を示します．C_{PD} が
10 pFのときは，C_F を0.3 pFとすることで，ピークが
なくなり，しかも高域のカットオフ周波数は1.3 MHz
程度まで伸びます．C_{PD} が3000 pFのときに C_F を
0.3 pFとすると，OPアンプが発振する兆候である大
きなゲインのピークが発生します．C_F を3 pFにすれ
ば，ピークはなくなりますが，高域のカットオフは
80 kHz程度に低くなります．

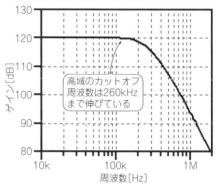

図8 図7の回路のゲイン-周波数特性

● 寄生容量をキャンセルできるブートストラップ回路

図5は，JFETブートストラップがフォトダイオー
ドの寄生容量低減にどのくらい効くか調べる回路です．
図5(a)の R_1 と C_1 による受動タイプのカットオフ周
波数は，次式のとおり1 kHzです．

$$f_C = \frac{1}{2 \pi R_1 C_{PD1}} = \frac{1}{2 \pi \times 50 \, k\Omega \times 3000 \, pF} \fallingdotseq 1 \, kHz \cdots (5)$$

図5(b)はJFETソース・フォロワ・バッファ・ア
ンプを組み合わせたアクティブ型です．

● JFETの追加で寄生容量の影響が小さくなる理由

ゲート端子（V_{out2}）からソース端子（S）までのゲイン

をK［倍］とします．ソース・フォロワなので，K値
は1倍よりもやや小さいでしょう．

C_{PD2} の片側はグラウンドではなく，バッファ・ア
ンプの出力であるソース端子に接続されています．こ
のように接続したものをブートストラップと呼びます．

C_{PD2} の両端に加わる電圧は $V_{out2}(1-K)$ になり，仮
にKが0.9であれば，V_{out2} の1/10の電圧になります．
コンデンサに加わる電圧が1/10になれば，コンデン
サに流れる電流も1/10になります．これは，容量値
が1/10のコンデンサと等価です．

▶ 約20倍に周波数特性が伸びた！

図6に図5の回路の周波数特性を示します．寄生容
量の影響をもろに受ける**図5(a)**のカットオフは1 kHz
ですが，ブートストラップ回路を追加した**図5(b)**は
18 kHzです．C_{PD2} が見かけ上1/18になっています．

● ブートストラップ回路を I-V 変換回路に組み込む

図7に示す回路で，JFETブートストラップ付きの
電流-電圧変換回路の周波数特性を調べます．**図8**の
結果から寄生容量は3000 pFと大きいですが，動作は
極めて安定し，カットオフも260 kHz程度まで伸びて
います．**図3**の教科書的回路の3倍以上，広帯域です．

10-3 OPアンプ入力がシャキッとする 容量キャンセラ

〈平賀 公久〉

● 信号をなまらせているOPアンプ入力部の容量をなんとかしたい

図1に示すのは，OPアンプ（IC_1）で構成したゲイン20 dBの非反転アンプです．

OPアンプにつながる配線には100 pFの浮遊容量C_{stray}が寄生しています．OPアンプ自体の非反転入力部にも4 pFの入力容量（C_{in}）があります．C_{in}とC_{stray}を足した約104 pFの全入力容量（C_S）は信号をなまらせます．

● 入力容量の存在を消してくれるコンデンサ

この期待しない容量は，コンデンサ（C_1）を追加して正帰還（ブートストラップ）をかけると打ち消すことができます．ただし正帰還は発振の素です．

● アンプを発振させない必要条件

図2は図1の信号源（V_1とR_{out}）を除いた回路です．この回路を使って，非反転入力とグラウンドの間にある全入力容量（C_S）が補償コンデンサ（C_1）でキャンセルできることを証明します．全入力容量（C_S）とブートストラップを施した補償コンデンサ（C_1）から，非反転入力から見た入力インピーダンスを求める式を導くと理解できます．

OPアンプの出力電圧は次式で求まります．これは入力電圧に非反転アンプのゲインを乗じたものです．

$$V_{out} = (1 + R_2/R_1)V_{in} \quad \cdots\cdots\cdots\cdots (1)$$

入力容量である全入力容量（C_S）に流れる電流（I_1）は次のとおりです．

$$I_1 = V_{in}sC_S \quad \cdots\cdots\cdots\cdots\cdots\cdots (2)$$

OPアンプの出力端子から補償コンデンサ（C_1）を通り，非反転入力へ流れる電流（I_2）は次式で表されます．

$$I_2 = (V_{out} - V_{in})sC_1 \quad \cdots\cdots\cdots\cdots (3)$$

入力電圧（V_{in}）を加えたとき，入力端子から流れ込む電流（I_{in}）は次のとおりです．

$$I_{in} = I_1 - I_2 = V_{in}sC_S - (V_{out} - V_{in})sC_1$$
$$= \left(sC_S - \frac{R_2}{R_1}sC_1\right)V_{in} \quad \cdots\cdots\cdots\cdots (4)$$

次式から入力インピーダンスが求まります．

$$\frac{V_{in}}{I_{in}} = \frac{1}{s(C_S - R_2C_1/R_1)} \quad \cdots\cdots\cdots\cdots (5)$$

次式が成り立つようにC_1を決めれば，C_Sを完全に打ち消せますが，アンプが発振する可能性があります．

$$C_S = (R_2/R_1)C_1 \quad \cdots\cdots\cdots\cdots\cdots (6)$$

全入力容量（C_S）の中和と安定動作を両立するためには，次の関係が成立するように定数を選びます．

$$C_1 < (R_1/R_2)C_S \quad \cdots\cdots\cdots\cdots\cdots (7)$$

● パソコンで実験① 対策回路の入力インピーダンスの周波数特性

図1に示す入力インピーダンスをLTspiceで調べます．

▶準備

図3～図5にシミュレーション回路を示します．

図4は浮遊容量のない回路です．図5は，OPアンプ・モデル（LT1055）の入力容量（C_{in}）がデータシートに記載されている4 pFかどうかを確かめる回路です．

.stepコマンドで，図3のC_1を0 pF，4.7 pF，8.2 pF，10 pF，11 pFに変化させます．0 pFは補償なし，11 pFは式(7)が成り立つ境界です．信号源はいずれも電流源なので，V_{in1}，V_{in2}，V_{in3}をプロットすれば，インピーダンスの周波数特性が得られます．

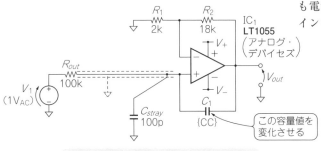

.ac dec 100 100 1meg
.step param CC LIST 0 4.7p 8.2p 10p 11p

図1 OPアンプにコンデンサを1個追加して正帰還をかけると，増幅回路の応答を悪くしている配線の浮遊容量C_{stray}やOPアンプ自体の入力容量C_{in}を打ち消すことができる

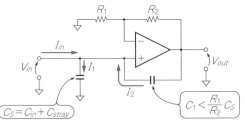

図2 追加した補償コンデンサで本当に入力容量を打ち消せるかどうかを検証する
図1の信号源（V_1とR_O）を除いたこの回路の入力インピーダンスを求める式から理解できる

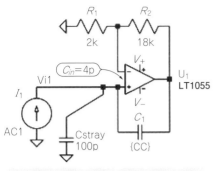

.ac dec 100 100 1meg
.step param CC LIST 0 4.7p 8.2p 10p 11p

図3 浮遊容量あり，補償用コンデンサありの回路（図1）の入力インピーダンスを調べる回路

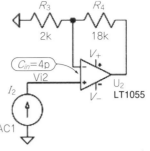

図4 浮遊容量なし，補償用コンデンサなしの回路の入力インピーダンスを調べる回路
補償コンデンサによって浮遊容量は完全に打ち消されるならば，この回路に近づくはず

図5 LTspice上のOPアンプ（LT1055）の入力容量がメーカ資料どおり4pFかどうかを確認するシミュレーション回路

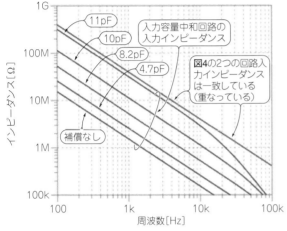

図6 図3，図4，図5の入力インピーダンスの周波数特性
図4の2つの回路の周波数特性は完全に一致しているので，OPアンプLT1055のモデルの入力容量は確かに4pFである．補償コンデンサ(C_1)を大きくすると全入力容量(C_S)が中和され，寄生容量のない図4(a)の周波数特性に近づく

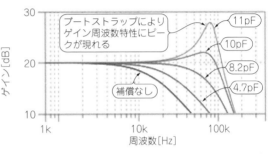

図7 図1の補償コンデンサ(C_1)を変えたときのゲイン-周波数特性

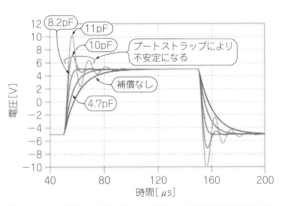

図8 図1の補償コンデンサ(C_1)を変えたときの矩形波応答スピード

▶シミュレーション結果

図6に計算結果を示します．C_1を大きくすると，アンプの入力インピーダンスはOPアンプ自体の入力インピーダンスに近づきます．全入力容量C_Sが打ち消された証拠です．図3と図4の2つの回路の入力インピーダンスは一致しているので，OPアンプ・モデルの入力容量は4pFで間違いありません．

● パソコンで実験② アンプのゲイン-周波数特性

図7はアンプのゲイン-周波数特性を解析した結果です．

補償なし($C_1 = 0\,\mathrm{pF}$)のときは，信号源の出力抵抗と全入力容量(C_S)が構成する積分回路の影響で，約15 kHzからゲインが低下しはじめています．

C_1を大きくしていくと，周波数特性が改善します．式(7)の境界付近になる$C_1 = 11\,\mathrm{pF}$では，ブートストラップの効果が出すぎて，ピークが現れます．これは

回路が不安定になっている証拠です．

● パソコンで実験③ 応答時間の最適化

図8は矩形波応答です．図1の回路に，振幅±0.5 V，繰り返し周波数5 kHzの矩形波を入力し，出力波形を調べました．

補償なしのときは，パルスの立ち上がりと立ち下がりの応答がゆっくりです．C_1を大きくしていくと，応答が速くなり，立ち上がりと立ち下がりが急峻になります．式(7)の境界に近い11 pFでは，リンギングが出ているので回路が不安定です．

センサ回路 フィルタ回路 OPアンプ応用 トランジスタ応用 パワー・アンプ 電源回路

10-4 高精度な可変ゲイン計装アンプ

〈平賀 公久〉

任意の2点の電圧差を増幅できる2つのアンプ

● 応用

図1に示すのは，任意の2点（A-B間）の差電圧だけを増幅し，同相電圧は増幅したくないときに利用できるアンプです．図1(a)はOPアンプ1個で構成したタイプで，差動アンプと呼びます．図1(b)は計装アンプと呼ばれる，より高精度な差動アンプです．2個または3個のOPアンプで構成されています[1]．

● 差動アンプの弱点

差動アンプは高いゲイン設定にすると，$R_1 < R_2$，$R_3 < R_4$の条件になります．R_2とR_4は入手できる抵抗に上限があるので，R_1とR_3は小さな抵抗になり，よって入力インピーダンスが低くなります．

入力インピーダンスは，IN₋端子がR_1，IN₊端子が$R_3 + R_4$なので，等しくありません（平衡でない，という）．差動アンプは，差動信号だけを増幅し，同相信号は増幅しないのがメリットなのですが，入力インピーダンスが不平衡なので，小さな同相のノイズが加わると増幅してしまいます．信号源の内部抵抗の影響も受けやすい欠点もあります．

● 高精度な差動アンプ「計装アンプ」

計装アンプは，これらの差動アンプの弱点が改善されています．図2に示すように，ホイートストン・ブリッジ回路に組み入れられた抵抗値変化のわずかなセンサの両端電圧を検出するときに有効です．図3のように，2つの入力端子がOPアンプの非反転端子に接続されるため，入力インピーダンスがとても高いです．同相ノイズもほとんど増幅せず，入力端子に加わる差動信号だけを精度よく増幅します．

解析回路10-4-①…計装アンプ

● ふるまい

図3にOPアンプ2個で構成した計装アンプを示します．IN₋端子に加えられた電圧は，IC_1のOPアンプで構成した非反転アンプで増幅されます．その出力電圧とIN₊に加えられた電圧が，IC_2で構成するアンプで増幅されます．

信号源のV_4とV_5は逆相です．V_3は，回路全体の動作基準を決める電圧です．単一電源（+5 V）で動かしたいときは，中点を電源の半分（2.5 V）に設定します．

● 入出力ゲインを求める式

図3の計装アンプの直流ゲインを求める式を導出してみます．IC_1は，非反転アンプとして動きますから，出力は次のとおりです．

$$V_{O\_IC1} = (1 + R_2/R_1) V_{in-} \quad \cdots\cdots\cdots\cdots\cdots (1)$$

IC_2には，式(1)の出力電圧（V_{O_IC1}）と，IN₊の電圧が入力されるので，重ね合わせの理を用いて，次のようにゲインが求まります．

$$V_{out} = -(1 + R_2/R_1)(R_4/R_3)V_{in-}$$
$$+ (1 + R_4/R_3)V_{in+} \quad \cdots\cdots\cdots\cdots (2)$$

式(2)を変形して，差動入力電圧（$V_{in-} - V_{in+}$）を増幅する式に形すると次式になります．

$$V_{out} = -(1 + R_2/R_1)(R_4/R_3)(V_{in-} + V_{in+})$$
$$+ \{(1 - R_2R_4/(R_1R_3)\} V_{in+} \quad \cdots\cdots (3)$$

R_1，R_2，R_3，R_4の関係は次のとおりです．

$$R_1/R_2 = R_4/R_3 \quad \cdots\cdots\cdots\cdots\cdots\cdots (4)$$

右辺第2項はゼロです．差動入力電圧（$V_{in-} - V_{in+}$）は，次のとおり，$(1 + R_1/R_2)$倍に増幅されます．

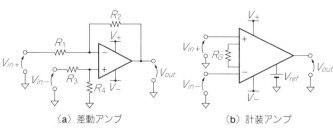

（a）差動アンプ　　　（b）計装アンプ

図1　任意の2点間の電圧差を増幅するときに有効な2つのアンプ
計装アンプは，差動アンプより入力インピーダンスが高く同相ノイズの影響を受けにくい

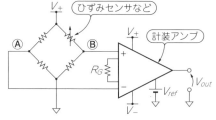

図2　任意の2点間の電圧差を検出する計装アンプの応用

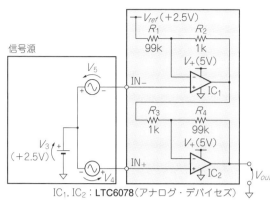

図3 図1の計装アンプの中身
OPアンプ2個タイプ．OPアンプ3個タイプもある

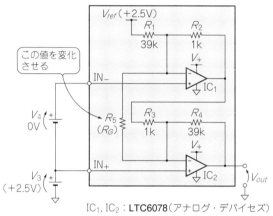

図5 ゲイン調整用の抵抗(R_G)を追加したプログラマブル・ゲイン計装アンプ

$$V_{out} = (1 + R_1/R_2)(V_{in+} - V_{in-}) \cdots\cdots\cdots (5)$$

図3の直流ゲインは次のように100倍です．

$$G = 1 + R_1/R_2 = 100 \cdots\cdots\cdots\cdots (6)$$

● パソコンで実験

　図3の計装アンプを電子回路シミュレータ LTspice で動かしてみましょう．入力（IN$_+$端子とIN$_-$端子）には，2.5 Vを中心に±5 mVを逆相で加えます．

　図4に入出力波形を示します．V_4とV_5は，解析をスタートして1 ms後に，振幅5 mVの正弦波（振幅5 mV）が発生します．V_{ref}端子は，電源電圧5 Vの半分(2.5)に設定しています．2.5 Vを中心に振幅±1 Vの正弦波が出力されています．ゲインは前述の手計算による結果と同じく，100倍(= 2 V/20 mV)です．

解析回路 10-4-②… 可変ゲイン計装アンプ

● ふるまい

　図5に示すのは，図3にゲイン調整用の抵抗(R_G)を追加した可変ゲイン型計装アンプです．

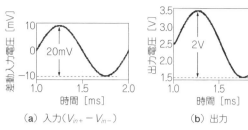

（a）入力($V_{in+} - V_{in-}$)　　（b）出力

図4 図3の入出力信号
2.5 V中心に±1 Vの正弦波(1 kHz)が出力される．ゲインは100倍(= 2 V/20 mV)

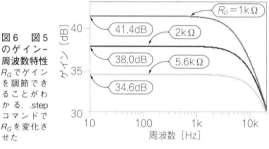

図6 図5のゲイン－周波数特性
R_Gでゲインを調節できることがわかる．.stepコマンドでR_Gを変化させた

　ゲイン調整用の抵抗R_Gは，OPアンプ(IC_1)の反転端子と，IC_2の反転端子の間に接続します．IC_1とIC_2のバーチャル・ショートにより，R_G両端の電位は入力端子($V_{in+} - V_{in-}$)の同電位です．R_Gには，V_{in+}とV_{in-}の変化に応じた電流が流れ，この電流はR_4に流れ込むので，図3の計装アンプよりゲインが高いです．

● ゲインを求める式

　図5のV_{ref}が2.5 Vのときの伝達特性は次式です．

$$V_{out} = (1 + R_1/R_2 + 1 + 2R_1/R_G)(V_{in+} - V_{in-}) \cdots (7)$$

ゲインは次のようになります．

$$G = 1 + R_1/R_2 + 2R_1/R_G \cdots\cdots\cdots\cdots (8)$$

　初期ゲイン($1 + R_1/R_2$)に，新たなゲイン$2R_1/R_G$が加わっています．つまり，R_Gの調整は，初期値の($1 + R_1/R_2$)から増やす方向です．直流ゲインを計算してみると，次のようになります．

　●$R_G = 5.6$ kΩのとき
　$G = 1 + 39$ kΩ$/1$ kΩ$+ 2 \times 39$ kΩ$/5.6$ kΩ ≒ 34.6 dB

● パソコンで実験

　図5の回路をLTspiceで動かして，R_Gを調整したときのゲイン－周波数特性の変化を調べてみます．図3と解析条件を比べると，OPアンプ・モデル，電源電圧，V_{ref}は同じですが，R_1とR_4の抵抗値は違います．

　$R_1 = R_4 = 39$ kΩ，$R_2 = R_3 = 1$ kΩ，$R_G = 5.6$ kΩとして，最小ゲインを34 dBに設定し，R_Gを小さくすることでゲインを増やします．R_Gは，.stepコマンドを使って，1 kΩ，2 kΩ，5.6 kΩと変化させます．

　図6に計算結果を示します．R_Gでゲインを上げる方向に調整できることがわかります．

◆参考文献◆
(1) 平賀 公久：バーチャル学習！ パソコン回路塾，トランジスタ技術SPECIAL，No.141，pp.52-53，CQ出版社．

10-5 入力を100%整流する アクティブ全波整流回路

〈平賀 公久〉

ダイオード・ブリッジで作る 一番シンプルな全波整流回路

● ダイオードの順方向電圧分ロスする

図1に示すのは，ダイオード・ブリッジ（$D_1 \sim D_4$）で作るパッシブ型の全波整流回路です．電源回路などに利用されています．この回路に交流信号を入力すると，そのすべての波が正電圧，または負電圧に整えられて出力されます．出力信号をコンデンサで積分（平滑）すると，直流信号になります．

図2に図1の電流のメカニズムを示します．図2(a)は交流の最初の半波が入力したとき，図2(b)は次の半波が入力したときの電流の流れ方です．図2(a)と図2(b)は電流の極性が逆です．入力信号の極性が変わるたびに，ダイオードがON/OFFして電流の経路が変わりますが，負荷抵抗には常に同じ向きの電流が流れます．

図3に示すように，入力信号の最大振幅は5Vですが，整流後の出力電圧の最大値はダイオードの順方向電圧分低くなります．入力電圧0V付近では，ダイオードが全部OFFして動作しません．

0Vから整流動作して ロスもないアクティブ全波整流回路

図4に示すのは，OPアンプで作るアクティブ型の全波整流回路です．ダイオード・ブリッジ全波整流回路のように順方向電圧分，出力電圧が低くなることがありません．0V付近の入力信号も整流してくれます．

● 動作

この回路も，入力電圧（V_{in}）が正（$V_{in} > 0\,\mathrm{V}$）か，負（$V_{in} < 0\,\mathrm{V}$）かによって動く部分が変わります．

▶ $V_{in} > 0\,\mathrm{V}$ のとき

OPアンプIC_1で構成された反転アンプの出力の電位は，グラウンドより低くなります．一方，D_2のカソードの電位は，OPアンプIC_1のバーチャル・ショートによってグラウンドと同じなので，D_2は逆バイアスになってOFFします．

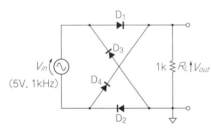

図1 ダイオード・ブリッジを使った一番シンプルな全波整流回路
入力電圧のピークより，ダイオードの順方向電圧分，出力電圧が低くなる．また，入力電圧が0V付近のときは，全ダイオードがOFFして整流動作しない

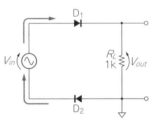
（a）最初の半波（$V_{in} > 0\,\mathrm{V}$）

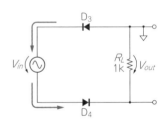
（b）次の半波（$V_{in} < 0\,\mathrm{V}$）

図2 図1のブリッジ・ダイオード全波整流回路の動作

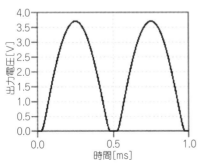

図3 図1のブリッジ・ダイオード全波整流回路の出力波形

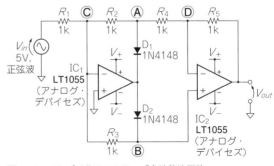

図4 OPアンプで作るアクティブ全波整流回路
入力電圧が0V付近でも整流動作する．また入力電圧のピーク値と出力電圧のピーク値が同じ

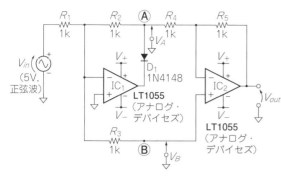

（a） $V_{in}>0$Vのとき

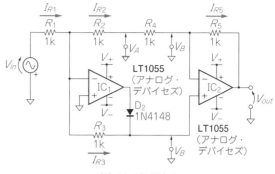

（b） $V_{in}<0$Vのとき

図5 図4のアクティブ全波整流回路の動作

図4は，図5（a）のように書き換えることができます．これは，OPアンプIC$_1$と抵抗（R_1とR_2）で構成した反転アンプと，OPアンプIC$_2$と抵抗（R_4, R_5）で構成した反転アンプの縦続接続です．

点Ⓐの電圧と入力電圧の間には次の関係があります．

$$V_A = -(R_2/R_1)V_{in} \quad \cdots\cdots\cdots\cdots\cdots (1)$$

出力電圧と点Ⓐの電圧には次の関係があります．

$$V_{out} = -(R_5/R_4)V_A \quad \cdots\cdots\cdots\cdots\cdots (2)$$

式（1）と式（2）から入力と出力の関係が次のように求まります．

$$V_{out} = \frac{R_2 R_5}{R_1 R_4} V_{in} \quad \cdots\cdots\cdots\cdots\cdots (3)$$

▶ $V_{in}<0$V の場合

OPアンプIC$_1$で構成された反転アンプの出力の電位は，グラウンドより高くなります．入力電圧が負のときは，ダイオードD$_1$がOFFします．OPアンプ IC$_2$の反転端子の電位は，非反転端子とバーチャル・ショートしているので，V_Bと同じです．

図4は図5（b）のように書き換えることができます．

R_1, R_2, R_3, R_4 に流れる電流（I_{R1}, I_{R2}, I_{R3}, I_{R4}）は次のように求まります．

$$\left\{ \begin{array}{l} I_{R1} = \dfrac{V_{in}}{R_1} \\[2mm] I_{R2} = -\dfrac{V_B}{R_2 + R_4} \\[2mm] I_{R3} = -\dfrac{V_B}{R_3} \\[2mm] I_{R5} = \dfrac{V_B - V_{out}}{R_5} \end{array} \right. \quad \cdots\cdots (4)$$

R_1に流れる電流は，R_2とR_3に分流するため，$I_{R1} = I_{R2} + I_{R3}$です．したがって次式が成り立ちます．

$$\frac{V_{in}}{R_1} = -\frac{V_B}{R_2 + R_4} - \frac{V_B}{R_3}$$
$$= -\frac{R_2 + R_3 + R_4}{(R_2 + R_4)R_3} V_B \quad \cdots\cdots\cdots\cdots (5)$$

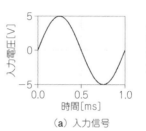

（a） 入力信号

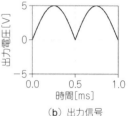

（b） 出力信号

図6 図4の回路の入出力波形

R_2に流れる電流はR_5に流れるので，$I_{R2} = I_{R5}$です．したがって次式が成立します．

$$-\frac{V_B}{R_2 + R_4} = \frac{V_B - V_{out}}{R_5} \quad \cdots\cdots\cdots\cdots (6)$$

式（6）を整理して，V_BとV_{out}の関係を調べると次のようになります．

$$V_B = \frac{R_2 + R_4}{R_2 + R_4 + R_5} V_{out} \quad \cdots\cdots\cdots\cdots (7)$$

式（5）に式（7）を代入して整理すると，入力と出力の関係が次のように求まります．

$$V_{out} = -\frac{R_3(R_2 + R_4 + R_5)}{R_1(R_2 + R_3 + R_4)} V_{in} \quad \cdots\cdots\cdots (8)$$

▶ まとめ

入力電圧と出力電圧の関係は，$V_{in}>0$Vのとき式（3），$V_{in}<0$Vのとき式（8）で表されます．

$R_1 = R_2 = R_3 = R_4 = R_5$とすれば，

- $V_{in}>0$Vのとき $V_{out} = V_{in}$
- $V_{in}<0$Vのとき $V_{out} = -V_{in}$

つまり，$V_{out} = |V_{in}|$になり，全波整流動作をします．

● パソコンで実験

図6に示すのは，図4のアクティブ全波整流回路の入出力波形です．ダイオード・ブリッジ全波整流出力のように，順方向電圧のロスがなく，正弦波がきれいに正電圧に整えられています．

センサ回路

フィルタ回路

OPアンプ応用

トランジスタ応用

パワー・アンプ

電源回路

10-6 レール・ツー・レールOPアンプで作る 全波整流回路

〈小川 敦〉

低周波の信号を取り扱うとき，その電圧量がほしくなることがあります．電圧の絶対値を測ろうとすると全波整流をすることになります．一般にダイオードは順方向電圧降下があるため，ダイオードだけでは低い電圧で誤差が出てしまいます．レール・ツー・レールOPアンプを使用すると，全波整流回路をシンプルに構成できます．全波整流回路はオーディオ用のVUメータや音声信号のレベルをマイコンで読み込みたいときなどにも使われます．

● レール・ツー・レールOPアンプを使用すると5V単一電源で全波整流回路が作れる

レール・ツー・レールOPアンプを使用すると，全波整流回路をシンプルに構成できます．

図1に示すのは，入力電圧が0Vでも動作可能で，出力もグラウンド・レベルまでスイングできる入出力レール・ツー・レールのOPアンプを使用した全波整流回路です．この回路は入力信号が正の電圧のときと，負の電圧のときで動作が変わります．

▶入力信号が負の電圧のときの動作

図2に示すのは，入力信号が負のときの等価回路です．入力信号が負の電圧のときは，OPアンプU_1は反転アンプとして動作します．このとき，図1にあるダイオードD_1は順方向になります．動作に無関係となるため，図2では省略しています．

U_1の非反転入力端子がグラウンドになっているため，入力電圧がグラウンド・レベルでも動作可能なレール・ツー・レール入力OPアンプが必要です．

反転アンプのゲインはR_1/R_2になります．R_1とR_2共に220 kΩのためゲインは1です．反転アンプなので，A点には入力信号の極性を反転した信号が出力されます．

OPアンプU_2はゲイン1のバッファ・アンプとして動作します．OUT端子にはA点と同じ波形が出力されます．

▶入力信号が正の電圧のときの動作

図1で入力信号が正の電圧のとき，OPアンプU_1は負の電圧を出力できません．反転アンプとしては動作せず，OPアンプの出力（B点）はグラウンド・レベルになります．その結果，ダイオードD_1は逆バイアスになり，動作に影響しなくなります．そのため，入力信号が正のときは，図3のような等価回路で表せます．

入力信号は抵抗R_2とR_1を介して，A点（バッファ・アンプの入力端子）にそのまま入力されます．そのため，A点とOUT端子は入力信号と同じ波形になります．

OUT端子の波形は，入力信号が負の電圧のときは正の電圧波形となり，正の電圧のときも正の電圧波形となるため，全波整流波形になります．

● 回路の動作解析

図4に示すのは，レール・ツー・レールOPアンプ

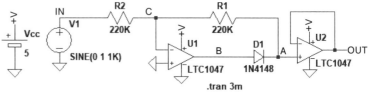

図1 レール・ツー・レールOPアンプを使用した全波整流回路
OPアンプの電源は5V単一電源となっている

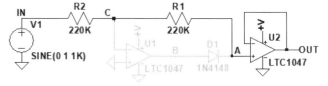

図2 OPアンプU_1はゲイン1倍の反転アンプとして動作する
入力信号が負のときの等価回路

図3 入力信号はR_1，R_2を介してそのままバッファ・アンプに入力される
入力信号が正のときの等価回路

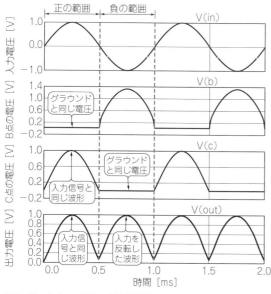

図4 図1のOUT端子は全波整流波形となる
レール・ツー・レールOPアンプを使用

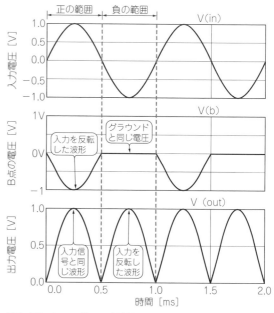

図6 図5のOUT端子は全波整流波形となる
正負電源OPアンプを使用

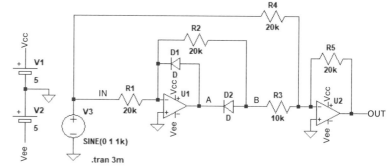

図5 OPアンプを使用した一般的な全波
整流回路では，半波整流回路と加算回路を
組み合わせて全波整流波形を作る

を使用した全波整流回路のシミュレーション結果です.

入力信号が正の電圧のときは，OPアンプU$_1$の出力（B点）はグラウンドと同じ電圧になっています．そして，C点の電圧は入力と同じ波形になり，OUT端子の電圧も入力と同じ波形になっています．

一方，入力信号が負の電圧のときは，OPアンプU$_2$の－入力端子（C点）の電圧はOPアンプの＋入力端子と同じ，グラウンド・レベルとなっています．そして，OUT端子の波形は，入力信号を反転した正の電圧波形となっています．

つまり，入力信号が正のとき，OUT端子は入力と同じ正の電圧波形になり，入力信号が負のときは入力信号を反転した正の電圧波形になっています．その結果,一番下の段のOUT端子の波形は,全波整流波形となっています.

● **一般的なOPアンプを使用した全波整流回路は，半波整流回路と加算回路を組み合わせて作る**

図5に示すのは，正負電源のOPアンプを使用した

一般的な全波整流回路です．OPアンプU$_1$とダイオードD$_1$とD$_2$で半波整流回路を構成しています.

B点の半波整流出力信号と入力信号を2対1の割合で加算することで，OUT端子に全波整流波形が出力されます．図1の回路は，図5の回路と比べると部品の数がかなり少なくなります.

図6に示すのは，図5の回路のシミュレーション結果です．B端子は半波整流波形で，OUT端子は全波整流波形になっています.

*

レール・ツー・レールOPアンプを使用すると，全波整流回路は非常にシンプルにできます．しかし，入力信号周波数が高くなるとうまく動作しません．入力信号が正の電圧の半サイクルでは，OPアンプが飽和状態になってしまうためです．そのため，このような弱点があることを理解したうえで，使用する必要があります.

10-7 アクティブ全波整流回路の高速化

〈中村 黄三〉

絶対値アンプは，入力されるAC信号をすべて正の電圧に変換する回路です（**図1**）.

- 正負両極性の信号を扱えない対数アンプ
- AC波形の真の実効値を求める測定回路（信号をDC化して0〜5 V，4 m〜20 mAなど工業標準アナログ信号に変換）

に使われます.

本稿では，物体のmm単位の移動距離を測定する差動トランスの信号処理を例に，AC出力信号を高精度に両波整流する絶対値アンプの設計ノウハウについても解説します.

本テクニックは，0.1 %の測定精度が求められる測量システム，交流メータ，発電所の電力管理の測定部などにも活用できます.

● センサが出力する交流信号を直流に変換したい

センサの中には，測定量がAC波形の振幅として出力されるものがあります. この種のセンサで代表的なものとしては，**図2**に示すような差動トランスがあります. 可動式のコアの位置に応じて，2つある2次巻き線（S_1とS_2）からAC波形の出力振幅が変化します.

このようなセンサのトランスデューサでは，正確な整流とフィルタリングによりAC波形の振幅変化をDCレベルに変換します.

ダイオードの実態

● ダイオード1個の整流回路の動作解析

ダイオードを利用すると，シンプルな整流回路が作れます. まずはダイオードだけで整流したらどうなるかを，LTspiceによるシミュレーションで確認してみます.

図3に示すテスト回路では独立電圧源 V_Sig を設けています. 電圧源から発生する100 Hz，$2 V_{P-P}$のAC波形をノードV_iからダイオードD_1（1SS187）に入力し，出力された半波整流波形をノードV_oでチェックします.

図4に**図3**の過渡解析結果を示します. 両者のピーク値を比較すると，V_oはV_iに対して約0.46 V低く，D_1を通過したことで減衰することがわかります.

減衰する値はLTspiceにカーソル線を表示させ，V_iとV_oのピーク点を選択すれば，カーソル位置の値を示すダイアログ・ボックスで数値を読み取れます.

● 0.3 V以下でさぼったり，温度で特性が変わったり…

減衰量がどのような条件でもV_iとV_oの差電圧が一定なら，その分を何らかの方法で補正すれば精度を確保でき，コストも低く抑えられます. そこで，V_Sigと命名した独立電圧源を入力側に設けます. これによりD_1に流す電流と周囲温度を強制的に変化させ，V_iとV_oの差に変化があるかどうかをチェックします（**図5**）.

電流が流れることでアノード-カソード間に発生する電圧（V_iとV_oの差）を，ダイオードの順電圧と呼び，記号としてはV_Fが使われます.

図6に示すDC解析結果から2つのことがわかります.

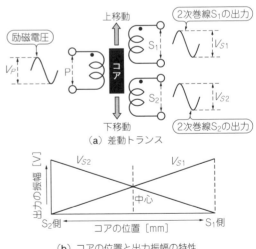

（a）差動トランス

（b）コアの位置と出力振幅の特性

図2 対象物の位置や移動量が測定できる差動トランスの動作
差動トランスの1次巻線Pをサイン波V_Pで励磁すると，2次巻線S_1とS_2からコアの位置で決まる振幅の出力V_{S1}，V_{S2}が出力される. コアと加工対象物（ワーク）などを機械的に連動させることで，各出力の振幅差からワークの位置情報や移動量を検出することができる

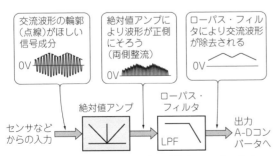

図1 絶対値アンプはAC波形の振幅を高精度にDC化できる
両波整流するとき，波形が崩れると正しい比率のDC成分が得られない. 絶対値アンプはダイオードによる整流より高品質な整流波形が得られる

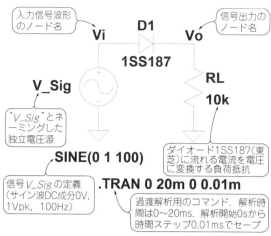

入力信号波形のノード名 **Vi**

D1

信号出力のノード名 **Vo**

1SS187

V_Sig

RL 10k

"V_Sig"とネーミングした独立電圧源

ダイオード1SS187(東芝)に流れる電流を電圧に変換する負荷抵抗

SINE(0 1 100)

信号V_Sigの定義(サイン波DC成分0V, 1Vpk, 100Hz)

.TRAN 0 20m 0 0.01m

過渡解析用のコマンド. 解析時間は0〜20ms. 解析開始0sから時間ステップ0.01msでセーブ

図3 ダイオード単体による半波整流回路
スイッチング・ダイオード1SS187(東芝)を用いた

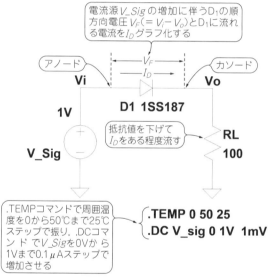

電流源V_Sigの増加に伴うD1の順方向電圧$V_F (= V_i - V_o)$とD1に流れる電流をI_Dグラフ化する

アノード **Vi**

V_F
I_D

カソード **Vo**

1V

D1 1SS187

V_Sig

抵抗値を下げてI_Dをある程度流す

RL 100

.TEMPコマンドで周囲温度を0から50℃まで25℃ステップで振り, .DCコマンドでV_Sigを0Vから1Vまで0.1μAステップで増加させる

.TEMP 0 50 25
.DC V_sig 0 1V 1mV

図5 ダイオードのV-I特性を解析してV_oの減衰が一定かどうかをチェック
D_1の温度変化を含めたV-I特性を調べる

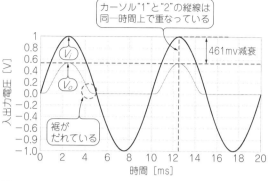

カーソル"1"と"2"の縦線は同一時間上で重なっている

461mv減衰

V_i

V_o

裾がだれている

時間 [ms]

入出力電圧 [V]

図4 図3のV_iに対してV_oが約−461 mV減衰する
ダイオード単体による100 Hzの半波整流波形. 2本のカーソルを表示させて, 出力波形V_oと入力波形V_iの振幅差を読み取る

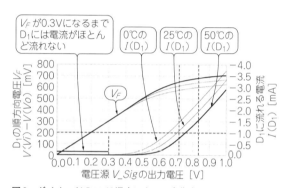

V_Fが0.3VになるまでD$_1$には電流がほとんど流れない

0℃の$I(D_1)$ 25℃の$I(D_1)$ 50℃の$I(D_1)$

V_F

D_1の順方向電圧 $V(V_i) - V(V_o)$ [mV]

D_1に流れる電流 $I(D_1)$ [mA]

電圧源 V_Sigの出力電圧 [V]

図6 ダイオードのV_Fは温度によって変化する
ダイオードISS187の温度ごとのV-I特性. V_Sigを直線的に増加させたときの, 温度0℃, 25℃, 50℃における$V_F (= V(V_i) - V(V_o))$と, D_1に流れる電流$I(D_1)$の変化をそれぞれプロットした

ダイオードのV-I特性_測定回路.raw

Cursor 1 — 0℃の V_Sig 値 $V_F = 660.39$mV
Horz: 760.39261mV   Vert: 1.0039266mA

Cursor 2 — 50℃の V_Sig 値 $V_F = 554.73$mV
Horz: 654.73441mV   Vert: 1.004715mA

$I(D1)$の値

Diff(Cursor2 − Cursor1)
Horz: −105.6582mV   Vert: 788.38392nA
Slope: −7.46164e-006

V_SigとV_Fの温度変化分

図7 0℃と50℃ではV_Fの値が約106 mV異なる(単位温度あたりでは−2.12 mV/℃)
図6のカーソル位置をダイアログ・ボックスを使って確認する. V_Fを一定と考えて補正することはできないことがわかる

▶① V_Fが0.3 Vを超すまでは, ダイオードに電流がほとんど流れない

アノード-カソード間は, V_F分だけ上昇します. この影響は, **図4**で示した整流波形の裾のだれ(波形ひずみ)になります.

▶② V_Fは温度により変化する

カーソルを$I(D_1) = 100 \mu$Aにおいて, V_Sig(V_Fはここから100 mVを引いた値)を見たとき, 50℃の温度上昇で約−106 mV変化していました(**図7**). 単位温度あたりに換算すると−2.12 mV/℃です.

ダイオードは平均で−2.2 mV/℃の直線的な温度係数を持つので, 温度センサとして商品化されている場合もあります.

ダイオードをOPアンプでピシャッと矯正

● OPアンプに仕事を依頼

図8に示すようにダイオードをOPアンプの帰還ループの中に入れると, V_Fによるひずみや温度変化の影響が除去された整流回路を構成することができます. その原理は, OPアンプの出力と2つの入力(反転と非

図8 OPアンプとダイオードを組み合わせて V_F の影響を除去した半波整流回路

OPアンプの出力は，2つの入力（反転と非反転）の電位が等しくなる（バーチャル・ショートの状態）ような大きさと方向に振る．OPアンプ出力 V_{o1} とダイオード D_1 を直列に接続し，V_{o2} から帰還をかける．OPアンプ出力 V_{o1} は D_1 の V_F 分だけ余計に振れるので，出力 V_{o2} も V_Sig の値と等しくなる．このような帰還のかけ方をリモート・センシングと呼ぶ．目的のノードで正確な値を得るための定石である

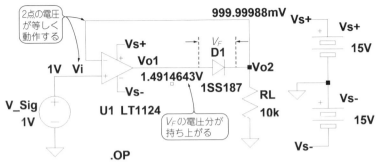

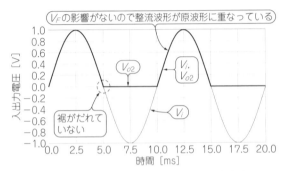

図9 V_F の影響が除去されるので，原波形の正の部分をナイフで切り取ったような整流波形となる

100 Hzの半波整流波形になる

反転）の電位が等しくなる（バーチャル・ショートと呼ぶ）方向と大きさで振ることにあります．

図8の回路では，ダイオードのカソード側が反転入力に接続されています．バーチャル・ショートの状態にするため，アノード側に接続されたOPアンプ出力 V_{o1} は，約1.49 Vと V_F 分だけ余計に振ります．反転入力とカソードの接合点 V_{o2} から信号を取り出せば，原波形をナイフで切り取ったような V_F を含まない整流波形が得られます（図9）．

このように正確性が求められるノード V_{o2} を自身の反転入力に接続してセンスし，回路中の誤差電位 V_F を除去する方法をリモート・センシングと呼びます．ICテスタなどでは定番の手法です．

● 後段に電圧加算回路を加えて両波整流化する

図10に示すように半波整流回路の後ろへ，電圧加算回路を加えると両波整流が可能になります．前段は U_1 による反転アンプ構成の半波整流回路です．反転なので D_1 の向きは，図8とは異なります．精度が必要なアノード側のノード V_{i2} は R_2 を介してセンシングされています．追加された D_2 は，D_1 が逆バイアスで V_{o1} と V_{i2} の間が非導通になる負の周期に導通させて，V_{o1} が正方向に跳ね上がってOPアンプが飽和することを防ぎます．

後段の U_2 により構成された電圧加算回路は，R_3 と R_4 に加わる電圧 V_{i2}（＝半波整流出力）と V_{i1} の和を V_{o2} から出力します．

▶ V_{i1} が負の周期における回路の動作

D_1 が非導通なので V_{i2} は0 Vです．V_{i1} だけが R_4 と R_5 の比で決まる反転ゲイン（$G = -1$）倍で，V_{o2} から出力されます．V_{i2} が -1 Vであれば，出力 V_{o2} は $+1$ Vです．

▶ V_{i1} が正の周期における回路の動作

D_1 が導通するので，V_{i1} が R_1 と R_2 の比で決まる U_1 の反転ゲイン（$G = -1$）倍され V_{i2} として R_3 に加わり

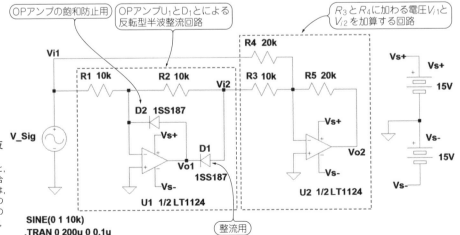

図10 両波整流を行える反転型絶対値アンプ回路

反転型半波整流回路（前段）と，電圧加算回路（後段）を組み合わせる．整流波高値の精度は，R_1 対 R_2 と R_3 対 R_4 の抵抗値の相対精度に依存する．R_5 の20 kΩを大きくすることで，整流出力を増幅できる

センサ回路
フィルタ回路
OPアンプ応用
トランジスタ応用
パワー・アンプ
電源回路

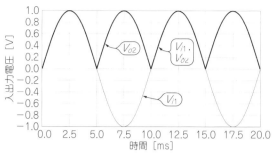

図11 信号源の極性に関係なく，すべて正極性である
図10の入力V_{i1}とV_2の出力V_{o2}の波形を重ねた結果．100 Hzの両波整流波形をローパス・フィルタで平均化して，サイン波の平均値と実効値の比である1.11倍すれば，信号源V_Sigの正確な実効値が得られる

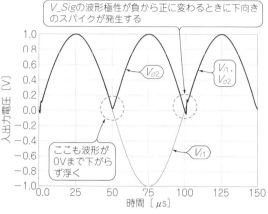

図12 V_Sigの周波数が高くなると，OPアンプの応答遅れによるスパイクが目立つ
V_Sigの周波数を100 Hz（図11）から10 kHzに増加させたときの整流波形

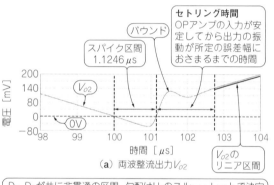

（a）両波整流出力V_{o2}

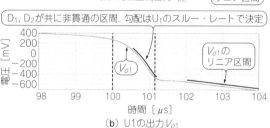

（b）U1の出力V_{o1}

図13 ダイオードの非導通区間の勾配は，U$_1$の出力のスルーレートが影響する
図12のスパイク発生部分を拡大した．（a）内の0Vより下側がスパイクが発生している区間（1.1246 μs）．（b）スパイク区間では，D$_1$，D$_2$が非導通で帰還がかからず，コンパレータ動作状態になる．スパイクの幅を狭くするには，スルー・レートの速いOPアンプに変更する

ます．このときV_{i1}が＋1Vであれば，V_{i2}は－1Vです．同時にR_4にも＋1VのV_{i1}が加わります．R_3とR_4が同じ値であればV_{o2}からの加算結果の出力は0Vですが，$R_3 = 10$ kΩ，$R_4 = 20$ kΩなので，R_3から見たU$_2$のゲインはR_4から見たときの2倍です．したがって，V_{o2}からは＋1Vが出力されます．

図11に示すようにV_{i1}の極性に関係なく出てくる波形は正となります．この回路は絶対値アンプと呼ばれます．

変化の速い交流信号には高速OPアンプを使う

● 入力信号が速くなると回路が応答できなくなる

図11はV_{i1}が100 Hzのときの波形でした．V_{i1}を10 kHzにすると，**図12**に示すように波形が乱れてきます．V_Sigが負に向かうゼロクロスのときは，整流波形の裾が0Vまで到達せず浮いています．

正に向かうゼロ・クロスでは，下向きの鋭いスパイク波形が生じています．これはV_{i1}の周波数が2桁上がったことで，回路の応答が追いつかなくなったためです．

差動トランスのような磁気結合を動作原理とするセンサでは，励磁周波数を上げることでサイズを小さくすることができるため，絶対値アンプを高速化する方法を検討します．

● スパイク電圧はOPアンプのスルーレートに起因

波形の細かい部分を見るため，スパイク波形が生じている部分を拡大します（**図13**）．**図13(a)**に出力V_{o2}の両波整流波形，**図13(b)**にU$_1$の出力V_{o1}の波形を表示させています．

V_{o1}の波形を見ると，正から負へ移行するゼロクロス区間で出力が急峻に立ち下がっています．V_{o1}は信号V_{i2}より速く変化するので，U$_1$はリニア動作から外れてコンパレータ的な動作をしています．

この現象は，V_{o1}がゼロクロスしてD$_2$からD$_1$へ動

作が引き継がれるとき，両者ともV_Fが同時に300 mV以下になることに起因します．**図6**で触れたように，V_Fが300 mV以下になると急速にダイオード電流が減少し非導通となります．

その結果，帰還が断ち切られ開ループ状態になります．V_{o1}のスイングがおおむね正常にもどるのは，スパイク区間が過ぎたあたりで，このときD$_2$は導通状態になっています．その後，約1.02 μs後あたりからは完全なリニア区間に入っています．

V_{o2}のスイングに目を向けると，正から負に向かい

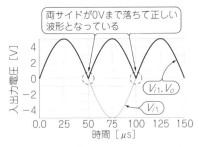

図15　OPアンプのスルーレートとセトリングが高速なタイプに取り換え，スピードアップ・コンデンサを追加するとスパイクはほとんど見えないくらいに低減する

図14の反転型絶対値アンプの10KHzに対する整流波形

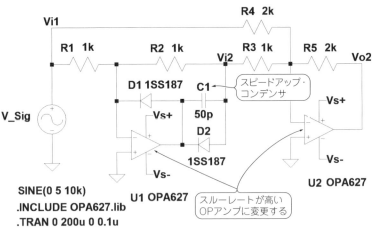

SINE(0 5 10k)
.INCLUDE OPA627.lib
.TRAN 0 200u 0 0.1u

図14　高速化に対応した反転型絶対値アンプ

C_1の50 pFは，図14のダイオード非導通区間のエッジをR_3へ，高速に伝える目的で追加する．スルーレートはLT1124の標準4.5 V/μsに対してOPA627は標準55 V/μsである

ゼロクロスしても，しばらくは下降を継続しています．本来ならゼロクロスの所でV_{i1}の波形が上昇に転じているので，V_{o2}も上昇しなければならないのですが，約1.125 μs経過してようやく0 Vまで上昇しています．この0 V以下の区間が，波形がスパイク状になる区間です．なぜこうした動作になるかというと，D_1が非導通であるので，V_{o1}の電圧が加算回路のV_{i2}に伝わらず（フローティング状態），V_{i1}の電圧が優勢となっているからです．D_1が導通し始めるとV_{i2}が優勢になりV_{o2}が上昇し始めます．

コンパレータ的な動作であれば，ダイオードの非導通区間の勾配は，U_1の出力のスルーレートそのものです．スパイクの幅を狭くするには，よりスルーレートの速いOPアンプに取り換えれば良いです．

V_{o2}がリニア領域入る前にバウンドしています．これが収まる時間をセトリング時間と呼びます．セトリング時間は構成された閉ループ回路の条件とOPアンプの位相余裕で決まるので，スルーレートの速いOPアンプを採用すれば，その時間も短くなるとは言えない点に留意してください．

● **スルーレートの速いOPアンプに置き換えて再評価**

前述の考えが正しいかどうか，図10で使ったLT1124の代わりに，より高速なOPA627（テキサス・インスツツメンツ）に取り換えて再評価してみます．図14に改良版の絶対値アンプを示します．

もう1つの変更として，V_{i1}の振幅を1 V_{peak}から5 V_{peak}に増大しています．これはスパイクの幅がOPアンプのスルーレートに依存し，扱う信号の振幅には依存しないからです．そこで，V_{i1}の振幅を大きくすることで，スパイク波形の面積を相対的に減少させることができます．

図15に図14の過渡解析結果を示します．回路の高

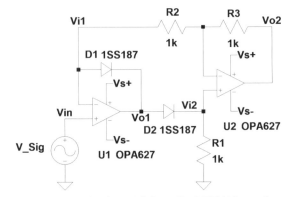

図16　入力インピーダンスを高くした非反転型絶対値アンプ

図8の回路を発展させた非反転アンプ構成の絶対値アンプで，高い入力インピーダンスが必要なときに最適．帰還がU_2からU_1へ多段帰還となっているので，利用するOPアンプによっては総合位相余裕に応じた値の発振防止用コンデンサを追加する

速化を図ったことにより，波形の両サイドが0 Vまで正しく降下していることがわかります．

● **入力インピーダンスを高くする方法**

反転型の絶対値アンプでは，入力インピーダンスZ_{in}を高くすることができません．図14の回路ではZ_{in}は1 kΩと信号源にとってはかなり重い負荷になります．

図16に非反転の絶対値アンプを示します．本回路では，出力インピーダンスが高いセンサをバッファなしで接続することができます．V_Sigが10 kHzにおける整流波形の品質は，図16とほぼ同じです．

＊

絶対値アンプを使用すると，ダイオードの順方向電圧降下の影響が除去され，mVからVオーダまでの信号振幅の変化を正しく整流することができます．このあとローパス・フィルタでAC波形を除去（平滑）すると，その時点でのDC平均値が得られます．

10-8 ヒステリシス・コンパレータの基本動作

〈平賀 公久〉

センサ回路

フィルタ回路

OPアンプ応用

トランジスタ応用

パワー・アンプ

電源回路

正帰還をかけていない通常のコンパレータの動作

● 基本動作

コンパレータは，入力電圧をある基準電圧と比べて，電圧が高いか低かったら出力電圧をHレベルからLレベル，またはLレベルからHレベルに遷移させる回路またはICのことです．OPアンプは，負帰還をかけクローズド・ループで使うのが基本ですが，図1(a)に示したように，コンパレータは，オープン・ループで使うのが普通です．

非反転入力端子の電圧が，反転入力端子に加える入力電圧がHレベルなのか，Lレベルなのかを判定する入力しきい値電圧(V_{th})になります．入力電圧が入力しきい値電圧を超えると，極性が反対の電圧(V_{OH}，V_{OL})を出力します．

コンパレータIC(LT1011)の出力はオープン・コレクタなので，出力がHレベルのときは，出力端子はハイ・インピーダンスになり，出力電圧は電源電圧(V_+)になります．出力がLレベルのときは，オープン・コレクタは電流を吸い込みます．

電源電圧(V_+)を5Vにすると，非反転入力端子の電圧(2.5V)が入力しきい値電圧になり，出力電圧は，$V_{OH} = 5V$，$V_{OL} = 0V$(厳密にはトランジスタの飽和電圧，数百mV)になります．

● 優柔不断で判定を覆したりする

図1(a)の回路は，入力電圧が上昇すると，ある電圧(入力しきい値電圧)を境に，出力電圧がHレベルからLレベルに切り換わりますが，ゆっくりと電圧が増している入力信号に，雑音が乗っていたりすると，出力電圧がいったんHレベルからLレベルに切り替わった後，再びHレベルに戻ってしまう誤動作(チャタリング)が発生します．

このようすを図2に示します．図2(a)が雑音が重畳された入力信号，図2(b)が出力信号です．

抵抗を1本追加してメリハリの効いたL/H判定をする

● オープン・ループで使うアンプのコンパレータに正帰還をかける

▶抵抗1本を追加すると，竹を割ったような判定をしてくれるようになる

図1(b)に示すのは，図1(a)に1本の抵抗(R_{3B})を加えて帰還(正帰還)をかけたコンパレータです．

抵抗を1本追加するだけで，コンパレータはヒステリシス性をもちます．Otto Schmitt氏が考案したので，ヒステリシス・コンパレータはシュミット・トリガ(Schmitt trigger)とも呼ばれます．

ヒステリシス・コンパレータは，入力電圧がLレベルからHレベルに上がるときと，HレベルからLレベルに下がるときに，入力しきい値電圧が切り変わります．入力しきい値電圧(V_{th1}，V_{th2})は，R_{3B}で決めることができます．

入力電圧が上昇して，いったん入力しきい値電圧を超えて出力電圧がHレベルからLレベルに切り替わると，その直後に入力しきい値電圧がガクンと下がります．このヒステリシス特性のおかげで，雑音の悪さによって，入力しきい値電圧付近で入力電圧が多少低下しても，入力しきい値電圧を下回ることができなくなります．その結果，いったんHレベルからLレベルに切り替わった出力電圧が，再びHレベルになるという

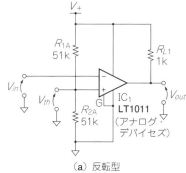

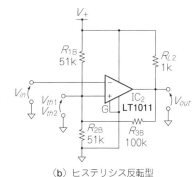

図1 優柔不断なコンパレータと竹を割るようにL/H判定をするコンパレータ
違いは1本の抵抗(R_{B1})があるかないか

(a) 反転型

(b) ヒステリシス反転型

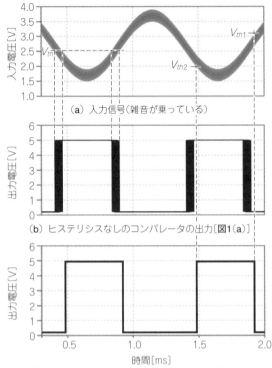

（a）入力信号（雑音が乗っている）

（b）ヒステリシスなしのコンパレータの出力［図1（a）］

（c）ヒステリシスありのコンパレータの出力［図1（b）］

図2　図1の2つのコンパレータに雑音の乗った信号を入力
ヒステリシス性をもたない図1（a）のコンパレータは，出力電圧がLレベルからHレベル，HレベルからLレベルに切り替わるときに，LレベルとHレベルの間を行ったり来たりしていて，どうもはっきりしない．一方，ヒステリシス性をもつ図1（b）のコンパレータは，LレベルとHレベルの往来なく，一発で切り換わる

誤動作が起こらなくなります．**図2（c）**が，このときのヒステリシス・コンパレータの出力波形です．

● **入力しきい値電圧が切り替わるようす**

R_3が出力とつながっているため，次のように，入力しきい値電圧は，出力電圧がHレベルのときとLレベルのときで変わります．

- 入力電圧がLレベルからHレベルに変わるとき
  V_{th1}
- 入力電圧がHレベルからLレベルに変わるとき
  V_{th2}

2つの入力しきい値電圧は，出力電圧がHレベルのときとLレベルのときを考えれば求まります．

▶出力がHレベルのときの入力しきい値電圧（V_{th1}）

コンパレータの出力はハイ・インピーダンスです．$R_3 + R_L$とR_1の並列抵抗（R_A）とR_2の分圧が非反転入力端子に加わります．R_Aは次のとおりです．

$$R_A = \frac{R_1(R_3 + R_L)}{R_1 + R_3 + R_L} \cdots\cdots\cdots (1)$$

非反転入力端子の電圧（V_{th1}）は次のとおりです．

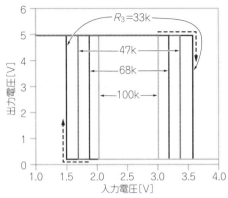

図3　図1（b）のヒステリシス・コンパレータ（反転型）の入力しきい値電圧の変化

$$V_{th1} = \frac{R_2}{R_A + R_2} V_+ \cdots\cdots\cdots\cdots (2)$$

▶出力がLレベルのときの入力しきい値電圧（V_{th2}）

コンパレータの出力は0Vです．R_2とR_3の並列抵抗（R_B）とR_1からなる分圧が非反転入力端子に加わります．

R_Bは次式で求まります．

$$R_B = \frac{R_2 R_3}{R_2 + R_3} \cdots\cdots\cdots\cdots (3)$$

非反転入力端子の電圧（V_{th2}）は次のとおりです．

$$V_{th2} = \frac{R_B}{R_1 + R_B} V_+ \cdots\cdots\cdots\cdots (4)$$

▶定数を入れて計算してみる

式（2）と式（4）を使って，**図1（b）**の入力しきい値電圧を計算すると次のようになります．

- $R_3 = 33\,\mathrm{k\Omega}$のとき：$V_{th1} = 3.6\,\mathrm{V}$，$V_{th2} = 1.4\,\mathrm{V}$
- $R_3 = 47\,\mathrm{k\Omega}$のとき：$V_{th1} = 3.4\,\mathrm{V}$，$V_{th2} = 1.6\,\mathrm{V}$
- $R_3 = 68\,\mathrm{k\Omega}$のとき：$V_{th1} = 3.2\,\mathrm{V}$，$V_{th2} = 1.8\,\mathrm{V}$
- $R_3 = 100\,\mathrm{k\Omega}$のとき：$V_{th1} = 3.0\,\mathrm{V}$，$V_{th2} = 2.0\,\mathrm{V}$

コンパレータに正帰還をかけると，非反転入力端子と反転入力端子間の電圧差が増すので，出力電圧の遷移が速くなるというメリットもあります．

● **パソコンで実験**

図1（b）の回路の動作をLTspiceで見てみましょう．

立ち上がり時間と立ち下がり時間が250 μsの三角波を入力して，R_3は.stepコマンドで33 kΩ，47 kΩ，68 kΩ，100 kΩに変えながら計算します．

図3に結果を示します．$R_3 = 100\,\mathrm{k\Omega}$のとき，出力電圧が切り替わる入力電圧をカーソルで調べると次のとおりでした．

$V_{th1} = 3.01\,\mathrm{V}$，$V_{th2} = 2.03\,\mathrm{V}$

前述の手計算との間にあるわずかな誤差は，オープン・コレクタの飽和電圧V_{OL}を0Vに設定したからでしょう．

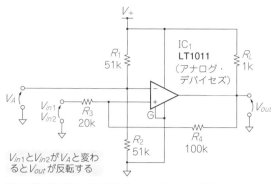

図4 非反転型のヒステリシス・コンパレータ回路
図1(b)の反転型より抵抗が1本多い

V_{in1}とV_{in2}がV_Aと変わるとV_{out}が反転する

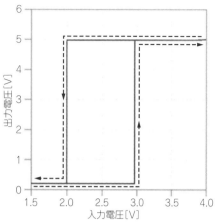

図5 図4の回路の入出力電圧変化
ヒステリシス性が実現されている

出力が反転しない 非反転型ヒステリシス・コンパレータ

図4に示すのは，非反転型のヒステリシス・コンパレータです．

反転型より抵抗が1個多いです．反転入力端子へ固定の電圧を加え，入力側のR_3とR_4により，非反転入力端子の電圧を出力電圧によって切り替えます．

● ふるまい

出力電圧がHレベルからLレベルに切り替わったとき，入力しきい値電圧（非反転入力端子の電圧）が，どのように変化するかを調べます．反転入力端子の電圧をV_Aとします．

▶出力電圧がHレベルのとき

非反転入力端子の電圧がV_Aと交差して，出力が切り替わる入力電圧をV_{in1}とすると，次式が成り立ちます．

$$V_A = \frac{R_3(V_+ - V_{in1})}{R_3 + R_4 + R_L} + V_{in1} \cdots\cdots\cdots\cdots (5)$$

入力しきいV_{th1}値電圧は，出力が切り替わるときの入力電圧なので，式(5)をV_{in1}で整理すると次式が得られます．

$$V_{th1} = V_{in1} = \frac{(R_3 + R_4 + R_L)V_A - R_3 V_+}{R_4 + R_L} \cdots (6)$$

▶出力電圧がLレベルのとき

非反転入力端子の電圧がV_Aと交差し，出力が切り替わる入力電圧をV_{in2}とすると，次式が成り立ちます．

$$V_A = \frac{R_4}{R_3 + R_4} V_{in2} \cdots\cdots\cdots\cdots\cdots\cdots (7)$$

このときの入力電圧がもう1つの入力しきい値電圧V_{th2}です．式(7)をV_{in2}で整理すると，次のようになります．

$$V_{th2} = V_{in2} = \frac{R_3 + R_4}{R_4} V_A \cdots\cdots\cdots\cdots (8)$$

ここで，V_Aは次式で表されます．

$$V_A = \frac{R_2}{R_1 + R_2} V_+ \cdots\cdots\cdots\cdots\cdots\cdots (9)$$

図4の回路定数を式(6)と式(8)に入力して計算すると，入力しきい値電圧が次のように求まります．

$V_{th1} = 2.0\ \text{V}$，$V_{th2} = 3.0\ \text{V}$

● パソコンで実験

図5にLTspiceのシミュレーション結果を示します．2つの入力しきい値電圧を調べると，

$V_{th1} = 2.00\ \text{V}$，$V_{th2} = 2.95\ \text{V}$

ですから，手計算と合っています．

---

column▶01 似て非なるOPアンプとコンパレータ

平賀 公久

OPアンプとコンパレータは，回路記号がどちらも3角形型です．内部回路もそっくりです．

▶違いその① スイッチング特性のよい出力段

OPアンプは，入力信号と出力信号の関係がリニア（線形）になるように特性がチューニングされています．コンパレータは，出力トランジスタのスイッチングが速く，重い負荷がつながれて，出力電流が多く流れても飽和電圧が低くなるように設計されています．

▶違いその② 位相補償用コンデンサがない

OPアンプには，発振しないように補償するコンデンサが内蔵されていますが，コンパレータにはありません．

第11章

トランジスタ応用回路の解析

小川 敦 Atushi Ogawa

11-1 検波等に使える ゲイン可変6石乗算回路

〈小川 敦〉

● 現役バリバリ

図1に示すのは、差動アンプを縦積みしたギルバート型乗算回路です。2つの信号の乗算が可能で、無線受信機のミキサや、無線送信機の変調回路、PLL(Phase Locked Loop)の位相比較器など、さまざまな用途に使われています。入力ダイナミック・レンジ拡大や、MOSトランジスタに置き換えた構成など、さまざまな改良が行われ、今も集積回路に多用されています。

● 基本構成…2つの差動アンプを縦積み

図1の上側にある差動回路の入力には、V_{B1}でバイアス電圧を加え、1 kHz、10 mV$_{P-P}$の正弦波を発生するV_1が接続されています。下側にある差動回路の入力には、V_{B2}でバイアス電圧を加え、1 kHz、10 mV$_{P-P}$の正弦波を発生するV_2が接続されています。Out1端子とOut2端子の差電圧出力には、V_1とV_2の信号を乗算した信号が出力されます。図1のV_1、V_2が発生している正弦波を$A\sin(\omega t)$とすると、出力は2つの信号の乗算なので、次のようにになります。

$$A\sin(\omega t)A\sin(\omega t) = A_2\frac{1 - \cos(2\omega t)}{2} \cdots (1)$$

式(1)の導出には次の三角関数の公式を使いました。

$$\sin(x)\sin(y) = \frac{\cos(x - y) + \cos(x + y)}{2} \cdots (2)$$

これは周波数が2倍の正弦波になることを示しています。そのため、Out1端子とOut2端子の差電圧出力には、2 kHzの信号が出力されます。

● 入力できる信号の種類と用途

ギルバート型乗算回路は、2つの入力の組み合わせによって、ざまざまな応用ができます。ここでは、代表的な4つの使い方を紹介します。

▶小振幅の正弦波と小振幅の正弦波を入力

この2つを入力すると、リニアな乗算回路として動作します。周波数逓倍回路や、周波数変換器として使われます。

図2に示すのは、図1の回路に小振幅の正弦波を2つ入力したときの出力波形です。図2(c)に示すのがOut1端子とOut2端子の差電圧出力です。入力信号に対して2倍の周波数をもつきれいな正弦波が出力されました。

▶小振幅の正弦波と矩形波を入力

矩形波を入力した差動回路は、スイッチング回路と

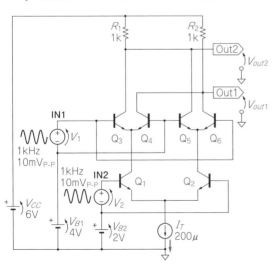

図1 IN$_1$とIN$_2$の信号を掛け算するギルバート型乗算回路
1 kHz、10 mV$_{P-P}$の正弦波を入力すると、差動電圧出力は2 kHzになる

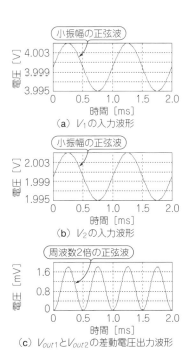

図2 図1のギルバート型乗算回路に2つの小振幅な正弦波をを入力したときの出力波形
出力信号は，入力信号の2倍の周波数を持つきれいな正弦波になっている

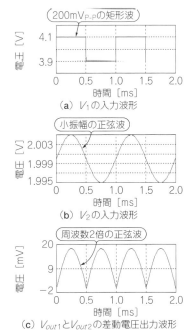

図3 図1のギルバート型乗算回路に正弦波と矩形波を入力したときの出力波形
出力は V_2 の正弦波信号を全波整流した波形になった

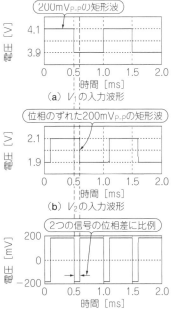

図4 図1のギルバート型乗算回路に位相のずれた200 mV$_{P-P}$の矩形波を入力したときの出力波形
V_1 と V_2 の位相差に比例したパルスが出力された

して動作します．同期検波回路や平衡変調器に使われます．

$\;$図3に示すのは，小振幅の正弦波と $200\,\mathrm{mV_{P-P}}$ の矩形波を入力したときの出力波形です．この回路は，同期検波回路として働き，V_2 の正弦波信号を全波整流した出力が得られました．

▶矩形波と矩形波を入力

$\;$この2つを入力すると，すべての差動回路がスイッチング回路として動作します．入力信号の位相差だけを取り出せるので，位相検波回路に使われます．

$\;$図4に示すのは，位相のずれた $200\,\mathrm{mV_{P-P}}$ の矩形波を入力したときの出力波形です．この回路は，位相検波回路として働き，V_1 と V_2 の位相差に比例したパルスを出力します．

▶小振幅の正弦波と直流電圧を入力

$\;$この2つを入力すると，直流電圧によって増幅率が変わる可変ゲイン・アンプになります．

$\;$図5に示すのは，小振幅の正弦波と $\pm 100\,\mathrm{mV}$ の直流電圧を入力したときの出力波形です．この回路は可変ゲイン・アンプとして働きます．V_1 が $-100\,\mathrm{mV}$ から0Vに近づくにつれゲインが小さくなり，V_1 が0Vの時，出力信号は0になります．V_1 がさらに $+$ 側に増加すると再びゲインが増えます．

$\;$出力信号の位相は，$V_1 = 0\,\mathrm{V}$ を境に反転します．

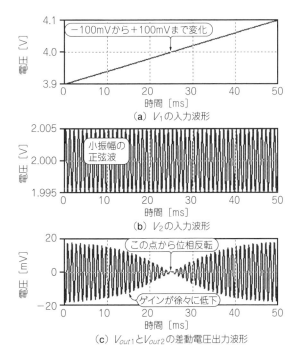

図5 図1の小振幅の正弦波と $\pm 100\,\mathrm{mV}$ の直流電圧を入力したときの出力波形
V_1 の変化によって，出力振幅が変化した

センサ回路

フィルタ回路

OPアンプ応用

トランジスタ応用

パワー・アンプ

電源回路

11-2　抵抗とコンデンサで調整する 定番2石発振回路

〈小川　敦〉

図1に示すのは，無安定マルチバイブレータを使った発振回路です．2つのトランジスタを直接，あるいはコンデンサを介して，たすき掛けに接続します．抵抗R_1とR_4が10kΩ，R_2とR_3が360kΩでコンデンサC_1，C_2は共に1μFです．出力はOut端子から取り出します．マルチバイブレータは，発振回路やフリップフロップ，タイマなど，いろいろな用途で使われます．

● 発振メカニズム

図2に示すのは，図1の無安定マルチバイブレータをシミュレーションした結果です．V_{out}とV_{O2}は，0〜5Vまで変化する矩形波です．互いに逆位相になっています．

Q_1がOFF，Q_2がONしている状態から考えます．この状態でQ_1がONすると，コンデンサC_1を介してQ_2のベース電圧V_{B2}を引き下げるので，Q_2がOFFします．電圧が引き下げられたV_{B2}は，R_2によってC_1が充電されるため，徐々に上昇します．V_{B2}が0.5V程度になると，Q_2がONします．Q_2がONすると，コンデンサC_2を介してQ_1のベース電圧V_{B1}を引き下げるため，今度はQ_1がOFFします．引き下げられたV_{B1}は，R_1によってC_2が充電され，0.5V程度になるとQ_1がONします．これを繰り返すことで発振状態を継続します．

● 発振周波数を計算で求める①：360kΩと1μFの充放電回路の時間応答をチェック

▶ステップ1：C(360kΩ)とR(1μF)が1個ずつのシンプルな回路を用意

図1の回路の発振周波数を求めるために，抵抗とコンデンサで構成された図3の回路で，入力電圧V_{in}をステップ状に変化させたとき，出力がどのように変化するか見てみましょう．V_{in}は1Vとしました．

図4に示すのは，図3の出力電圧の変化です．入力電圧V_{in}は，0Vから1Vにステップ状に変化しました．一方，出力電圧のV_{out}は，ゆっくりと変化し，やがてV_{in}と同じ電圧になります．

▶ステップ2：C(360kΩ)とR(1μF)の時定数と出力電圧の関係

この回路の出力電圧の時間変化の様子は，次式で計算できます．

$$V_{out} = V_{in}\{1 - \exp(-t/CR)\} \cdots\cdots\cdots\cdots (1)$$

この式の中に出てくる，コンデンサと抵抗の値を掛け合わせたCRは，時定数(τ)と呼ばれます．$t = CR$のとき，出力電圧は次のとおり計算できます．

$$V_{out} = V_{in}\{1 - \exp(-1)\} = 0.632\,V_{in}$$

出力電圧V_{out}は，入力電圧V_{in}の63.2％になります．

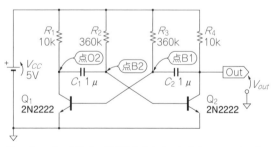

図1　シンプルな構成で矩形波を出力する無安定マルチバイブレータ
無安定マルチバイブレータを使った1.9Hzの発振回路

図3　抵抗とコンデンサを組み合わせたときの過渡応答特性を調べる回路
V_{in}の初期値は0Vで，1μs後に1Vにステップ状に変化する

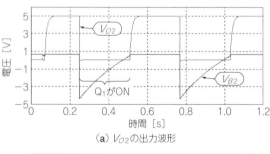

（a）V_{O2}の出力波形

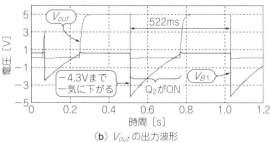

（b）V_{out}の出力波形

図2　図1の無安定マルチバイブレータを動作させたときの出力波形
発振周波数は約1.9Hzになっている

図3の定数だと，τ は次のとおり計算できます.

$\tau = 1\,\mu F \times 360\,k\Omega = 0.36$ 秒

▶ステップ3：電圧が V_{in} の半分に達する時間を $360\,k\Omega$ と $1\,\mu F$ の時定数で表す

図1の発振周波数は，τ から直接求めることはできません．図1の発振周波数を計算するには，入力電圧 V_{in} の半分に達する時間が重要です．この時間を計算するために，出力が入力電圧 V_{in} の比を求めてみます．

出力電圧の入力電圧に対する比率を k とすると，次式が成り立ちます．

$$k = \{1 - \exp(-t/CR)\} \cdots\cdots\cdots\cdots\cdots (2)$$

式(2)は次式のように変形できます．

$$1 - k = \exp(-t/CR) \cdots\cdots\cdots\cdots\cdots (3)$$

式(3)の両辺の逆数を取り，さらに両辺の自然対数をとると次式のように変形できます．

$$\ln\{1/(1-k)\} = t/CR \cdots\cdots\cdots\cdots\cdots (4)$$

式(4)を t について解くと次式のようになります．

$$t = \ln\{1/(1-k)\}\,CR \cdots\cdots\cdots\cdots\cdots (5)$$

式(5)に $k = 0.5$ を代入すると，次のようになります．

$$t = CR\ln(2) = 0.69\,CR$$

入力電圧 V_{in} の50％の電圧になるまでの時間は $0.69\,CR$ で計算できます．

● 発振周波数を計算で求める②：回路の動作のあらまし

▶Q_1 がON中

図1の回路の発振周波数を計算して求めます．Q_1 がONしているとき，V_{B1} は図2のとおり $0.25 \sim 0.5\,s$ の期間は $0.7\,V$ になります．

▶Q_2 がOFFからON

V_{B2} が $0.5\,V$ になったとき，Q_2 がONします．すると，V_{out} が $5\,V \to 0\,V$ に急変し，V_{B1} は $0.7\,V \to -4.3\,V$（$= 0.7\,V - V_{CC}$）に一気に下がります．その後，C_2 は R_3 で充電されるので，V_{B1} は $-4.3\,V \to 5\,V$ に向かって徐々に上昇します．V_{B1} の時間応答は式(1)のとおりです．

▶Q_1 がOFFからON

V_{B1} が上昇して $0.5\,V$ 程度になると，Q_1 がONして Q_2 がOFFします．Q_2 がOFFして V_{out} が上昇すると，連動して V_{B1} も上昇します．V_{B1} は，Q_1 のベースに直結しているので，$0.7\,V$ でクランプされます．

● Q_1 がOFFしてから再びONするまでの時間

Q_1 がONするまでの時間 T_1 は，C_2 の電圧が $-4.3 \to 0.5\,V$ になるまでにかかる期間です．式(1)の V_{in} に相当する電圧は電源電圧（V_{CC}）です．したがって次式で計算できます．

$$V_{in} = V_{CC} + (V_{CC} - 0.7) \cdots\cdots\cdots\cdots (6)$$

初期電圧は $0.7 - V_{CC}$ です．$0.5\,V$ になるまでの電圧の増加量 ΔV は式(7)のとおりです．

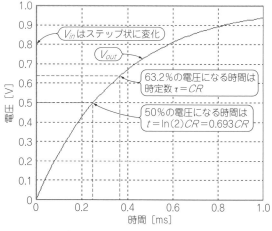

図4 図3の回路の過渡応答特性
出力が最終電圧の63.2％になるまでにかかる時間が時定数 CR．発振周波数を求めるときは，最終電圧の50％になるまでにかかる時間が重要

$$\Delta V = 0.5 - (0.7 - V_{CC}) = V_{CC} - 0.2 \cdots\cdots\cdots (7)$$

ΔV の入力電圧 V_{in} に対する比率 k は次式になります．

$$k = \frac{V_{CC} - 0.2\,V}{2V_{CC} - 0.7\,V} = \frac{5 - 0.2}{10 - 0.7} = 0.516 \cdots\cdots (8)$$

ΔV は，最終電圧の51.6％に相当し，この電圧になるまでの時間 T_1 は，式(8)を式(5)に代入すると，次のように求まります．

$$
\begin{aligned}
T_1 &= C_2 R_3 \ln\{1/(1-k)\} \\
&= C_2 R_3 \ln\left(\frac{1}{1 - 0.516}\right) \fallingdotseq 0.726\,C_2 R_3 \cdots\cdots (9)
\end{aligned}
$$

Q_2 がONするまでの時間 T_2 は次式になります．

$$
\begin{aligned}
T_2 &= C_1 R_2 \ln\{1/(1-k)\} \\
&= C_1 R_2 \ln\left(\frac{1}{1 - 0.516}\right) \fallingdotseq 0.726\,C_1 R_2 \cdots\cdots (10)
\end{aligned}
$$

▶周期の逆数を計算して周波数を求める

発振周期は T_1 と T_2 を足した期間です．$R_3 = R_2 = R_B$，$C_1 = C_2 = C$ とすると，発振周波数 f は次式で計算できます．

$$f = \frac{1}{T_1 + T_2} = \frac{1}{2 \times 0.726 \times CR_B} \cdots\cdots\cdots\cdots (11)$$

式(11)に C と R_B の値を代入すると次式になります．

$$
\begin{aligned}
f &= \frac{1}{2 \times 0.726 \times CR_B} = \frac{1}{2 \times 0.726 \times 1\,\mu F \times 360\,k\Omega} \\
&\fallingdotseq 1.9\,Hz \cdots\cdots\cdots\cdots\cdots\cdots\cdots\cdots\cdots (12)
\end{aligned}
$$

発振周波数は $1.9\,Hz$ になりました．図4のシミュレーション結果も発振周波数は約 $1.9\,Hz$ になっています．

式(8)で $k = 0.516$ と計算していますが，これを 0.5 と近似すると，式(11)は式(13)になります．無安定バイブレータの発振周波数の計算式としては，次式も広く使われています．

$$f = \frac{1}{2 \times \ln(2) \times CR_B} = \frac{1}{2 \times 0.693 \times CR_B} \cdots\cdots (13)$$

11-3 温度変動が少ない 4石リファレンス電圧

〈小川 敦〉

● 要点解説

図1に示すのは，温度が変化しても出力電圧が変動しない4石の基準電源回路です．

Q_2のコレクタ電流が減るとQ_3のベース電圧が上がり，Q_3のコレクタ電流が増して，出力電圧が上がります．逆に，Q_2のコレクタ電流が増すとQ_3のベース電圧が下がり，Q_3のコレクタ電流が減って，出力電圧が下がります．つまり，この回路は，Q_2のコレクタ電流とR_2に流れる電流が一致するように自動制御がかかり，出力電圧が一定にキープされます．

この基準電源回路の出力電圧は後述のように，次式で決まります．

$$V_{out} = 0.7\,V + 36\,mV \times 4R_1/R_3$$

第1項の0.7 Vは温度が上がると小さくなります．第2項の36 mVは温度が上がると大きくなります．つまりこの式は温度係数が正と負のものの足し算になっているので，R_1とR_3の比をよいところに決めれば，温度係数がゼロになります．図1では，$R_3 = 720\,\Omega$の

ときに温度係数がゼロになり，このとき出力電圧は約1.2 Vになります．

● V_{out}上昇に対する電流の増え方が違う2つの回路をつないでフィードバックをかける

▶$Q_1/Q_2/R_1$の回路は電流の増加が頭打ちする．Q_3/R_2の回路はどんどん増える

図2に示すのは，一部を取り出した回路です．Q_4の代わりに電圧源V_1を配置しました．Q_3は，単純なダイオードに置き換えて，モデル名を「NPN 0.25」としました．これは，1/4サイズのトランジスタです．図2の回路で，V_1を変えたときのQ_2のコレクタ電流とR_2の電流を調べます．図3に結果を示します．

Q_1とQ_2はカレント・ミラーとして動作しますが，R_3があるので，Q_1のコレクタ電流がリニアに増えても，Q_2のコレクタ電流はリニアに増えません．図2の定数では，V_{out}が1.23 Vより低いときは，R_2に流れる電流よりもQ_2のコレクタ電流のほうが大きくなります．V_{out}が1.23 Vよりも高いときは，R_2に流れる電流のほうが大きくなります．

● Q_2のコレクタ電流＝R_2に流れる電流となるようにV_{out}が自動的に調節される

図1の回路では，Q_2のコレクタ電流がR_2に流れる電流と等しくなるように，V_{out}が自動調整されます．

図1のQ_4は，エミッタ・フォロワとして動作し，R_1とR_2に同じ電圧を供給します．Q_3は，R_2の電流とQ_2のコレクタ電流が等しくなるように，Q_4を介してV_{out}を制御する働きをします．

▶V_{out}が安定電圧（約1.2 V）より低いとき

V_{out}が低いときは，図3のように，R_2に流れる電流

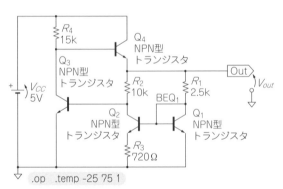

.op .temp -25 75 1

図1 －25～＋75℃でも出力電圧がほぼ変動しないバンドギャップ・リファレンス回路を使った基準電源

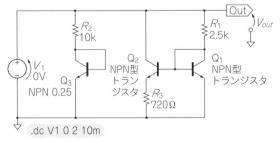

.dc V1 0 2 10m

図2 バンドギャップ・リファレンスの動作を理解するために一部を抜粋した回路
Q_4はV_1に置き換え，Q_2，Q_3の接続も変更した

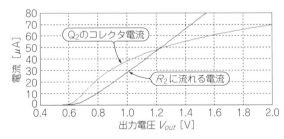

図3 図2の回路で入力電圧を変化させたときのR_2に流れる電流とQ_2のコレクタ電流の増減
1.23 V以下ではQ_2のコレクタ電流のほうが多く流れる

よりもQ_2のコレクタ電流のほうが大きいので，Q_3のベース電圧が低くなります．Q_3のコレクタ電流が流れないので，Q_4のベース電圧が高くなり，V_{out}の電圧が上昇します．

▶ V_{out}が安定電圧（約1.2 V）より高いとき

V_{out}が一定の電圧を超えると，R_2に流れる電流のほうが大きくなります．Q_3のベース電圧が高くなり，Q_3のコレクタ電流が増えます．Q_4のベース電圧が低くなり，V_{out}も下がります．これでV_{out}は，一定の電圧に落ち着きます．

● **出力電圧と回路定数の関係式を導く**

V_{out}が最終的に落ち着く安定電圧がいくつになるかを計算してみます．

▶ 出力電圧が落ち着いているときの各部の電流を整理

V_{out}が一定の電圧に落ち着くのは，R_2に流れる電流とQ_2のコレクタ電流が等しくなったときです．Q_1のベース-エミッタ間電圧V_{BE}とQ_3のV_{BE}が等しいと仮定すると，R_1とR_2に加わる電圧は等しくなります．R_2の抵抗値は，R_1の4倍なので，R_1にはR_2の4倍の電流が流れます．ベース電流を無視すると，R_1に流れる電流とQ_1のコレクタ電流は同じです．R_2に流れる電流とQ_2のコレクタ電流も同じです．したがって，Q_1のコレクタ電流は，Q_2のコレクタ電流の4倍です．

▶ ステップ1：Q_1とQ_2のV_{BE}を求める

Q_1とQ_2のV_{BE}は，次式で求まります．

$$V_{BEQ1} = V_T \ln\left(\frac{4 \times I_{CQ2}}{I_S}\right) \cdots\cdots\cdots\cdots\cdots (1)$$

$$V_{BEQ2} = V_T \ln\left(\frac{I_{CQ2}}{I_S}\right) \cdots\cdots\cdots\cdots\cdots\cdots (2)$$

ただし，$V_T = kT/q$，V_T：熱電圧（26 m）[V]，k：ボルツマン定数（1.38×10^{-23}[JK^{-1}]），T：絶対温度[K]，q：電子電荷1.602[C]

▶ ステップ2：Q_1とQ_2のV_{BE}の差電圧を求める

Q_2は，コレクタ電流が少ないので，V_{BE}も小さくなり，Q_1とQ_2のV_{BE}の差電圧ΔV_{BE}がR_3に加わる電圧になります．

ΔV_{BE}は次のとおりで計算できます．

$$\begin{aligned}\Delta V_{BE} &= V_{BEQ1} - V_{BEQ2} \\ &= V_T \ln\left(\frac{4 \times I_{CQ2}}{I_S}\right) - V_T \ln\left(\frac{I_{CQ2}}{I_S}\right) \\ &= V_T \ln\left(\frac{4 \times I_{CQ2}}{I_{CQ2}}\right) = V_T \ln(4) \cdots\cdots\cdots (3)\end{aligned}$$

▶ ステップ3：Q_2のコレクタ電流を求める

Q_2のコレクタ電流（≒エミッタ電流）は，式(3)の結果を使い，次のとおりになります．

$$I_{CQ2} = \frac{\Delta V_{BE}}{R_3} = \frac{V_T \ln 4}{R_3} \cdots\cdots\cdots\cdots\cdots (4)$$

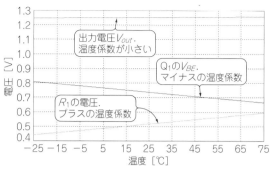

図4 図1の回路で温度を変化させたときの各部電圧の変化
マイナスとプラスの温度係数の電圧を加算することで，温度係数を小さくしている

▶ ステップ4：出力電圧V_{out}を求める

V_{out}は，Q_1のV_{BE}とR_1の電圧降下を加算した値になります．次式のとおり計算できます．

$$\begin{aligned}V_{out} &= V_{BEQ1} + I_{CQ1}R_1 = V_{BEQ1} + I_{CQ2} \times 4 \times R_1 \\ &= V_{BEQ1} + \frac{V_T \ln 4}{R_3} \times 4 \times R_1 \cdots\cdots\cdots\cdots (5)\end{aligned}$$

V_{BEQ1}を0.7 Vにして式(5)を書き換えると，次式のようになります．

$$V_{out} \fallingdotseq 0.7 + \frac{36\,\mathrm{mV}}{R_3} \times 4 \times R_1 \cdots\cdots\cdots\cdots (6)$$

▶ 出力電圧を求める式は，正と負の温度係数をもつ変数2つを足したもの

式(5)を見ると，第1項はV_{BEQ1}で，マイナスの温度係数をもっています．第2項はV_Tに比例した値で，プラスの温度係数をもっています．この両者を適切な比率で加算すれば，温度係数の小さな電圧が得られます．

▶ 結果的には，出力電圧を約1.2 Vに設定するのが一番温度安定性がよくなる

出力電圧を1.2 V程度にすると，温度係数はそれなりに小さくなります．実際の設計では，最も温度係数が小さくなるように，R_3の値を変更するなどして微調整します．

● **パソコンで実験**

図4に示すのは，図1のバンドギャップ・リファレンスの温度を変化したときの各部電圧です．マイナスの温度係数をもつV_{BEQ1}と，プラスの温度係数をもつR_1の電圧を加算すると，V_{out}の温度係数が小さくなりました．

図1の回路は，電源電圧を変えると，Q_3のコレクタ電流が増減します．これによりQ_3のV_{BE}も変化するので，V_{out}も少し変動します．バンドギャップ・リファレンスには，このような電源電圧への依存性を小さくする改良を加えるなど，いろいろなタイプの回路が考案され利用されています．

センサ回路　フィルタ回路　OPアンプ応用　トランジスタ応用　パワー・アンプ　電源回路

11-4 カットオフ周波数可変フィルタ

〈小川 敦〉

図1に示すのは，ゲイン可変アンプ(VCA：Voltage Controlled Amplifier)にコンデンサを追加したカットオフ周波数可変のアナログ・フィルタVCF(Voltage Controlled Filter)です．VCA部は定電流出力型(トランスコンダクタンス型)の増幅回路です．定電流源の電流値を変えると，VCA部の出力インピーダンスとともにカットオフ周波数が変わります．電子楽器のアナログ・シンセサイザは，定電流源の出力電流をのこぎり波や三角波などを生成する信号源で変調して，多彩なサウンドを出しています．

図1は，トランスコンダクタンス・アンプを使った1次のローパス・フィルタです．Q_1，Q_2のエミッタに接続された電流源の値は520 μAで，Q_9のベースに0.16 μFのコンデンサC_1が接続されています．

この回路は，カットオフ周波数10 kHzのローパス・フィルタとして動作します．

● 伝達関数の計算方法

図2に示すのは，図1の回路のブロック図です．

図1では，出力とトランスコンダクタンス・アンプの反転入力端子が直結していますが，図2では汎用性を持たせて，帰還経路にβという係数を挿入しています．

点Ⓐの電圧は，トランスコンダクタンス・アンプの出力電流と，C_1のインピーダンスを掛け合わせた値です．トランスコンダクタンス・アンプの出力電流は，＋入力端子と－入力端子の差電圧にg_mを掛けた値に

なります．バッファのゲインが1倍なので，点Ⓐの電圧V_AとOut端子の電圧V_{out}は等しくなります．トランスコンダクタンス・アンプの反転入力端子には，$V_{out}\beta$の電圧が加わります．V_{out}は次のとおりです．

$$V_{out} = V_A = (V_{in} - V_{out}\,\beta)g_m\,\{(1/j\omega\,C_1)\} \cdots (1)$$

式(1)をV_{out}について解くと，次のとおりです．

$$V_{out} = V_{in}\frac{1/\beta}{\dfrac{1}{j\omega C_1/g_m}+1} \cdots\cdots (2)$$

図1の回路だと，βの値は1なので，式(2)で$\beta = 1$を代入すると次のとおりになります．

$$V_{out} = V_{in}\frac{1}{j\omega C_1/g_m+1} \cdots\cdots\cdots (3)$$

式(3)は，1次ローパス・フィルタの伝達関数と同じ形で，時定数τはC_1/g_mです．カットオフ周波数fは次のとおり計算できます．

$$f = g_m/(2\pi C_1) \cdots\cdots\cdots\cdots\cdots (4)$$

● 周波数特性を見てみる

図1の回路で，Q_3，Q_4とQ_5，Q_6，およびQ_7，Q_8は，それぞれカレント・ミラーを構成しています．差動対のトランジスタQ_2のコレクタ電流は，Q_3，Q_4のカレント・ミラーを経由し，Q_5，Q_6のカレント・ミラーによって点Aに出力されます．Q_1のコレクタ電流は，Q_7，Q_8のカレント・ミラーによって点A出力されます．入力から点Ⓐまでのg_mは，次のとおりです．

$$g_m = I_1/2V_T \cdots\cdots\cdots\cdots\cdots\cdots (5)$$

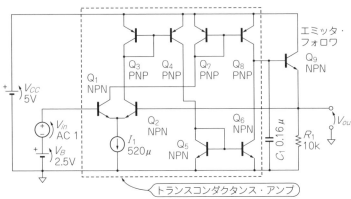

図1 カットオフ周波数10 kHzのロー・パス・フィルタとして動作する「トランスコンダクタンス・フィルタ」
トランスコンダクタンス・アンプを使った1次のロー・パス・フィルタ

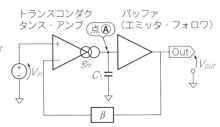

図2 図1の回路のブロック図
汎用性をもたせるため，帰還経路にβという係数を挿入した

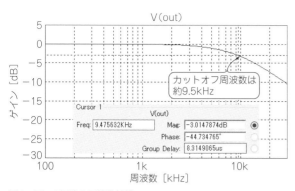

図3 図1の回路の周波数特性
カットオフ周波数は約9.5 kHzで，ほぼ計算どおりの結果になった

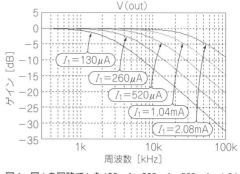

図4 図1の回路でI_1を130 μA，260 μA，520 μA，1.04 mA，2.04 mAと変化させた時の周波数特性
電流値に応じてカットオフ周波数が変わっている

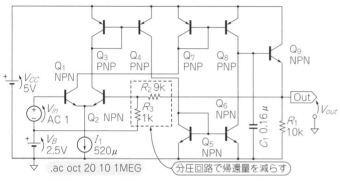

図5 図1の回路にR_2，R_3を追加して帰還量を1/10にした回路

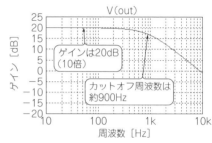

図6 図5の回路の周波数特性
計算通り，ゲイン10倍，カットオフ周波数1/10になっている

式(4)に式(5)のg_mを代入して次式を得ます．

$$f = \frac{I_1 \times 2 \times V_T}{2\pi C_1} = \frac{I_1}{4\pi V_T C_1} \quad\cdots\cdots\cdots\cdots (6)$$

ただし，$V_T = kT/q$，V_T：熱電圧(26 m)[V]，k：ボルツマン定数(1.38×10^{-23}) [JK^{-1}]，T：絶対温度[K]，q：電子電荷(1.602×10^{-19}) [C]

式(6)に図3の定数を代入すると，次のとおりカットオフ周波数が9.95 kHzと求まります．

$$f = \frac{I_1}{4\pi V_T C_1} = \frac{520\,\mu A}{4\pi \times 26\,mV \times 160\,nF} \fallingdotseq 9.95\,kHz$$
$$\cdots\cdots\cdots\cdots\cdots\cdots\cdots\cdots\cdots\cdots\cdots\cdots (7)$$

図3に示すのは，図1のトランスコンダクタンス・アンプの周波数特性です．カットオフ周波数は，約9.5 kHzとほぼ計算とおりの値になりました．

式(6)で重要なのが，カットオフ周波数が電流I_1で変化することです．図1の回路は，I_1を可変することで，カットオフ周波数を可変できるフィルタになります．

図4は，図1の回路のI_1を130 μA，260 μA，520 μA，1.04 mAと変化させたときの周波数特性です．電流値に応じてカットオフ周波数が変化しています．

● **帰還量を変えてみる**

図5は，図1の回路の帰還量をR_2，R_3の抵抗分割によって変更したトランスコンダクタンス・フィルタで

す．帰還量は，図2のβに相当し，次のとおり0.1と求まります．

$$\beta = \frac{R_3}{R_2 + R_3} = \frac{1\,k\Omega}{1\,k\Omega + 9\,k\Omega} = 0.1 \cdots\cdots\cdots\cdots (8)$$

式(2)に$\beta = 0.1$を代入すると，次のとおりになります．これが図5の伝達関数になります．

$$V_{out} = V_{in} \frac{10}{(j\omega \times 10 \times C_1)/g_m + 1} \cdots\cdots\cdots\cdots (9)$$

図5の回路の全体ゲインは，図3の回路に比べて10倍になりました．時定数τも10倍なので，カットオフ周波数は1/10の約950 Hzに低下します．

図6に示すのは，図5の帰還量を1/10にしたトランスコンダクタンス・アンプの周波数特性です．低域のゲインは20 dB(10倍)，カットオフ周波数は900 Hzで，ほぼ計算どおりの結果になりました．

図1の回路は，カットオフ周波数よりも周波数が高く，振幅の大きな信号(100 mV$_{P-P}$以上)が入力されると，Q_1，Q_2の差動トランジスタの入力許容範囲を超えるので，所望のフィルタ動作をしなくなります．

この場合は，入力に抵抗分割によるアッテネータを挿入し，入力信号を減衰させます．減衰させた分は，図5の回路のように帰還量を減らしてゲインを持たせます．このように全体のゲインを1倍にして使うことがあります．

11-5 ひずみ1/10のたすきがけ差動アンプ

〈小川 敦〉

ベース-エミッタ間電圧の非直線性に影響されない差動アンプ

● 非直線性の影響をもろに受ける差動アンプ

図1に示すのは，トランジスタ2個と電流源1個で構成された基本的な差動アンプです．

この回路は，Q_1とQ_2のV_{BE1}とV_{B2}とI_1，I_2の関係は非線形なので，ひずみが発生します．$I_1 + I_2$は一定ですから，V_{BE1}が大きくなるとI_1が増してI_2が減り，V_{BE2}が小さくなります．2個のトランジスタのベース-エミッタ間電圧の非線形性が信号をひずませます．

● 低ひずみ化に失敗した回路

図2に示すのは，トランジスタのベース-エミッタ間電圧とコレクタ電流の非直線性を改善しようとした

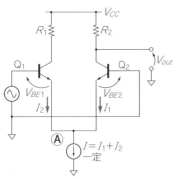

図1 オーソドックスなトランジスタ2石の差動アンプ
トランジスタのベース-エミッタ間電圧とコレクタ電流の非線形性の影響が出るため，ひずみが悪い

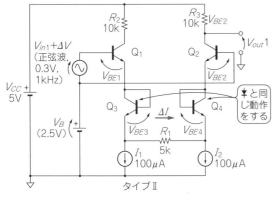

図2 図1の非直線性ひずみ改善に失敗した回路
図2は入力と出力が同相，図3は反転する

差動アンプです．定電流源が2つあり，入力電圧V_{in1}をR_1で電流に変換し，負荷R_3で電圧にして出力しています．R_1はゲインや安定性を調節するための抵抗です．

この回路のQ_3とQ_4はダイオードと働きが同じです．ΔV_{BE1}とΔV_{BE2}に加えて，ΔV_{BE3}とΔV_{BE4}の非直線性も加わるので，ひずみは改善されるどころか，逆に悪化します．

入力電圧がΔV増すと，Q_1とQ_3のコレクタ電流がΔI増えます．R_1に流れる電流もΔI増えて，Q_2とQ_4のコレクタ電流はΔI減ります．

ΔV_{BE1}とΔIの関係を式で表すと次のようになります．

$$\Delta V_{BE1} = \Delta V_{BE2}, \ \Delta V_{BE2} = \Delta V_{BE4}, \ I_1 = I_2 = I,$$
$$V_T = \frac{kT}{q} とすると，$$
$$\Delta V = 2 \times \Delta V_{BE1} + \Delta I R_1 - 2 \times \Delta V_{BE2}$$
$$= 2 \times V_T \ln\left(\frac{I + \Delta I}{I_S}\right) + \Delta I R_1 - 2 \times V_T$$
$$\ln\left(\frac{I - \Delta I}{I_S}\right) = 2 \times V_T \ln\left(\frac{I + \Delta I}{I - \Delta I}\right) + \Delta I R_1$$
$$\cdots\cdots\cdots\cdots\cdots\cdots\cdots (1)$$

式(1)には非直線性を示す$\ln$の項があります．

● 低ひずみ化に成功した回路

図3に示すのは，V_{BE}の非直線性がキャンセルされる低ひずみ差動アンプです．Q_1のエミッタにQ_4のベースが，Q_2のエミッタにQ_3のベースが接続されています．

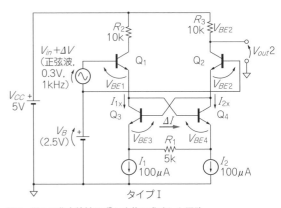

図3 図2の非直線性ひずみ改善に成功した回路

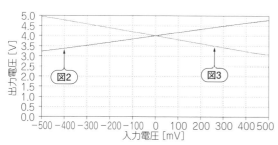

図4 図2と図3の回路の入出力電圧特性

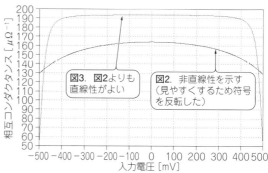

図5 図2と図3の相互コンダクタンス特性
Q_2のコレクタ電流を入力電圧で微分した結果. 図3は図2より直線性がいい

入力電圧がΔV増すと，Q_1とQ_3のコレクタ電流がΔI増して，Q_2とQ_4のコレクタ電流はΔI減ります.

ΔVとΔIの関係を求めると次のようになります.

$$
\begin{aligned}
\Delta V &= \Delta V_{BE1} + \Delta V_{BE4} - \Delta IR_1 - \Delta V_{BE2} - \Delta V_{BE3} \\
&= V_T\ln\left(\frac{I+\Delta I}{I_S}\right) + V_T\ln\left(\frac{I-\Delta I}{I_S}\right) \\
&\quad - \Delta IR_1 - V_T\ln\left(\frac{I-\Delta I}{I_S}\right) - V_T\ln\left(\frac{I+\Delta I}{I_S}\right) \\
&= \Delta IR_1 \cdots\cdots\cdots\cdots\cdots\cdots\cdots\cdots (2)
\end{aligned}
$$

このように，入力電圧変化（ΔV）と出力電流（ΔT）の関係は，非線形な項のないシンプルな式で表すことができます．符号にマイナスが付いているので，ΔIは図3の矢印とは反対方向に流れます．つまり，入力電圧と出力電圧の位相が反転します．

パソコンで実験

● 入出力特性

図4に，図2と図3の回路の入出力電圧特性を示します．

.dc解析コマンドを使いました．入力は-0.5V〜$+0.5$Vで，1mVステップで変化させました．図2の入力と出力は同相ですが，図3は反転しています．

● 相互コンダクタンスの直線性

図5に示すのは，Q_2のコレクタ電流を入力電圧で微分した相互コンダクタンス（g_m）です．

図3は，図2よりg_mが一定で直線性がよいです．g_mの直線性がよいということは，「入力電圧が電流に変換されるときのひずみが小さい」ということです．

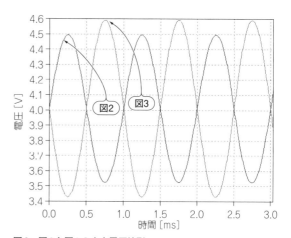

図6 図2と図3の出力電圧波形
ピーク0.3V，1kHzの正弦波を入力．図3のほうがゲインが大きい

● ひずみ率

図6に示すのは，図2と図3の回路に，ピーク0.3V，1kHzの正弦波を入力したときの出力電圧です．

.tran 0 5m 0 0.1uにより，5msまで最大刻み幅0.1μsとしてトランジェント解析を行います．図3のほうがゲインが少し高いことがわかります．

図7に示すのは，フーリエ解析（.fourコマンド）で計算したひずみ率（*THD*：Total Harmonic Distortion）です．図2は約0.41%，図3は約0.03%と，1桁以上違います．.fourの解析結果は，CTRLキーとEを同時に押すと現れるエラー・ログに表示されます．

図7 図6の波形から求めた全高調波ひずみ率
図3は図2より1/10以上低ひずみである

```
                                        図3
Fourier components of V(outa)
Total Harmonic Distortion: 0.030431%(0.025689%)

                                        図2
Fourier components of V(outb)
Total Harmonic Distortion: 0.410876%(0.410545%)
```

第12章

パワー・アンプ回路の解析

小川 敦，平賀 公久 Atushi Ogawa, Kimihisa Hiraga

12-1 低ひずみで電流増幅するA級アンプ

〈小川 敦〉

A級パワー・アンプは，無信号時であっても負荷に供給する出力電流以上の電流を出力トランジスタに流します．ひずみ（クロスオーバひずみ）が発生しないため，高品質・高級オーディオ・アンプに採用されています．無信号時に最大出力電力の4倍以上の電力を消費するため，A級パワー・アンプには大きな放熱器と大容量の電源が必要です．

● 最大出力10 W出力のA級アンプ

図1は簡略化したA級パワー・アンプの出力回路です．NPNトランジスタのみで構成しています．4Ω負荷で10 Wの出力が得られる定数設定を算出します．

▶10 W出力に必要な電源電圧を計算する

負荷抵抗R_Lに発生する電力P_Lは，出力電圧をV_{out}とすると次式で計算できます．

$$P_L = \frac{V_{out}^2}{R_L} \cdots\cdots (1)$$

式(1)を変形してV_{out}を求め，値を代入すると式(2)のようにV_{out}は6.3 V_{RMS}になります．

$$V_{out} = \sqrt{P_L R_L} = \sqrt{10\,V \times 4\,\Omega} = 6.3\,V_{RMS} \cdots (2)$$

6.3 Vは実効値であるため，V_{out}のピーク値は$\sqrt{2}$倍の8.9 Vです．電源電圧は若干の余裕を見て±9 Vに設定します．つまり，正電源V_{CC}と負電源V_{EE}の電源電圧の大きさはともに9 Vになります．

▶出力トランジスタを駆動する電流を計算する

図1のQ_2とQ_3はカレント・ミラー回路となっており，Q_2は定電流源として動作します．無信号時のQ_2のコレクタ電流をアイドリング電流I_{Idle}と呼んでいます．

出力電圧を負電源の電圧値V_{EE}まで下げるために必要な電流I_{Idle}を求めます．R_Lでの電圧降下がV_{EE}と同じ9 Vになる必要があるので，次式のように2.25 Aになります．

$$I_{Idle} = \frac{V_{EE}}{R_L} = \frac{9\,V}{4\,\Omega} = 2.25\,A \cdots\cdots\cdots (3)$$

この電流値が最低限必要です．Q_2のコレクタ電流は余裕を見て2.3 Aにします．Q_2とQ_3はカレント・ミラーであるため，Q_3に供給する電流を2.3 Aにすると，Q_2は2.3 Aの定電流源として動作します．

以上の設定で，図1に示した回路は10 W出力のA級パワー・アンプとして動作します．

● 全力運転のパワー・トランジスタの消費電力が心配

▶計算式

トランジスタQ_2は定電流源であるため，コレクタ電流は常に一定です．この電流をI_{Idle}として，出力電圧をV_{OP}，負電源の電圧値をV_{EE}とすると，Q_2の消費電力P_{Q2}は次式で計算できます．

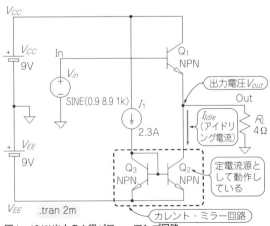

図1 10 W出力のA級パワー・アンプ回路
クロスオーバーひずみが発生しないので高級オーディオ・アンプに採用されている

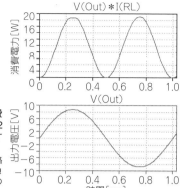

図2　負荷抵抗の消費電力は出力電圧の2倍の周波数で変化する

A級パワー・アンプ回路の出力電圧波形と4Ω負荷抵抗の出力電力のシミュレーション結果

図3　出力トランジスタQ1とQ2の消費電力を足し合わせると平均して30.5Wの電力を消費している

出力電圧，Q1とQ2の消費電力，Q1の消費電力とQ2の消費電力を足し合わせたシミュレーション結果

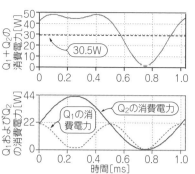

$$P_{Q2} = I_{Idle}\{V_{OP} - (-V_{EE})\} = I_{Idle}(V_{OP} + V_{EE}) \cdots (4)$$

出力電圧を$V_{OP}\sin(\omega t)$という正弦波とすると，消費電力P_{Q2}は次式のように，出力電圧と同じ正弦波状に変化します．

$$P_{Q2} = I_{Idle}V_{OP}\sin(\omega t) + I_{Idle}V_{EE} \cdots (5)$$

Q1のコレクタ電流I_CはV_{OP}の値によって変化し，次式で表せます．

$$I_C = \left(I_{Idle} + \frac{V_{OP}}{R_L}\right) \cdots (6)$$

Q1の消費電力P_{Q1}は正電源の電圧値をV_{CC}とすると，次式になります．

$$P_{Q1} = I_C(V_{CC} - V_{OP}) = \left(I_{Idle} + \frac{V_{OP}}{R_L}\right)(V_{CC} - V_{OP})$$
$$\cdots (7)$$

$V_{CC} = V_{EE}$であることから，式(3)のV_{EE}をV_{CC}に置き換えると，$I_{Idle} = V_{CC}/R_L$になります．式(7)を展開して一部のI_{Idle}をV_{CC}/R_Lに置き換えると，次式のようになります．

$$P_{Q1} = I_{Idle}V_{CC} + \frac{V_{OP}}{R_L}V_{CC} - I_{Idle}V_{OP} - \frac{V_{OP}^2}{R_L}$$
$$= I_{Idle}V_{CC} + \frac{V_{OP}}{R_L}V_{CC} - \frac{V_{CC}}{R_L}V_{OP} - \frac{V_{OP}^2}{R_L}$$
$$= I_{Idle}V_{CC} - \frac{V_{OP}^2}{R_L} \cdots (8)$$

出力電圧を$V_{OP}\sin(\omega t)$という正弦波とすると，消費電力P_{Q1}は次式になります．

$$P_{Q1} = I_{Idle}V_{CC} - \frac{\{V_{OP}\sin(\omega t)\}^2}{R_L}$$
$$= I_{Idle}V_{CC} - \frac{V_{OP}^2}{2R_L}\{1 - \cos(2\omega t)\} \cdots (9)$$

式(9)からわかるように，Q1の消費電力は出力電圧の2倍の周波数で変化します．

▶トランジスタは最大出力の3倍の30 Wを消費し続ける

図1のA級パワー・アンプ回路で出力を最大にしたとき，負荷への出力電力と出力トランジスタQ1，Q2の消費電力を比較してみます．

負荷抵抗に発生する電力は式(10)になります．Q1，Q2の消費電力は，それぞれ式(5)と式(9)で表されます．

$$P_{RL} = \frac{\{V_{OP}\sin(\omega t)\}^2}{R_L}$$
$$= \frac{V_{OP}^2}{2R_L}\{1 - \cos(2\omega t)\} \cdots (10)$$

平均電力は$\sin(\omega t) = 0$ W，$\cos(2\omega t) = 0$ Wと置いて求められます．$V_{CC} = V_{EE}$，$V_{OP} = V_{CC}$，$I_{Idle} = V_{EE}/R_L$の関係より平均電力を表すと，それぞれ式(11)，式(12)，式(13)になります．

$$\overline{P_{RL}} = \frac{V_{CC}^2}{2R_L} \cdots (11)$$

$$\overline{P_{Q2}} = I_{Idle}V_{EE} = \frac{V_{CC}^2}{2R_L} \cdots (12)$$

$$\overline{P_{Q1}} = I_{Idle}V_{CC} - \frac{V_{OP}^2}{2R_L} = \frac{V_{CC}^2}{R_L} - \frac{V_{CC}^2}{2R_L}$$
$$= \frac{V_{CC}^2}{2R_L} \cdots (13)$$

出力電力とトランジスタの消費電力の比は次式になります．

$$\overline{P_{RL}} : \overline{P_{Q2}} + \overline{P_{Q1}} = \frac{V_{CC}^2}{2R_L} : \frac{3V_{CC}^2}{2R_L} = 1 : 3 \cdots (14)$$

式(14)から，トランジスタの消費電力は出力電力の3倍になります．10 W出力のA級パワー・アンプでは，出力トランジスタが30 Wの電力を消費します．

無信号時の出力トランジスタの消費電力の合計は$2 \times V_{CC}^2/R_L$となり，最大出力電力の4倍です．音を出さないときでも，40 Wの電力を消費します．

● パソコンで実験

図2に負荷抵抗R_Lの消費電力を示します．波形枠上部のV(out)＊I(RL)という表示をCtrlキーを押しながらクリックすると，平均電力が約10 Wと表示されます．図3に示すのはV_{out}，Q1とQ2の消費電力，Q1とQ2の消費電力を足し合わせたシミュレーション結果です．Q1とQ2の消費電力の波形は，図2と同じです．Q1とQ2の消費電力を足し合わせた平均電力は30.5 Wです．出力電力の約3倍の電力を消費します．

12-2 電池長もちで低ひずみなAB級アンプ

〈小川　敦〉

出力段をAB級動作にすることで，ひずみの少ない
アンプができます．

AB級増幅回路の出力トランジスタに流れている無
信号時の電流をアイドリング電流(idling current)と
呼びます．電流が小さいとクロスオーバーひずみが大
きくなります．多すぎると無信号時の消費電流が大き
くなり，電池駆動の機器では使用できる時間が短くな
ります．

● プッシュプル・エミッタ・フォロワを活性化する
バイアス回路の検討

図1に示すのは，それぞれバイアス方式が異なった
4種類のAB級パワー・アンプ回路です．ゲインは
20 dB(10倍)です．電源には乾電池を6本使用し，4Ω

のスピーカで1 W以上を出力できます．

▶回路A(抵抗分圧式)：電源電圧の変動やトランジス
タの種類によってアイドリング電流が変わる

図1(a)に示した回路Aにおいて，Ⓐ点とⒷ点の電
圧差をV_{AB}とします．トランジスタQ_{1A}，Q_{2A}の逆方
向飽和電流をそれぞれI_{SN}，I_{SP}とし，ベース-エミッ
タ間電圧をV_{BE1}，V_{BE2}とします．Q_{1A}，Q_{2A}のコレク
タ電流は等しいものとし，これをI_Cとすると次式で
表せます．

$$I_C = I_{SN} \exp\left(\frac{V_{BE1}}{V_T}\right) = I_{SP} \exp\left(\frac{V_{BE2}}{V_T}\right) \cdots\cdots (1)$$

ただし，$V_T = KT/q = 26$ mV，K：ボルツマン
定数$(1.38 \times 10^{-23}$ [J/K])，T：絶対温度，q：電
子電荷

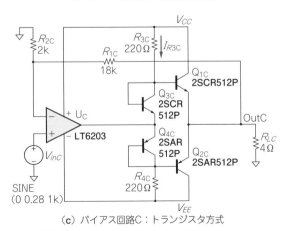

（a）バイアス回路A：抵抗分圧方式

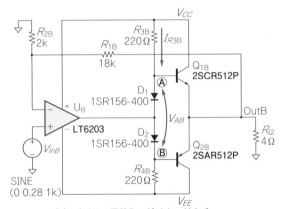

（b）バイアス回路B：ダイオード方式

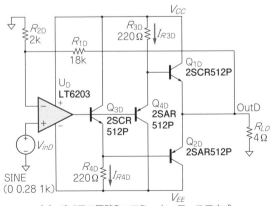

（c）バイアス回路C：トランジスタ方式

（d）バイアス回路D：エミッタ・フォロワ方式

図1　低消費電力と低ひずみを両立したAB級リニア・アンプ

V_{AB}はV_{BE1}とV_{BE2}を足し合わせ，正負電源の絶対値をそれぞれV_{CC}，V_{EE}とするとV_{AB}は次式で計算できます．

$$V_{AB} = (V_{CC} + V_{EE})\frac{R_{5A} + R_{6A}}{R_{3A} + R_{4A} + R_{5A} + R_{6A}} \cdots (2)$$

I_CはV_{BE1}，V_{BE2}の増加に対して指数関数的に電流が増加し，V_{BE1}，V_{BE2}は電源電圧によって変化します．よって，電源電圧の変化に対してアイドル電流の変化が大きいため，乾電池駆動には向きません．

▶回路B（ダイオード方式）：回路Aの改版版．電源電圧変動には強いけれど，ダイオードやトランジスタの種類，温度によってアイドリング電流が大きく変わる

図1(b)に示した回路Bにおいて，Ⓐ点とⒷ点の電圧差をV_{AB}とし，R_{3B}，R_{4B}に流れる電流をI_{R3B}とします．ダイオードの逆方向飽和電流をI_{SD}とすると，V_{AB}は次式で表せます．

$$V_{AB} = 2 \times V_T \ln\left(\frac{I_{R3B}}{I_{SD}}\right)$$
$$= V_T \ln\left(\frac{I_C}{I_{SN}}\right) + V_T \ln\left(\frac{I_C}{I_{SP}}\right) \cdots\cdots\cdots\cdots (3)$$

式(3)を変形すると次式になります．

$$\frac{I_C}{I_{R3B}} = \sqrt{\frac{I_{SN} I_{SP}}{I_{SD}^2}} \cdots\cdots\cdots\cdots\cdots\cdots (4)$$

アイドリング電流は使用するダイオードとトランジスタの種類により大きく変わります．

I_{R3B}は，ダイオードの順方向電圧をV_Dとすると，次式のようになり，ダイオードの種類によって変動します．

$$I_{R3B} = \frac{V_{CC} + V_{EE} - 2V_D}{R_{3B} + R_{4B}} \cdots\cdots\cdots\cdots\cdots (5)$$

▶回路C（トランジスタ方式）：回路Bの改良版．トランジスタの種類や温度によらずアイドリング電流が安定する

図1(c)に示した回路Cは，トランジスタQ_{3C}とQ_{4C}のベース-エミッタ間電圧を利用し，回路Bのダイオード方式を改良したバイアス回路です．

Q_{3C}，Q_{4C}のベース-エミッタ間電圧をそれぞれV_{BE3}，V_{BE4}とすると，R_3に流れる電流は次式になります．

$$I_{R3C} = I_C = \frac{V_{CC} + V_{EE} - (V_{BE3} + V_{BE4})}{R_{3C} + R_{4C}} \cdots\cdots (6)$$

Q_{1C}とQ_{3C}，Q_{2C}とQ_{4C}にそれぞれ同種のトランジスタを使用することで，アイドリング電流は安定します．

▶回路D（エミッタ・フォロワ方式）：回路Cの改良版．OPアンプの負荷が軽く出力トランジスタを強力に駆動できる

図1(d)に示した回路Dは，OPアンプの出力にエミ

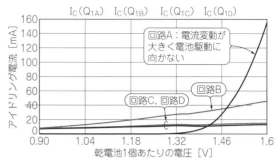

図2　電源電圧の変化に対するアイドリング電流の変化が最も小さい回路Cと回路Dが電池駆動に適している
4種類の回路における乾電池の電圧が変化した場合のアイドリング電流

ッタ・フォロワQ_{3D}とQ_{4D}をそれぞれ接続し，その出力にQ_{2D}とQ_{1D}のベースを接続します．OPアンプはQ_{3D}，Q_{4D}のベース電流だけを出力すればよいため，4種類の中で最もOPアンプの負荷が軽い回路です．

R_3に流れる電流は，Q_{3D}のベース-エミッタ間電圧をV_{BEQ3}とすると，次式のようになります．アイドリング電流は回路Cと同様に安定です．

$$I_{R3D} = I_C = \frac{V_{CC} - V_{BEQ3}}{R_{3D}} \cdots\cdots\cdots\cdots\cdots (7)$$

● パソコンで実験
▶電池がへたって電圧が低下してもアイドリング電流が変わらないことを確認

乾電池の電圧が変化した場合，4種類の回路のアイドリング電流のシミュレーション結果を図2に示します．乾電池は使用すると徐々に電圧が低下し，電池1本あたり0.9〜1.6 V程度の電圧変動があります．

6個ある電池1本あたりの電圧を変数Vcellとし，.stepで0.9〜1.6 Vの範囲で変化させて，それぞれQ_1のコレクタ電流を表示します．

抵抗分圧方式の回路Aは，電源電圧の変化に対するアイドリング電流の変化が最も大きいため電池駆動に不向きです．

ダイオード方式の回路Bは，電源電圧変動には強くなりましたが，ダイオードの種類によってはアイドリング電流が大きく変わります．

回路Cと回路Dはバイアス段のトランジスタの温度係数と出力トランジスタの温度係数が打ち消しあうため，周囲温度の変化による電流変化も小さく安定しています．

OPアンプの負荷を軽くして出力トランジスタを強力に駆動する場合は，回路Dが最もおすすめです．

センサ回路　フィルタ回路　OPアンプ応用　トランジスタ応用　パワー・アンプ　電源回路

12-3 OPアンプ出力強化 エミッタ出力 vs. コレクタ出力

〈小川 敦〉

　一般的にOPアンプの出力電流はあまり大きくありませんが，トランジスタと組み合わせると大きな電流を出力できます．

　本稿では，OPアンプにNPNトランジスタのエミッタ・フォロワを組み合わせたタイプ（エミッタ出力タイプ）と，PNPトランジスタのコレクタ出力を組み合わせたタイプ（コレクタ出力タイプ）の2種類の大電流出力アンプを紹介します．

　NPNトランジスタを使用したタイプ（エミッタ出力タイプ）は，出力電圧を電源電圧までフルスイングできない欠点がありますが，比較的安定した動作をします．

　一方，PNPトランジスタを使用したタイプ（コレクタ出力タイプ）は，電源電圧ギリギリまでフルスイング出力できますが，発振しやすいという問題点があります．

解析回路12-3-①… OPアンプ＋エミッタ出力

　図1は，OPアンプとNPNトランジスタによるエミッタ・フォロワを組み合わせたゲイン20 dB（10倍）の大電流出力アンプです．

　トランジスタのエミッタ電流は，ベース電流×（h_{FE}＋1）です．OPアンプの出力電流は，トランジスタQ_1のベース電流であるため，OPアンプ単体の出力電流の（h_{FE}＋1）倍の電流が出力できます．

（注1）　レール・ツー・レール入力/出力とは，負電源電圧から正電源電圧までの入力電圧範囲で正常に動作し，出力電圧が負電源電圧から正電源電圧までフルスイングできます．一般的なOPアンプは入力電圧範囲や出力できる電圧の範囲に制約があります．

　使用しているOPアンプLT1366は，レール・ツー・レール入力/出力（注1）で，出力が0 Vから電源電圧までフルスイングできます．

　接続されている負荷R_Lの抵抗値は5 Ωです．出力電圧V_{out}が5 Vになると，1 Aの電流が流れることになります．OPアンプLT1366の最大電流は30 mAです．トランジスタのh_{FE}を100とすると，約3 Aの電流が出力できます．

　出力電圧はR_1とR_2で分圧され，OPアンプの反転入力端子に接続します．このアンプは全体として非反転アンプとして動作します．ゲインGは次式で表せます．

$$G = \frac{R_1 + R_2}{R_2} = \frac{18\,k\Omega + 2\,k\Omega}{2\,k\Omega} = 10 \cdots\cdots\cdots (1)$$

　トランジスタQ_1はエミッタ・フォロワとして動作し，出力電圧はOPアンプの出力電圧からQ_1のベース・エミッタ電圧（約0.7～0.8 V）だけ下がった電圧になります．OPアンプ出力が電源電圧まで上がったとしても，出力電圧は電源電圧と同じ電圧になりません．

解析回路12-3-②… OPアンプ＋コレクタ出力

　図2はコレクタ出力を組み合わせたゲイン20 dB（10倍）の大電流出力アンプです．

　コレクタ電流の大きさはベース電流×h_{FE}です．OPアンプの出力電流はトランジスタQ_1のベース電流なので，OPアンプ単体の出力電流のh_{FE}倍の電流を出力できます．

　OPアンプの最大電流を30 mAとし，トランジスタのh_{FE}を100とすると，約3 Aを出力できます．

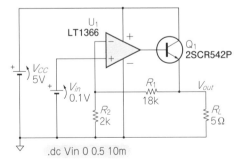

図1　エミッタ出力タイプの大電流出力アンプは，電源電圧までフルスイングできないが比較的安定に動作する

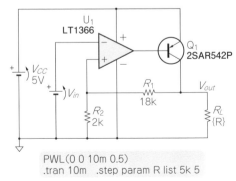

図2　コレクタ出力タイプの大電流出力アンプは，電源電圧までフルスイングできるが発振しやすい

（a）エミッタ・フォロワ出力タイプ　　　　　　　　　　　（b）コレクタ出力タイプ

図3　コレクタ出力タイプの大電流出力アンプは電源電圧までフルスイングできる
DCスイープ解析で入力電圧V_{in}を0Vから0.5Vまで10mVステップで変化させたときのシミュレーション結果

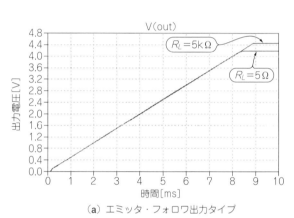

（a）エミッタ・フォロワ出力タイプ

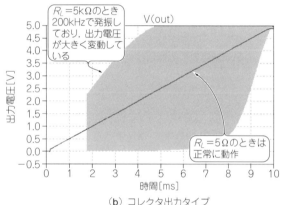

（b）コレクタ出力タイプ

図4　コレクタ出力タイプの大電流出力アンプは不安定で発振しやすい
入力電圧を10msの間に0Vから0.5Vまで変化させたときのトランジェント解析結果

トランジスタがエミッタ接地アンプとして動作するため，ベースに加わる入力に対してコレクタ出力の位相が反転します．OPアンプの出力電圧が上がると，コレクタ電流が減少し，出力電圧が下がります．OPアンプの出力と位相が反転しているため，出力端子からの帰還信号を非反転入力端子に入力します．この回路は非反転アンプとして動作し，ゲインは式(1)と同じです．

それぞれの強みと弱み

▶コレクタ出力タイプのアンプはフルスイングできる

図3はDCスイープ解析で，入力電圧V_{in}を0Vから0.5Vまで10mVステップで変化させたときのシミュレーション結果です．**図3**(**a**)に示すように，エミッタ出力タイプの最大出力の電圧は約4.2Vです．

一方，**図3**(**b**)に示すように，コレクタ出力タイプの最大出力電圧は約4.9Vまで上がります．ほぼ電源電圧(5V)までフルスイングできます．

大電流出力アンプの構成としては，エミッタ出力タイプよりも，コレクタ出力タイプのほうが大きな出力電圧が得られます．

▶コレクタ出力タイプのアンプは発振しやすい

一般的によく使用されるのは，エミッタ出力タイプです．コレクタ出力タイプは，非常に発振しやすい問題があります．

図4は入力電圧を10msの間に0Vから0.5Vまで変化させたときのトランジェント解析結果です．5kΩと5Ωの2通りの負荷抵抗R_Lで計算しました．

図4(**a**)のエミッタ出力タイプのアンプでは正常に動作しています．

一方，**図4**(**b**)のコレクタ出力タイプのアンプでは，R_Lが5Ωのときは正常に動作しましたが，R_Lが5kΩになると発振しました．FFT解析で調べたところ，発振周波数は200kHz程度でした．

コレクタ出力タイプの大電流出力アンプを作るときは，負荷条件，電源電圧，温度など，さまざまな条件下で，発振の可能性を十分に検証する必要があります．

12-4 高速応答&広帯域なパワーOPアンプ

〈平賀 公久〉

● OPアンプにトランジスタを外付けして出力を強化する

多くの汎用OPアンプの出力段は，NPN，PNPのエミッタが出力端子に接続されているAB級プッシュプル回路を採用しています．

この回路は，正負の電源電圧範囲から数V低い電圧で最大出力電圧となり，頭打ちします．

また，OPアンプの最大出力電流は，ディスクリート・トランジスタで扱える電流より小さく，重い負荷は駆動できません．

以上の2つの課題を解決できる回路として，OPアンプにトランジスタを外付けする電力ブースタがあります．

本稿では，汎用OPアンプの出力電圧範囲を広げ，負荷電流を増大させるレール・ツー・レール出力のコンプリメンタリ電力ブースタを紹介します．

● OPアンプにプッシュプル・コレクタ出力回路を追加

図1(a)がレール・ツー・レール出力のコンプリメンタリ(complimentary：相互補完)電力ブースタ回路です．

OPアンプ(U_1)と抵抗(R_1，R_2)で構成した反転アンプに，コンプリメンタリ・トランジスタ(Q_1，Q_2)と抵抗(R_3，R_4，R_7)を外付けします．

2つのトランジスタは，OPアンプの正と負の電源端子に流れる電流の増減で動作します．

図1(b)の反転アンプ回路と比較すると負荷電流を増大させ，外付けトランジスタの帯域がOPアンプより広ければ，帯域幅は広がりスルー・レートは高くなります．

● 広帯域化の効果

図1(a)と図1(b)に示したIN端子からOUT$_1$，OUT$_2$端子までの全体ゲインは$R_2/R_1 = R_9/R_8$で同じです．しかし，入力端子からOPアンプU_1，U_2の出力までのゲインを比べると差があります．図1(a)は，次式の帰還率βだけ図1(b)より小さくなります．

$$\beta = \frac{R_5}{R_5 + R_6} \cdots\cdots\cdots\cdots\cdots\cdots (1)$$

図2にOPアンプのオープン・ループ・ゲインの周波数特性を示します．帯域幅はオープン・ループ・ゲイン周波数特性のカーブとOPアンプ出力までのゲインが交わる周波数です．つまり，f_Cとf_C'になります．

入力端子からOPアンプ出力までのゲインを，コンプリメンタリ電力ブースタ回路がG'，反転アンプをGとすれば，GB積(ゲイン帯域幅積)は一定なので次のようになります．

$$G \cdot f_c = G' \cdot f_c' \cdots\cdots\cdots\cdots\cdots\cdots (2)$$

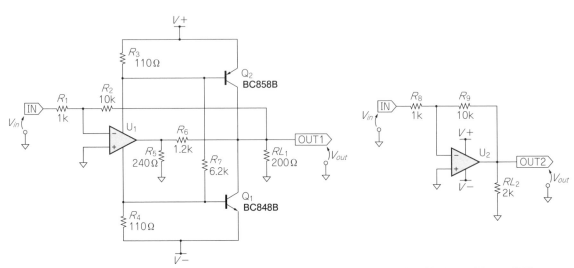

（a）レール・ツー・レール出力のコンプリメンタリ電力ブースタ回路

（b）比較のための反転アンプ回路

図1　トランジスタを2個追加してOPアンプ出力を広帯域化&高スルーレート化する回路

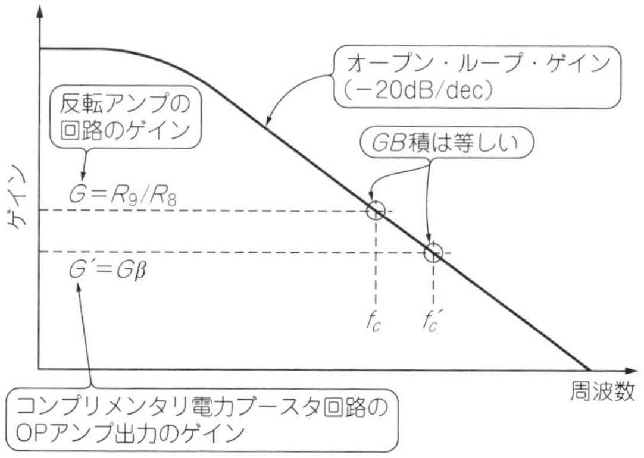

図2　本回路のOPアンプ出力でみた帯域幅は反転アンプよりも広帯域になる
コンプリメンタリ電力ブースタ回路のOPアンプ出力のゲインはβ分だけ下がるが，GB積（ゲイン帯域幅積）は一定であるため$1/\beta$倍に帯域が広がる

また，$G' = G\beta$ の関係を使うと式(3)になります．コンプリメンタリ電力ブースタ回路の帯域幅は次式より，$1/\beta$ 倍だけ高周波側なります．

$$f_c' = \frac{f_c}{\beta} \cdots\cdots\cdots\cdots\cdots\cdots\cdots (3)$$

● **高スルー・レート化の効果**

スルー・レートはOPアンプで決まります．**図1**(b)の反転アンプ回路のスルー・レートは，周波数fの正弦波を入力したとき，OPアンプ出力で信号がひずまない最大出力振幅をV_Pとすれば，次式の関係になります．

$$2\pi f V_P = k_{SR} \cdots\cdots\cdots\cdots\cdots\cdots\cdots (4)$$

帯域幅の説明で解説したように，入力端子からOPアンプ出力までのゲインの違いにより，コンプリメンタリ電力ブースタ回路の出力振幅は$V_p \beta$となり，反転アンプ回路より小さくなります．式(4)のV_pを$V_p \beta$

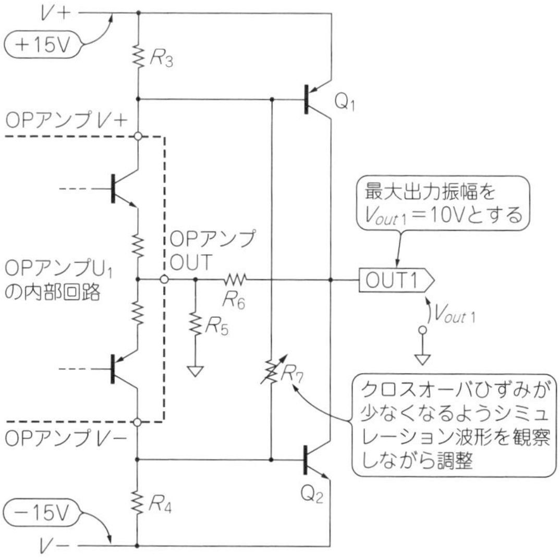

図3　電源電圧，最大出力振幅，帰還率からコンプリメンタリ電力ブースタの回路定数を設定する
OPアンプ内部のAB級プッシュプル回路も図示している

と置き換え，信号がひずまない最大出力振幅と正弦波の周波数の積($2\pi f V_p$)が式(4)と等しいとすれば，式(5)になります．

$$2\pi f V_p \beta = k_{SR}$$
$$2\pi f V_p = k_{SR}/\beta \cdots\cdots\cdots\cdots\cdots\cdots\cdots (5)$$

よって，反転アンプ回路より$1/\beta$倍だけスルー・レートが高くなります．

● **回路定数を決める**

レール・ツー・レール出力のコンプリメンタリ電力ブースタとOPアンプ内部のAB級プッシュプル回路を**図3**に示します．2つのトランジスタQ_1，Q_2は，

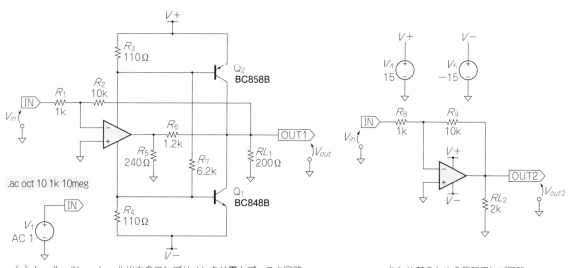

（a）レール・ツー・レール出力のコンプリメンタリ電力ブースタ回路　　（b）比較のための反転アンプ回路

図4　AC解析から帯域幅を確認するためのシミュレーション回路

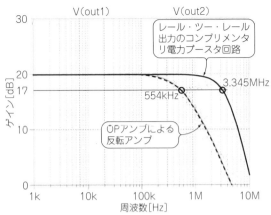

図5 本回路の帯域幅は反転アンプと比べて約6倍に広がる
コンプリメンタリ電力ブースタ回路と反転アンプ回路のAC解析によるシミュレーション結果

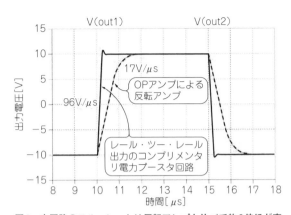

図6 本回路のスルーレートは反転アンプと比べて約6倍ほど高くなる
コンプリメンタリ電力ブースタ回路と反転アンプ回路の過渡解析によるシミュレーション結果

OPアンプの正負の電源端子に流れる電流を，抵抗R_3，R_4で検出して動作します．出力端子（OUT_1）の出力電圧はR_5とR_6の抵抗で分圧されて，OPアンプU_1内部の出力トランジスタを介して帰還されます．

使用したOPアンプのマクロモデルは，ADA4000（JFET入力OPアンプ）です．電力ブースタの回路定数は，電源電圧を±15 V（V_+/V_-），OUT_1の最大出力振幅を10 V，帯域幅とスルー・レートは6倍の増加を目標として，帰還率βを1/6にしました．

OPアンプの出力電流は，電源端子を通してQ_1とQ_2を動かす信号となります．OPアンプのデータシートの最大出力電圧と負荷抵抗の関係より，最大の出力電流I_Oは次式になります．

$$I_O = 13.4 \text{ V}/2 \text{ k}\Omega = 6.7 \text{ mA} \cdots\cdots\cdots\cdots\cdots (6)$$

式(6)とQ_1，Q_2のベース-エミッタ間電圧V_{BE}を0.7 Vとすると，入手しやすいR_3とR_4の抵抗値は次のようになります．

$$R_3 = R_4 = 0.7 \text{ V}/6.7 \text{ mA} \fallingdotseq 110 \Omega \cdots\cdots\cdots (7)$$

OUT_1の最大出力電圧V_{OUT1} = 10 V，帰還率β = 1/6，式(6)のOPアンプの最大出力電流I_Oを用いると，入手しやすいR_5は次式になります．

$$R_5 = \frac{\beta \, V_{out1}}{I_O} = \frac{(1/6) \times 10 \text{ V}}{6.7 \text{ mA}} \fallingdotseq 240 \Omega \cdots\cdots (8)$$

R_6は式(8)で求めたR_5と帰還率βを用いると，次式になります．

$$R_6 = \frac{R_5(1 - \beta)}{\beta} = \frac{240 \times (1 - 1/6)}{(1/6)} = 1.2 \text{ k}\Omega$$
$$\cdots\cdots\cdots\cdots\cdots\cdots\cdots\cdots\cdots (9)$$

R_7は，AB級出力段となるコンプリメンタリ・トランジスタQ_1，Q_2のクロスオーバひずみを改善するための抵抗で，Q_1，Q_2に流れるアイドル電流を調整します．

ここでは，シミュレーションの波形を観察しながら，Q_1とQ_2のクロスオーバひずみが少なくなるようR_7を調整します．

● コンプリメンタリ電力ブースタ回路の周波数特性

図4は帯域幅をAC解析でシミュレーションする回路です．

図4(a)は，レール・ツー・レール出力コンプリメンタリ電力ブースタ回路です．回路定数は，先ほど計算した値となっています．負荷抵抗は200 Ωです．

図4(b)は，比較に使う反転アンプ回路で負荷抵抗は2 kΩです．

図5にゲインの周波数特性のシミュレーション結果を示します．ゲインは20 dBで-3 dB低下したコーナ周波数が554 kHzから3.345 MHzに約6倍高くなり，帯域幅が大きく広がっています．

次に，図4のV_1を「PULSE(-1 1 0 1n 1n 10u 15u)」に変更して，「.tran 30u」で過渡解析します．図6にパルス出力応答を示します．スルーレートは，17 V/μsから96 V/μsに約5.6倍高くなりました．

▶LTspiceで使うOPアンプのマクロモデルは，OPアンプのすべての特性を正確に表すものではない

コンプリメンタリ電力ブースタ回路は，電源電流変化を信号経路として使います．よって，LTspiceで使うOPアンプのマクロモデルは，出力電流変化が電源電流変化になるように作られていないとシミュレーションができません．

マクロモデルの中には，負荷電流の変化が正確に電源電流変化にならないものがあります．

OPアンプの出力電圧範囲や帯域幅，スルーレートは，外付けの電力ブースタ回路を付け加えることにより改善が見込めました．マクロモデルは，OPアンプのすべての特性を正確に表すものではありません．シミュレーションと実際の回路をブレッドボードに組み立てるなど，双方で回路検証しながら作り上げていくことが必要です．

12-5 パワー・アンプのひずみ率 B級品 vs. AB級品

〈小川　敦〉

● B級パワー・アンプとAB級パワー・アンプの使い分け

B級パワー・アンプは無信号時に電流が流れていません．信号の極性が正のときは上側のトランジスタが，負のときは下側のトランジスタがONして電流が流れます．信号が0V付近のときは上下のトランジスタが両方ともOFFしているため，出力信号がひずみます．

オーディオ・アンプには，無信号時にも出力トランジスタに小さな電流が流れるようにしてひずみを改良したAB級パワー・アンプがよく使用されます．

解析回路12-5-①… B級パワー・アンプ

図1はB級パワー・アンプの出力段を簡略化した回路です．無信号時の消費電力は0Wで4Ωの負荷抵抗に10Wを出力することができます．

図1の回路において，4Ω負荷で10Wの出力が得られる電源電圧を考えます．4Ωの負荷抵抗で電力が10Wとなる出力電圧は，$6.3\,V_{RMS}$で，ピーク値は$\sqrt{2}$倍した8.9Vです．**図1**の回路でQ_1，Q_2のベース電圧が電源電圧を越えてドライブできるという前提で考えると，電源電圧は±9Vになります．

次にB級パワー・アンプ回路の動作を考えてみます．**図1**において，無信号時は入力端子Inの電圧は0Vです．負荷抵抗R_Lはグラウンドに接続されているため，出力端子Outの電圧も0Vです．そのため，トランジスタQ_1，Q_2ともにベース-エミッタ間電圧は0Vとなり，どちらもコレクタ電流は流れません．

入力信号が+側に増加し，約0.7Vよりも大きくなると，トランジスタQ_1が動作を始めます．入力電圧の上昇に伴って，Q_1のエミッタOutの電圧も上昇し，R_Lに電流を供給します．

次に，入力信号が-側に増加し，約-0.7Vよりも低くなると，トランジスタQ_2が動作を始めます．入力電圧の下降に伴って，Q_2のエミッタOutの電圧が下降し，R_Lに電流を供給します．

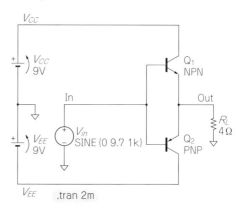

図1 解析回路①…B級パワー・アンプ
簡略化したB級パワー・アンプの出力回路．無信号時の消費電力は0Wで，4Ω負荷で10W出力できる

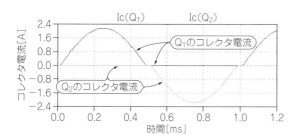

（a）Q1とQ2のコレクタ電流波形

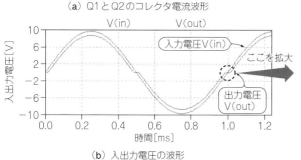

（b）入出力電圧の波形

図2　B級パワー・アンプの出力波形
入力電圧V(in)が±0.7V以内のときは，出力電圧V(out)は0Vとなっている

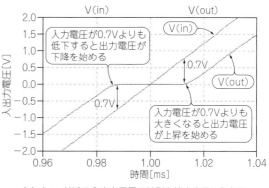

（c）1ms付近の入出力電圧の波形を拡大表示したもの

このように，入力電圧が±0.7V以内のときは，上下のトランジスタが動作を止めるため，出力電圧が変化しません．出力波形は0V付近でひずみます．このひずみをクロス・オーバひずみと呼びます．

● 不感帯が原因のひずみ発生のようす

図2はB級パワー・アンプのシミュレーション結果です．図2(a)はQ_1とQ_2のコレクタ電流波形，図2(b)は入出力電圧の波形です．図2(c)は入出力電圧の1ms付近の波形を拡大表示したものです．入力電圧V_{in}が±0.7V以内のときは出力電圧V_{out}は0Vですが，±0.7Vよりも大きくなると，V_{in}に追従した電圧となります．

また，出力波形はゼロ・クロス付近に段差があり，クロス・オーバひずみが発生しています．

図2(a)のQ_1およびQ_2のコレクタ電流を見ると，V_{in}が正電圧のときは，Q_1のみに電流が流れ，Q_2のコレクタ電流は0となっています．逆にV_{in}が負電圧のときは，Q_2のみに電流が流れ，Q_1のコレクタ電流は0となっています．

● いいところ…トランジスタの消費電力が小さい

▶手計算

Q_1のコレクタ電流I_{C1}は出力電圧の絶対値をV_{OP}とすると次のようになります．

$$I_{C1} = \frac{V_{OP}}{R_L} \quad \cdots\cdots\cdots\cdots\cdots\cdots\cdots\cdots (1)$$

Q_1の消費電力P_{Q1}は正電源の値をV_{CC}とすると次のようになります．

$$P_{Q1} = I_{C1}(V_{CC} - V_{OP}) = \frac{V_{OP}(V_{CC} - V_{OP})}{R_L} \cdots (2)$$

$V_{CC} = V_{EE}$とし，出力電圧の絶対値をV_{OP}とすると，Q_2の消費電力P_{Q2}も式(2)で計算できます．

出力電圧が正弦波の場合，P_{Q1}は正の半サイクルでは式(2)で表されますが，負の半サイクルは0Wです．また，P_{Q2}は正の半サイクルで0になり，負の半サイクルは式(2)で表されます．

したがって，正弦波1周期の$Q_1 + Q_2$の消費電力P_Qの平均値は式(2)を使用して，半サイクル期間の平均値を求めればよいことになります．

出力電圧を$V_{OP} \sin(\omega t)$という正弦波とすると，式(2)は次のように変形できます．

$$P_{Q1} = \frac{V_{OP}\sin(\omega t)V_{CC} - \{V_{OP}\sin(\omega t)\}^2}{R_L}$$

$$= \frac{V_{OP}\sin(\omega t)V_{CC} - \dfrac{V_{OP}^2\{1 - \cos(2\omega t)\}}{2}}{R_L}$$

$$\cdots\cdots\cdots\cdots\cdots\cdots (3)$$

出力最大の状態である$V_{OP} = V_{CC}$として，式(3)の

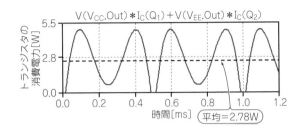

（a）トランジスタQ_1とQ_2を合わせた消費電力の波形

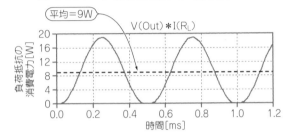

（b）負荷抵抗の消費電力の波形

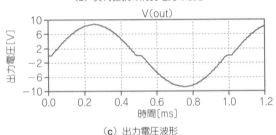

（c）出力電圧波形

図3　トランジスタの消費電力はほぼ計算通りの2.78W

正の半サイクルの平均値を計算すると次のようになります．

$$\overline{P_Q} = \frac{\dfrac{2 \times V_{OP}\,V_{CC}}{\pi} - \dfrac{V_{OP}^2}{2}}{R_L}$$

$$= \frac{4 - \pi}{\pi} \times \left(\frac{V_{CC}^2}{2 \times R_L}\right) \cdots\cdots\cdots\cdots\cdots (4)$$

$V_{OP} = V_{CC}$のとき，負荷抵抗で発生する電力は$V_{CC}^2/(2 \times R_L)$です．式(4)より，トランジスタの消費電力は，負荷抵抗で発生する電力に，$(4 - \pi)/\pi = 0.27$を掛けたものです．

つまり，B級パワー・アンプで最大出力を出しているときのトランジスタの消費電力は，負荷抵抗で発生する電力の27％です．

A級パワー・アンプではトランジスタの消費電力は負荷抵抗で発生する電力の3倍ですから，B級パワー・アンプは効率がよいことがわかります．

▶シミュレーション解析

図3はB級パワー・アンプの消費電力のシミュレーションの結果です．図3(c)が出力電圧波形，図3(b)が負荷抵抗の消費電力で，図3(a)はトランジスタQ_1，

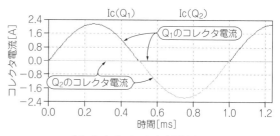

（a）トランジスタQ_1とQ_2を合わせた消費電力の表示　　（b）負荷抵抗の消費電力の表示

図4　Ctrlキーを押しながらグラフ・ウィンドウをクリックすると平均電力が表示できる

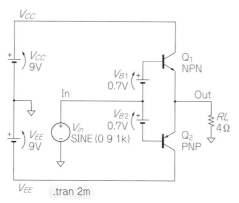

図5　解析回路②…無信号時のひずみを改善するAB級パワー・アンプ
簡略化したAB級パワー・アンプの出力回路．無信号時にもQ_1，Q_2には小さな電流が流れているバイアス電源を追加した

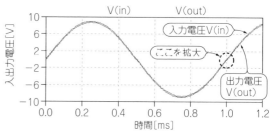

（a）Q_1とQ_2のコレクタ電流波形

（b）入出力電圧の波形

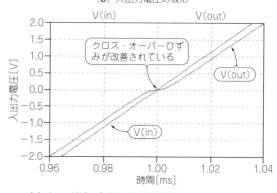

（c）1ms付近の入出力電圧の波形を拡大表示したもの

図6　AB級パワー・アンプのシミュレーション結果
図2と比較するとクロス・オーバーひずみが小さくなっており，Q_1，Q_2のコレクタ電流のつながりもなめらかになっている

Q_2の消費電力を足し合わせたものです．

　図3（a）のグラフ・ウィンドウの中で，Ctrlキーを押しながら上部の「V(V_{CC},Out)*I_C(Q_1) + V(V_{EE},Out)*I_C(Q_2)」をクリックすると，図4（a）のようにQ_1とQ_2を合わせた平均電力が表示できます．また，図3（b）の「V(Out)*I(R_L)」をクリックすると，図4（b）のように抵抗負荷の平均電力が表示できます．

　出力電力は計算よりも若干少ない9Wですが，トランジスタの消費電力はほぼ計算通りの2.78Wとなっています．

解析回路12-5-②…AB級パワー・アンプ

　図5は図1にバイアス電源を追加したAB級パワー・アンプです．

　入力電圧が0Vのときも，Q_1とQ_2のベース-エミッタ間には0.7Vの電圧が加わります．そのため，無信号時にもQ_1とQ_2には小さな電流が流れます．入力電圧が少しでも大きくなると，それに対応して出力電圧が大きくなります．B級パワー・アンプのような不感帯がないため，クロス・オーバーひずみが小さくなります．

　図6はAB級パワー・アンプのシミュレーション結果です．図2と比較するとクロス・オーバーひずみが小さくなっています．Q_1とQ_2のコレクタ電流のつながりもなめらかになっています．

　図5では理想電圧源を使ったバイアス回路になっていますが，実際はダイオードやトランジスタを使ったさまざまなバイアス回路が考案されています．

第13章

電源回路の解析

小川 敦, 平賀 公久 Atushi Ogawa, Kimihisa Hiraga

13-1 降圧型DC-DCコンバータの基本動作

〈小川 敦〉

● 回路構成

降圧型DC-DCコンバータは,入力電圧より低い電圧に変換する電源回路です.図1にシミュレーション回路を示します.

スイッチS_1は周波数100 kHzでON/OFFを繰り返し,ONしている時間を変えることで出力電圧が変わります.図1のONデューティは0.25です.S_1がOFFのとき,D_1経由でコイルに電流が供給されます.ここでは,順方向電圧の小さなショットキー・バリア・ダイオード1N5817(オンセミ)を使っています.

図1の定数では,負荷抵抗R_Lが25 Ω以下であれば,電流連続モードで動作します.出力電圧は約5 Vです.

● 出力電流が大きいとき($R_L=5$ Ω)は「出力電圧=デューティ×入力電圧」

図2に連続電流モード(負荷抵抗R_Lを5Ωにしたとき)の各部の電流の波形を示します(20 μs付近だけ表示).

コイルには常に電流が流れています.スイッチがONすると,コイルに流れる電流が増加し,OFFすると減少します.コイルに流れる電流の平均値は,R_Lの電流と等しくなります.このように常にコイルに電流が流れているモードを電流連続モードと呼びます.

▶スイッチがONしたときに流れるコイルの電流

図1内のスイッチがONすると,コイルの電流はそれまでに流れていた電流I_Sを初期値として増え始めます.コイルのインダクタンスをLとするとその増加電流は時間に比例します.コイルの電流は次式で表せます.

$$I_L = I_S + (V_{in} - V_{out})/L \cdot t \cdots\cdots\cdots\cdots (1)$$

スイッチがONしている時間をt_1秒とすると,電流の増加量I_Dは次式で求めることができます.

$$I_D = (V_{in} - V_{out})/L \cdot t_1 \cdots\cdots\cdots\cdots (2)$$

▶スイッチがOFFしたときに流れるコイルの電流

コイルにはそれまでに流れていた電流を流し続けようとする性質があるため,スイッチがOFFしたときもD_1を介して電流が流れます.

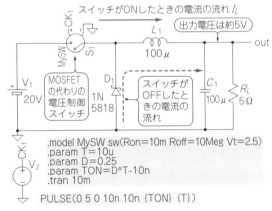

図1 入力電圧をより低い電圧に変換する降圧型DC-DCコンバータの基本回路
デューティや負荷条件の変更によって出力電圧が変動しないか確認する.スイッチのONデューティが0.25のとき,出力電圧は約5 Vになる.出力端子に接続されたコンデンサC_1は,出力電圧を平滑にするため使用する

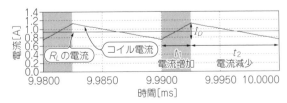

図2 電流連続モード(負荷抵抗を5Ω)にしたときの結果
コイルに流れる電流はスイッチをONすると増加し,スイッチをOFFすると減少する.網掛けした部分がスイッチON の期間を示す

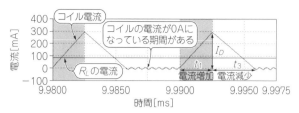

図3　電流不連続モード（負荷抵抗を100Ω）にしたときの結果
コイルに流れる電流が0Aになる期間がある．網掛けした部分がスイッチONの期間を示す

　コイルには先ほどとは逆の電圧が加えられているので，コイルの電流は時間とともに減少していきます．そのため，コイルの電流は次式で求めることができます．

$$I_L = I_S + (V_{in} - V_{out})/L \cdot t_1 - V_{out}/L \cdot t \cdots (3)$$

　OFFしている時間t_2の間に減少する電流値I_dは次式で表されます．

$$I_d = V_{out}/L \cdot t_2 \cdots (4)$$

　コイルの増加電流I_Dと減少電流I_dは等しいため，次式が成り立ちます．

$$(V_{in} - V_{out})/L \cdot t_1 = V_{out}/L \cdot t_2 \cdots (5)$$

　式(5)をV_{out}について解くと次式のとおりです．

$$V_{out} = t_1/(t_1 + t_2) \cdot V_{in} = DV_{in} \cdots (6)$$

　以上のように負荷抵抗が小さいときは，出力電圧は入力電圧とデューティの掛け算で求まります．

● **出力電流が小さくなると（$R_L = 100Ω$）と「出力電圧＞デューティ×入力電圧」**

　コイルの電流が0Aになる期間があるモードを電流不連続モードと呼びます．図3に負荷抵抗を100Ωにしたときの各部の電流の波形を示します．
　スイッチがONしている期間に増加する電流I_Dは，式(2)と同じです．スイッチがOFFしている期間に減少する電流値I_dは次式で求まります．

$$I_d = V_{out}/L \cdot t_3 \cdots (7)$$

　式(6)，式(7)からV_{out}を求めると次式のとおりです．

$$V_{out} = t_1/(t_1 + t_3) \cdot V_{in} \cdots (8)$$

　ここで，t_3はt_2よりも短いので，式(8)で求めた出力電圧は式(6)で求めた値よりも大きくなります．

● **電流連続モードと不連続モードの境目**

　負荷抵抗が小さいときは電流連続モード，大きいときは電流不連続モードになります．次にその境界となる負荷電流の値を求めてみます．
　図3において，R_Lを大きくして負荷電流を減らしていくと，コイルの電流波形もそれにしたがって，下方に並行移動します．ここでコイルに流れる電流が0Aになる瞬間が発生する条件を考えます．それは，R_Lに流れる電流がI_Dの半分のときです．その境界の電流をI_bとします．図1の定数を代入すると，I_bは次式のように187.5 mAになります．

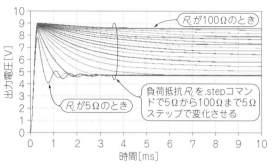

図4　.stepコマンドによるパラメトリック解析の結果をグラフにしただけでは，出力電圧と負荷抵抗の関係がわかりにくい

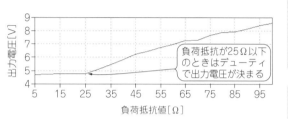

図5　負荷抵抗が25Ω以下のとき，出力電圧はほぼ一定である
図4を見やすくするには，エラー・ログを開いてマウスを右クリックし，現れたメニューから［Plot .step'ed .meas data］を選択してグラフを描かせる

$$I_b = \frac{1}{2}I_D = \frac{1}{2}\frac{V_{out}}{L}t_2 = \frac{1}{2L}\frac{t_1 t_2}{t_1 + t_2}V_{in}$$
$$= \frac{1}{2 \times 100\mu}\frac{2.5\mu \times 7.5\mu}{2.5\mu + 7.5\mu} \times 20 = 187.5\,\mathrm{mA} \cdots (9)$$

　V_{out}をデューティで計算した5Vとすると，電流不連続モードとなる負荷抵抗値は26.7Ωです．

● **軽負荷時の出力電圧上昇を抑制した市販の制御IC**

　負荷抵抗を変化させたときの出力電圧を確認します．図1に示したRLを|RL|に変更後，次のとおり指定します．
.step param RL 5 100 5
.meas tran Vout find V(out)AT = 10 m

　ここではR_Lを.stepコマンドで5Ωから100Ωまで5Ωステップで変化させています．その後，.measコマンドで10 ms後の出力電圧を取り出します．図4にパラメトリック解析結果を示します．図4は負荷抵抗の値と出力電圧の関係がわかりにくいので，図5に示すように.measの結果をグラフにします．
　図5からわかるように，降圧型DC-DCコンバータの出力電圧は，電流連続モードでは入力電圧とONデューティの積で決まり，電流不連続モードではその値よりも大きな電圧になります．
　電源としては，入力電圧や負荷条件によって出力電圧が変動してしまうのは望ましくありません．そのため，通常は出力電圧が一定となるよう，スイッチのデューティを制御する回路がDC-DCコンバータについています．

13-2 昇圧型DC-DCコンバータの基本動作

〈小川 敦〉

● 回路構成

昇圧型DC-DCコンバータは，入力電圧より高い電圧に変換する電源回路です．図1にシミュレーション回路を示します．

スイッチS_1はコイルに電流を蓄えるために使われます．D_1は，S_1がONのとき，出力端子からの逆流を防止する働きをします．

S_1は周波数100 kHzでON/OFFを繰り返し，ONデューティDを変えることで出力電圧を変更できます．出力電圧は，電流連続モードで動作しているとき，入力電圧に$1/(1-D)$を乗じたものになります．図1の定数では出力電圧は約20 Vです．

● 出力電流が大きいとき（$R_L = 50\,\Omega$）は「出力電圧 = 1/（1－デューティ）×入力電圧」

図2に連続電流モード（負荷抵抗R_Lを50 Ωにしたとき）の各部の波形を示します．22.5 μs付近を表示しています．

コイルには常に電流が流れています．スイッチがONするとコイルの電流が増加し，OFFすると減少します．

▶スイッチがONしたときに流れるコイルの電流

図1に示すスイッチがONすると，コイルの電流はそれまでに流れていた電流I_Sを初期値として増え始めます．コイルのインダクタンスをLとすると，その増加電流は時間に比例します．コイルの電流は次式で表せます．

$$I_L = I_S + V_{in}/L \cdot t \quad\cdots\cdots\cdots\cdots\cdots (1)$$

スイッチがONしている時間をt_1秒とすると，電流の増加量I_Dは次式で求めることができます．

$$I_D = V_{in}/L \cdot t_1 \quad\cdots\cdots\cdots\cdots\cdots\cdots\cdots (2)$$

スイッチがONしているとき，D_1は逆バイアスとなるので，C_1の電荷を放電しません．そして，スイッチがOFFしたときは，C_1と負荷に電流が供給されます．

▶スイッチがOFFしたときに流れるコイルの電流

コイルにはそれまでに流れていた電流を流し続けようとする性質があるため，スイッチがOFFしたときは，ショットキー・バリア・ダイオードを介して電流が流れます．そのとき，出力電圧V_{out}は，電源V_1にコイルL_1に発生する電圧が加算された値になり，その電流は時間とともに減少していきます．L_1の電流はショットキー・バリア・ダイオードの電圧を無視すると次式で表せます．

$$I_L = I_S + V_{in}/L \cdot t_1 - (V_{out}-V_{in})/L \cdot t \quad\cdots\cdots (3)$$

OFFしている時間t_2の間に減少する電流値I_dは次式で表されます．

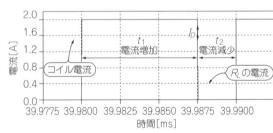

（a）負荷電流とコイル電流

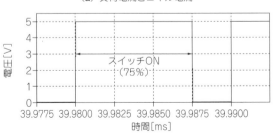

（b）スイッチの制御信号

図2 電流連続モード（負荷抵抗を50 Ω）にしたときの結果
コイルの電流はスイッチをONすると増加し，OFFすると減少する

```
.model MySW sw(Ron=10m Roff=10Meg Vt=2.5)
.param T=10u
.param D=0.75
.param TON=D*T_10n
.tran 40m

PULSE(0 5 0 10n 10n {TON} {T})
```

図1 入力電圧をより高い電圧に変換する昇圧型DC-DCコンバータの基本回路
スイッチに入力するONデューティが0.75のとき，出力電圧は約20Vになる．出力端子に接続されたコンデンサ$C1$は，出力電圧を平滑するために使用する

$$I_d = (V_{out} - V_{in})/L \cdot t_2 \quad \cdots\cdots\cdots\cdots (4)$$

コイルの増加電流I_Dと減少電流I_dは等しいため，次式が成り立ちます．

$$V_{in}/L \cdot t_1 = (V_{out} - V_{in})/L \cdot t_2 \cdots\cdots (5)$$

式(5)をV_{out}について解くと次式のとおりです．

$$V_{out} = (t_1 + t_2)/t_2 \cdot V_{in} \quad \cdots\cdots\cdots\cdots (6)$$

$(t_1 + t_2)/t_2$はスイッチがOFFしている時間比率の逆数なので，スイッチがONするデューティをDとすると，次式のように表すこともできます．

$$V_{out} = V_{in}/(1 - D) \quad \cdots\cdots\cdots\cdots\cdots (7)$$

図1ではデューティが75 %なので，次式のとおりV_{out}は20 Vになります．

$$V_{out} = V_{in}/(1 - D) = 5/(1 - 0.75) = 20 \cdots\cdots (8)$$

● 出力電流が小さくなる($R_L = 800\,\Omega$)と「出力電圧 > 1/(1−デューティ)×入力電圧」

図3に電流不連続モード(負荷抵抗を800 Ωにしたとき)の各部の波形を示します．

図2とは異なり，コイルの電流が0 Aになる期間があります．スイッチがONしている期間に増加する電流I_Dは，式(2)と同じです．スイッチがOFFしている期間に減少する電流値I_dは次式で求まります．

$$I_d = (V_{out} - V_{in})/L \cdot t_3 \quad \cdots\cdots\cdots\cdots (9)$$

式(2)，式(9)からV_{out}を求めることができます．

$$V_{out} = (t_1 + t_3)/t_3 \cdot V_{in} \quad \cdots\cdots\cdots\cdots (10)$$

ここで，t_3はt_2よりも小さいので，式(10)で求めた出力電圧は式(6)で求めた値よりも大きいです．

● 電流連続モードと電流不連続モードの境目

負荷抵抗が小さいときは電流連続モード，大きいときは電流不連続モードになります．その境界となるのは，負荷電流がいくつのときかを求めてみます．

図1において，R_Lを大きくして負荷電流を減らしていくと，コイルの電流波形もそれに従って，下方に並行移動します．ここでコイルに流れる電流が0 Aになる瞬間が発生する条件を考えます．それは式(3)でI_Sが0 Aのときに相当します．コイルから負荷に電流が供給されるのはt_2の期間だけです．

負荷電流はt_1とt_2の期間も流れています．コンデンサC_1に対し，t_2の期間に供給される電荷量と$t_1 + t_2$の期間に放電する電荷量が等しいと仮定すると，次式が求まります．

$$I_D t_2/2 = I_R(t_1 + t_2) \quad \cdots\cdots\cdots\cdots\cdots (11)$$

式(11)に図1の定数を代入すると，I_Rが求まります．

$$I_R = I_D \frac{t_2}{2(t_1 + t_2)} = \frac{V_{in} D t_2}{2L} = \frac{5 \times 0.75 \times 2.5\,\mu}{2 \times 100\,\mu}$$
$$\fallingdotseq 47\,\text{mA} \quad \cdots\cdots\cdots\cdots\cdots\cdots\cdots\cdots (12)$$

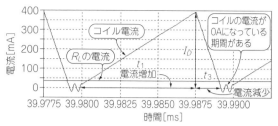

（a）負荷電流とコイル電流

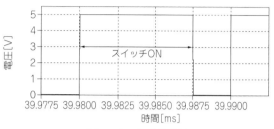

（b）スイッチの制御信号

図3　電流不連続モード(負荷抵抗を800 Ω)にしたときの結果
コイルに流れる電流が0 Aになる期間がある

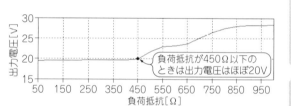

図4　負荷抵抗が450 Ω以下のときは出力電圧はほぼ一定である
負荷抵抗対出力電圧の過渡解析結果

V_{out}を式(8)で計算した20 Vとすると，電流不連続モードとなる負荷抵抗値は426 Ωです．図1の回路は，負荷抵抗426 Ω以下のときは電流連続モード，それ以上のときは電流不連続モードで動作します．

● R_Lが450 Ω以下では出力電圧が一定である

図1の負荷抵抗の値をR_Lという変数にして，.stepコマンドで50 Ωから1000 Ωまで50 Ωステップで変化させています．

図4に負荷抵抗を変更したときの出力電圧を示します．電流連続モードで動作しているときは負荷が変わっても出力電圧はあまり変化しません．しかし，常に電流連続モードで動作するわけではないので，出力電圧が一定となるよう，スイッチのデューティを制御するための回路が必要です．

13-3 反転型DC-DCコンバータの基本動作

〈小川 敦〉

● 回路構成

反転型DC-DCコンバータは，入力電圧の極性を変換する電源回路です．交流信号をグラウンド基準で増幅するときは，正負電源が必要です．図1に示すように，単一電源しかないときでも，反転型DC-DCコンバータを利用すれば正負電源を作れます．

コイルL_1，スイッチSW_1，ダイオードD_1で構成されています．SW_1は，コイルに電流を蓄えるために利用されます．D_1は，SW_1がOFFのとき出力端子からの電流をコイルに流す働きをします．ここでは順方向電圧の小さなショットキー・バリア・ダイオード1N5817（オンセミ）を使っています．出力端子に接続されたコンデンサC_1は，出力電圧を平滑するために使用します．SW_1は周波数100 kHzでON/OFFを繰り返し，ONデューティを変えることで，負側の出力電圧を変更できます．

電流連続モードで動作しているとき，出力電圧は入力電圧に$-D/(1-D)$を乗じた値になります．図1で$D=0.5$にしたときは，約-5Vです．

● デューティを50%にすると正電源と負電源の電圧が等しくなる

図2に反転型DC-DCコンバータのシミュレーション回路，図3に図2の各部の波形を示します．

コイルには常に電流が流れています．スイッチがONするとコイルの電流が増加し，OFFすると減少していきます．R_LにはグラウンドからV_{EE}端子の方向に電流が流れるので，電流値はマイナスの値です．

このときの出力電圧は-4.6Vなので，目標値の-5Vに近い値です．

▶スイッチがONしたときに流れるコイルの電流

図2のスイッチがONすると，コイルの電流はそれまでに流れていた電流I_Sを初期値として増えはじめます．コイルのインダクタンスをL_1とすると，その増加

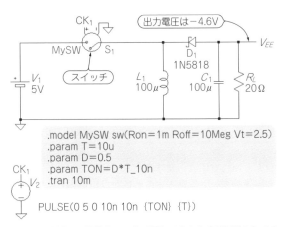

図1 反転型DC-DCコンバータを使うと，単-5Vから$±5$Vの正負電源を作れる
ONデューティを0.5とすることで$±5$Vになる

図2 入力電圧の極性をひっくり返して出力する反転型DC-DCコンバータの基本回路
ONデューティは0.5に設定している

```
.model MySW sw(Ron=1m Roff=10Meg Vt=2.5)
.param T=10u
.param D=0.5
.param TON=D*T_10n
.tran 10m

PULSE(0 5 0 10n 10n {TON} {T})
```

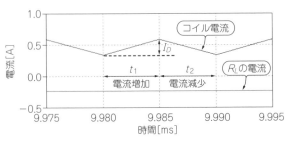

（a）負荷電流とコイル電流

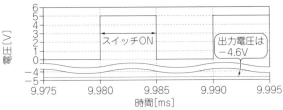

（b）スイッチの制御信号と出力電圧

図3 コイルの電流はスイッチONで増加し，スイッチOFFで減少する
R_LにはグラウンドからV_{EE}端子の方向に電流が流れるので，電流値はマイナスの値となっている

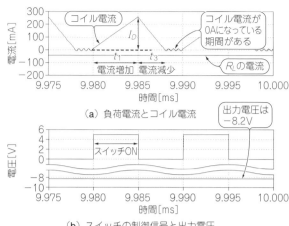

（a）負荷電流とコイル電流

（b）スイッチの制御信号と出力電圧

図4　図1の負荷抵抗を200Ωにしたときの各部の波形
電流不連続モードになり，コイルに流れる電流が0Aになる期間がある

電流は時間に比例し，コイルの電流は次式で表せます．

$$I_L = I_S + V_{in}/L_1 \cdot t \cdots\cdots (1)$$

スイッチがONしている時間をt_1秒とすると，電流の増加量I_Dは次式で求められます．

$$I_D = V_{in}/L_1 \cdot t_1 \cdots\cdots (2)$$

▶スイッチがOFFしたときに流れるコイルの電流

コイルにはそれまでに流れていた電流を流し続けようとする性質があるので，スイッチがOFFしたときは，D_1を介して電流が下向きに流れます．そのとき，V_{EE}の電圧はグラウンドよりも低い電圧になり，L_1の電流は時間とともに減少していきます．L_1の電流はショットキー・バリア・ダイオードの電圧を無視すると次式で表すことができます．

$$I_L = I_S + V_{in}/L_1 \cdot t_1 - V_{EE}/L_1 \cdot t \cdots\cdots (3)$$

OFFしている時間t_2の間に減少する電流値I_dは，V_{EE}の絶対値を使って次式で表されます．

$$I_d = V_{EE}/L_1 \cdot t_2 \cdots\cdots (4)$$

コイルの増加電流I_Dと減少電流I_dは等しいので，次式が成り立ちます．

$$V_{in}/L_1 \cdot t_1 = V_{EE}/L_1 \cdot t_2 \cdots\cdots (5)$$

式(5)をV_{EE}について解くと次式のとおりです．

$$V_{EE} = t_1/t_2 \cdot V_{in} \cdots\cdots (6)$$

ONデューティをDとすると，$D = t_1/(t_1 + t_2)$なので，次式のように表すこともできます．

$$V_{EE} = D/(1-D) V_{in} \cdots\cdots (7)$$

式(6)より，負電源V_{EE}と正電源V_{in}を等しくするには，$t_1 = t_2$とする，つまりONデューティを50％にするとよいことがわかります．

● **出力電流が小さくなる（$R_L = 200\,Ω$）と，「出力電圧＞$D/(1-D)$×入力電圧」**

本回路も，降圧型や昇圧型DC-DCコンバータと同

様，負荷抵抗が大きいとき，電流不連続モードとなり，式(6)が成立しなくなります．

図4は負荷抵抗を200Ωにしたときの結果です．図3とは異なり，コイルの電流が0Aになる期間があります．スイッチがONしている期間に増加する電流I_Dは，式(2)と同じです．スイッチがOFFしている期間に減少する電流値I_dは次式で求められます．

$$I_d = V_{EE}/L_1 \cdot t_3 \cdots\cdots (8)$$

式(2)，式(8)からV_{EE}を求めると次式が求まります．

$$V_{EE} = t_1/t_3 \cdot V_{in} \cdots\cdots (9)$$

t_3はt_2よりも小さいので，式(9)で求めたV_{EE}の絶対値は式(6)で求めた電圧よりも大きくなります．

● **電流連続モードと不連続モードの境目**

前述のとおり負荷抵抗が小さいときは，電流連続モード，負荷抵抗が大きいときは電流不連続モードになります．その境界は負荷電流がいくつのときかを求めてみます．

図3において，R_Lを大きくして負荷電流を小さくしていくと，コイルの電流波形もそれに従って，下方に並行移動します．ここでコイルに流れる電流が0Aになる瞬間が発生する条件を考えます．それは式(3)でI_Sが0Aのときに相当します．コイルから負荷に電流が供給されるのは，t_2の期間だけです．負荷電流I_Rは，t_1，t_2の期間ともに流れています．コンデンサC_1に対し，t_2の期間に供給される電荷量と$t_1 + t_2$の期間に放電する電荷量が等しいとすると次式が求まります．

$$I_D t_2/2 = I_R(t_1 + t_2) \cdots\cdots (10)$$

式(10)に図2の定数を代入すると，I_Rが求まります．

$$I_R = I_D \frac{t_2}{2(t_1 + t_2)} = \frac{V_{in}Dt_2}{2L_1} = 62.5\,\text{mA} \cdots (11)$$

V_{EE}を5Vとすると，電流不連続モードとなる負荷抵抗値は80Ωです．

図5にONデューティを変化させたときの出力電圧を示します．ONデューティが0.5のとき，出力電圧は-5Vに近い-4.6Vです．ONデューティが大きくなるほど，出力電圧の絶対値が高いです．

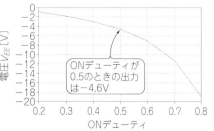

**図5　ONデューティが0.5のときの出力電圧は-4.6
Vである**

センサ回路

フィルタ回路

OPアンプ応用

トランジスタ応用

パワー・アンプ

電源回路

13-4 昇降圧型DC-DCコンバータの基本動作

〈小川 敦〉

● 回路構成

　昇降圧型DC-DCコンバータは，降圧型と昇圧型の両方に対応する電源回路です．入力電圧が出力電圧よりも低いときは昇圧回路，高いときは降圧回路として動作します．

　図1は4本の乾電池を使って，5V電圧を出力する回路をシンプル化しています．コイルL_1とスイッチ（SW_1，SW_2），ダイオード（D_1，D_2），コンデンサC_1で構成されています．

　乾電池の電圧が1本あたり，1〜1.6V変動するとき4本直列にした電圧は4〜6.4Vの範囲で変化します．

　入力電圧の変化に対し，スイッチのONデューティDを制御することで，出力電圧が常に5Vになるようにします．

● 昇圧モードと降圧モードを切り替える方法

　図1はSW_1とSW_2を同時にON/OFFしたり，別々

に制御したりできます．

▶昇圧モード時

　まずSW_1を常にONし，SW_2をON/OFFさせるモードについて考えます．本モードは，昇圧型電源と同等の回路です．D_1は常に逆バイアスとなり，動作には関与しません．

▶降圧モード時

　SW_2を常にOFFし，SW_1をON/OFFさせると，降圧型電源と同等の回路になります．通常の降圧型電源と比べると，コイルと直列にダイオードが接続されているため，同じONデューティでもD_2の電圧降下だけ出力電圧が低くなりますが，基本的な動作は同じです．

　SW_1とSW_2を別々に制御する方法は，出力電圧を一定にするための帰還の掛け方が難しいです．

● 出力電圧はデューティを変えることで降圧から昇圧までスムーズに変化する

▶スイッチがONしたときに流れるコイルの電流

　図2にスイッチがONしたときの等価回路を示します．スイッチがONすると，コイルの電流はそれまでに流れていた電流I_Sを初期値として増え始めます．コイルのインダクタンスをL_1とすると，その増加電流は時間に比例します．コイルの電流I_Lは次式で表すことができます．

$$I_L = I_S + V_{in}/L_1 \cdot t \cdots\cdots\cdots\cdots\cdots\cdots (1)$$

　スイッチがONしている時間をt_1秒とすると，電流の増加量I_Dは次式で求まります．

$$I_D = V_{in}/L_1 \cdot t_1 \cdots\cdots\cdots\cdots\cdots\cdots\cdots (2)$$

▶スイッチがOFFしたときに流れるコイルの電流

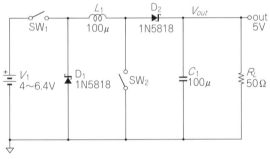

図1　入力電圧が4〜6.4Vまで変動する昇降圧型DC-DCコンバータの基本回路
ONデューティを制御して，つねに出力電圧を5Vにする．SW_1を常にON，SW_2をON/OFFすると，昇圧型電源と同等の回路になる．SW_2を常にOFFし，SW_1をON/OFFすると降圧型電源と同等の回路になる

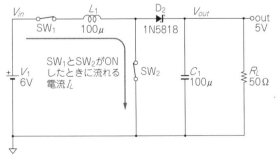

図2　スイッチがONしているときの等価回路
コイルに流れる電流は時間に比例して増加する

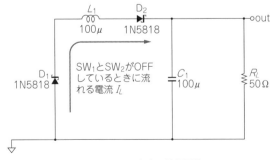

図3　スイッチがOFFしているときの等価回路
コイルに蓄えられた電流はD_1，D_2を経由して流れる

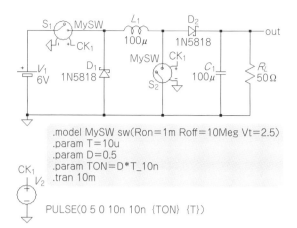

```
.model MySW sw(Ron=1m Roff=10Meg Vt=2.5)
.param T=10u
.param D=0.5
.param TON=D*T_10n
.tran 10m

CK₁  V₂

PULSE(0 5 0 10n 10n {TON} {T})
```

図4 降圧型と昇圧型の両方に対応する昇降圧型DC-DCコンバータのシミュレーション回路
S_1, S_2は信号CK_1により同時にON/OFFする

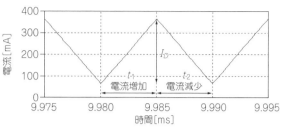

（a）コイルに流れる電流

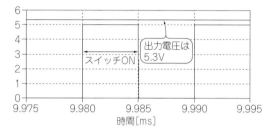

（b）スイッチ部の信号と出力電圧

図5 コイルの電流はスイッチONで増加し，OFFで減少する
図4の解析結果

図3にスイッチがOFFしたときの等価回路を示します．L_1の電流は時間とともに減少していきます．L_1の電流はショットキー・バリア・ダイオードの電圧を無視すると次式で表すことができます．

$$I_L = I_S + V_{in}/L_1 \cdot t_1 - V_{out}/L_1 \cdot t \cdots\cdots\cdots (3)$$

OFFしている時間t_2の間に減少する電流値I_dは次式で表されます．

$$I_d = V_{out}/L_1 \cdot t_2 \cdots\cdots\cdots\cdots\cdots\cdots (4)$$

コイルの増加電流I_Dと減少電流I_dは等しいので，次式が成り立ちます．

$$V_{in}/L_1 \cdot t_1 = V_{out}/L_1 \cdot t_2 \cdots\cdots\cdots\cdots (5)$$

式(5)をV_{out}について解くと次式が求まります．

$$V_{out} = t_1/t_2 \cdot V_{in} \cdots\cdots\cdots\cdots\cdots\cdots (6)$$

ONデューティをDとすると，$D = t_1/(t_1 + t_2)$なので，次式のように表すこともできます．

$$V_{out} = D/(1-D) V_{in} \cdots\cdots\cdots\cdots\cdots (7)$$

実際にはショットキー・バリア・ダイオードによる電圧降下があるため，出力電圧は，式(7)で計算した値よりも低くなります．

式(7)からわかるように，出力電圧はONデューティ0.5を境に，降圧から昇圧までスムーズに変化します．

● **入力電圧が4～6.4Vの範囲で変化しても出力電圧を一定にできる**

図4にSW$_1$とSW$_2$を同時にON/OFFさせたときのシミュレーション回路を示します．S_1，S_2はLTspiceの電圧制御スイッチを使って，オン抵抗1mΩ，オフ抵抗10MΩとしています．このスイッチをコントロールするための電源V_2は，変数Dの値でデューティを変えることができるようにしたパルス電源です．図5ではONデューティを50％（$D=0.5$）としています．

図5に図4の各部の波形を示します．

図1に示したV_1の電圧値をV_{in}という変数にして

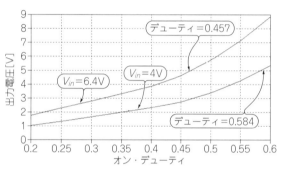

図6 出力電圧を5Vとするためのデューティは0.457と0.584である
.stepコマンドでV_{in}を4Vと6.4V，Dの値を0.2～0.6まで変化させ，オン・デューティ 対 出力電圧を結果を確認した

.stepコマンドで4Vと6.4Vに変化させます．さらにデューティを決めている変数Dの値を0.2から0.6まで0.05ステップで変化させ，.measコマンドで10ms後の出力電圧を取り出しています．

指定したコマンドは次のとおりです．

```
.step param Vin list 4 6.4
.step param D 0.2 0.6 0.05
.meas tran Vout find V(out) AT = 10 m
```

図6にONデューティを変化させたときの出力電圧を示します．V_{in}が4Vのときはデューティを0.584，V_{in}が6.4Vのときはそれを0.457とすると，出力電圧を5Vにできます．

このように図1の回路は入力電圧が4Vから6.4Vまで変化しても，出力電圧を一定の5Vにできます．

＊

実際の回路では出力電圧を検出して，フィードバック回路により自動的にデューティを制御します．

13-5 同期整流でロス1/10の低電圧大電流DC-DCコンバータ〈小川 敦〉

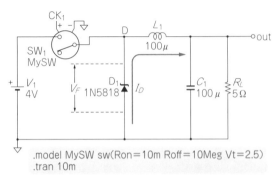

```
.model MySW sw(Ron=10m Roff=10Meg Vt=2.5)
.tran 10m
```

```
.param T=10u
.param D=0.25
.param TON=D*T-10n
PULSE(0 5 0 10n 10n {TON} {T})
```

図1 整流素子にダイオードを使った一般的な降圧型DC-DCコンバータ

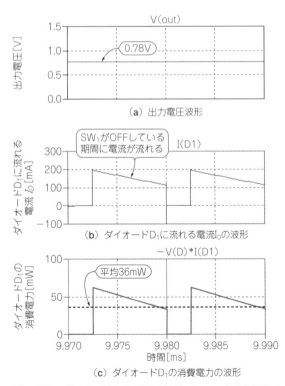

(a) 出力電圧波形

(b) ダイオードD_1に流れる電流I_Dの波形

(c) ダイオードD_1の消費電力の波形

図2 図1のダイオードの平均消費電力は36 mW，負荷の消費電力の約3割と大きい

● DC-DCコンバータのロス要因「整流ダイオード」

図1に示すのは，基本的な降圧スイッチング電源の基本回路です．この降圧スイッチング電源は，SW_1がOFFしたあとダイオードD_1を介してコイルL_1に蓄えられた電流I_Dが流れます．I_Dが流れると，ダイオードには順方向電圧V_Fと呼ばれる電圧が発生します．V_Fはシリコン・ダイオードで0.7〜0.8 V，ショットキー・バリア・ダイオードで0.3〜0.4 Vになります．そのため，ダイオードに電流が流れている間は，$V_F I_D$という電力を無駄に消費します．

● 出力電圧が低いDC-DCコンバータほど，整流ダイオードのロスのウェイトが増す

図2に各部の波形を示します．

図2(a)に示した出力電圧は0.78 Vとデューティから計算した値よりも低くなっています．これはダイオードD_1の順方向電圧の影響です．出力電圧が高い場合は，順方向電圧の影響は目立ちませんが，出力電圧が小さくなると無視できなくなります．

図2(b)に示すのは，ダイオードD_1に流れる電流I_Dです．SW_1がOFFしている期間に電流が流れています．

図2(c)に示すのは，ダイオードの消費電力です．回路図ウィンドウでAltキーを押しながらダイオードをクリックすると消費電力が表示されます．グラフ・ウィンドウの中でCtrlキーを押しながら上部の「−V(D)＊I(D1)」をクリックすると平均電力が表示されます．ダイオードの平均消費電力は約36 mWです．負荷抵抗で発生している電力P_{RL}は式(1)のように122 mWです．ダイオードの消費電力は負荷で発生する電力の3割とかなり大きいです．

$$P_{RL} = \frac{V_{out}^2}{R_L} = \frac{(0.78\ \text{V})^2}{5\ \Omega} = 122\ \text{mW} \cdots\cdots (1)$$

損失が大きくなると，温度上昇を防止するための放熱が必要になったり，電池駆動機器では動作時間が短くなったりします．

● ダイオードをMOSFETスイッチに変更してON/OFF制御すればロスは減らせる

図3に示すのは，同期整流型の降圧スイッチング電源回路です．これは，ダイオードで発生する消費電力（損失）を小さくした図1の改良版です．

スイッチSW_1はクロック信号CK_1がHレベルのと

センサ回路
フィルタ回路
OPアンプ応用
トランジスタ応用
パワー・アンプ
電源回路

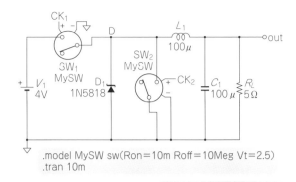

.model MySW sw(Ron＝10m Roff＝10Meg Vt＝2.5)
.tran 10m

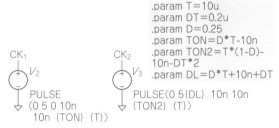

.param T＝10u
.param DT＝0.2u
.param D＝0.25
.param TON＝D*T－10n
.param TON2＝T*(1－D)－10n－DT*2
.param DL＝D*T＋10n＋DT

CK₁

V₂

PULSE
(0 5 0 10n
10n {TON} {T})

CK₂

V₃

PULSE(0 5{DL} 10n 10n
{TON2} {T})

図3　スイッチを使ったロスの小さい降圧型DC-DCコンバータ

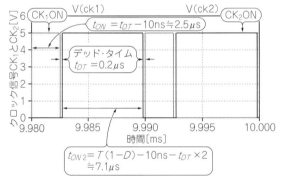

**図4　SW₁とSW₂は同時にONすることがないようにCK₁と
CK₂を制御するクロック波形**
CK₁とCK₂がともにLレベルとなるデット・タイムは0.2 μs

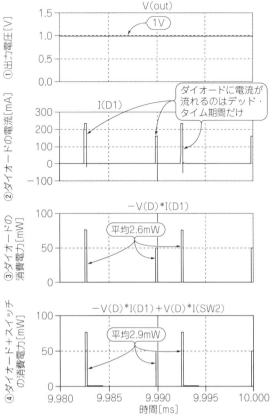

**図5　ダイオードをMOSFETスイッチに変更しON/OFF制御す
ればロスが減る**
図3の整流素子の消費電力は2.9 mWまで小さくなる

きにONするスイッチです．スイッチSW₂はクロック
信号CK₂がHレベルのときにONするスイッチです．

スイッチSW₂と制御するための電源V₃が追加され
ています．SW₂はSW₁がOFFしたタイミングでON し，
コイルL₁に蓄えられた電流を流します．ただし，
SW₁とSW₂が同時にONするタイミングが発生すると，
電源がショートして大電流が流れます．そのため，
SW₁とSW₂が両方ともOFFになる期間を設けます．
この期間をデッド・タイムと呼びます．

図3では.paramコマンドで定義した変数DTで，デ
ット・タイムの長さを0.2 μsと設定しています．D₁
はSW₁とSW₂が両方ともOFFであるデッド・タイム
のときに，コイルL₁に蓄えられた電流を流す働きを
します．このときダイオードで損失が発生するため，
デッド・タイムはスイッチが同時ONしない範囲で，
できるだけ短い時間に設定します．

● **ロスは1/10に**

図4に示すのはスイッチ制御信号のCK₁とCK₂の波
形です．CK₁のONデューティは25 %です．SW₁と
SW₂は同時にONすることがないように，CK₁とCK₂
のタイミングを制御します．CK₁がHレベルとなるの
は，周期TにデューティDを掛けた2.5 μsです．CK₂
がHレベルとなるのは，周期Tに$(1-D)$を掛けた
7.5 μsから，デッド・タイム$(t_{DT})×2$を引いた7.1 μs
です．その結果，CK₁とCK₂がともにLレベルとなる
デッド・タイムは0.2 μsです．

図5に示すのは同期整流型降圧スイッチング電源の出力
電圧，ダイオードの電流や消費電力です．ONデューティが
25 %なので，①の出力電圧は$4×0.25＝1$Vです．②のダイ
オード電流はデッド・タイムのときだけ流れます．③のダイ
オードで発生する平均電力は大幅に小さく2.6 mWです．

ダイオードに代わるコイルの電流を流すスイッチ
SW₂も電力を消費しますが，オン抵抗を10 mΩと小
さく設定しているため，消費電力は非常に小さくなっ
ています．④のダイオードとスイッチの消費電力を足
した平均消費電力は2.9 mWです．図2のダイオード
の消費電力の1割以下です．

185

13-6 スイッチング電源の出力制御PWM回路

〈小川 敦〉

● どんな電源もフィードバックをかけて出力電圧を安定化している

多くのスイッチング電源は，入力電圧や負荷が変わっても出力電圧が一定になるように，フィードバックがかけられています．

図1は出力電圧の安定化機能付きの降圧スイッチング電源のブロック図です．**図1**のような降圧スイッチング電源の出力電圧は，入力電圧にSW_1のONデューティを掛け合わせたものです．出力電圧を一定に保つためには，出力電圧が下がったときはスイッチのONデューティを大きくし，出力電圧が上がったら，ONデューティを小さくします．出力電圧の高低に合わせてスイッチをON/OFFするパルス波の時間幅を制御します．

パルス幅を制御することをパルス幅変調といい，英語のPulse Width Modulationの頭文字を取って，PWMと呼びます．また，PWM信号を生成するためのコンパレータをPWMコンパレータと呼んでいます．

解析回路13-6-①… ON時間を調整するPWM回路

図2はスイッチ制御回路に使われるコンパレータ部の回路です．

コンパレータ$Comp_1$の内部は電圧制御電圧源です．出力電圧が制限されたコンパレータのモデルとして，ここでは電圧制御電圧源のtableを使用します．table＝0 0 10u 5とすると，IN_+とIN_-の電圧差が0 V以下

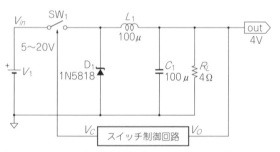

図1 多くのスイッチング電源(降圧型DC-DCコンバータ)の基本構成
パワー・スイッチを駆動するON/OFF制御回路のふるまいを調べる

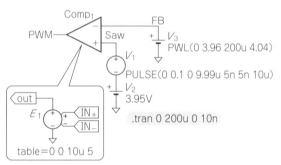

図2 解析回路①…図1の制御回路部を構成するPWM回路
方形波発生回路と直流電圧(出力電圧を分圧して帰還した電圧に相当する)をコンパレータに入力して比較

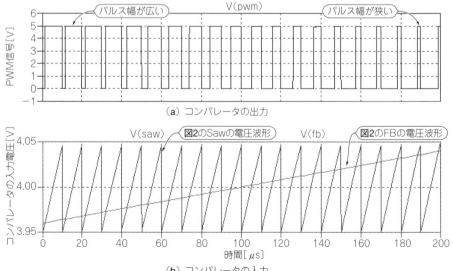

図3 図2のPWM回路の入出力波形

(a) コンパレータの出力

(b) コンパレータの入力

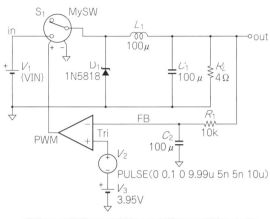

```
.model MySW sw(Ron=10m Roff=10Meg Vt=2.5)
.step param VIN 5 20 5
.meas TRAN Vout AVG V(out) FROM 90m

.ic V(FB)=4
.tran 100m
```

図4　解析回路②…図2のPWM回路を組み入れた降圧型DC-DCコンバータ
PWM回路が，入力電圧が変化しても，出力電圧が一定になるように，自動制御するようすを調べる

のときは出力電圧は0Vです．IN＋とIN－の電圧差が＋10μV以上になると，出力電圧は5Vで一定になります．0～10μVの間，出力電圧はリニアに変化し，そのゲインは5V/10μV＝114 dBです．

　図2ではComp₁の非反転入力端子に直流電圧が4Vで振幅が0.1Vののこぎり波を加えています．のこぎり波はLTspiceのパルス電源をPULSE(0 0.1 9.99u 5n 5n 10u)と設定することで得ます．周期を10μsとしてパルスの立ち上がり時間を9.99μsとし，立ち下がり時間とON時間をともに5nsとすることで，周波数100 kHzののこぎり波になります．Comp₁の反転入力端子には3.96Vから4.04Vまで変化する直流電圧が加わっています．

　図3からわかるように，Comp₁の非反転入力端子の電圧V(saw)はのこぎり波です．Comp₁の反転入力端子の電圧V(fb)が低いときはコンパレータ出力電圧V(pwm)のHレベルの時間が長く，パルス幅が広がっています．V(fb)が高くなるとパルス幅が狭くなり，V(fb)によってパルス幅が変調されたPWM信号が作られています．

　これを図1のスイッチング電源のスイッチ制御回路として使用します．出力電圧が低いときはパルス幅を広くし，出力電圧が高いときはパルス幅を狭くします．

解析回路13-6-②…PWM回路を組み込んだDC-DCコンバータ

　図4に示すのは，図2のPWM回路を組み入れたDC-DCコンバータです．入力電圧はVINという変数

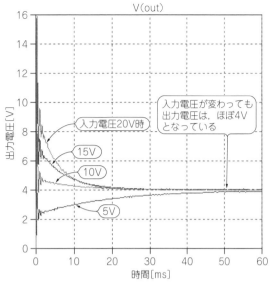

図5　図4の入力電圧を5～20まで変化させても出力電圧は一定に制御される

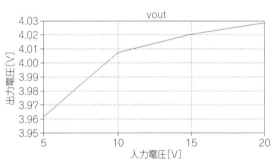

図6　入力電圧対出力電圧のグラフ
.measコマンドで90 ms～100 msの平均電圧を計算してプロット

を使用して，.stepコマンドで5Vから20Vまで5Vステップで変化させます．

　図5からわかるように，入力電圧が5Vから20Vまで変化しても，出力電圧はほぼ4Vになります．

　図6に示すのは，横軸が.stepコマンドで変化させた入力電圧で，縦軸が出力電圧です．入力電圧の変化に対する出力電圧の変動はあまり大きくありませんが，それでも60 mV程度変化します．出力電圧がR_1，C_1によるローパス・フィルタのあと，直接コンパレータに加えられているためです．図3を見るとパルス幅が変化するには，コンパレータの－入力端子の電圧（電源の出力電圧）が変化する必要があります．ONデューティが0％から100％まで変化するために必要な電圧変化はのこぎり波の振幅と同じ100 mVです．

　入力電圧が5Vから20Vまで変化したとき，出力電圧が4VとなるためにはONデューティが80％から20％まで変化する必要があります．そのためには出力電圧が60 mV変化しなければなりません．

センサ回路　フィルタ回路　OPアンプ応用　トランジスタ応用　パワー・アンプ　電源回路

13-7 バイポーラ vs. MOSFET 高速スイッチング

〈小川 敦〉

解析回路13-7-①…バイポーラの スイッチング速度を調べる回路

● バイポーラをきっちりONさせるにはベースに十分な電流を供給する

バイポーラ・トランジスタは，小さな電流をベース端子に流し込んだり，止めたりすると，コレクタが電源から大電流（ベース電流に比例）を引き出したり，引き出すのを止めたりします．

ベース電流とコレクタ電流の比率（電流増幅率 h_{FE}）は，個体によって異なります．

コレクタ電流が大きくなってくると，コレクタに加わる電圧が低下しますが，同時に h_{FE} も低下します．コレクタ電圧を0Vまで低下させてきっちりとトランジスタをONさせたかったら，h_{FE} が100以上あっても余裕をみて，コレクタ電流の最大値の1/20 〜 1/10の電流をベースに流し込む必要があります．

ベースに流れ込む電流は，ベースに加えた電圧を大きくしていくと指数関数的に増していき，いずれトラ

ンジスタが壊れます．そこで，ベースに電流制限用の抵抗を付けます．抵抗値は次のように設定します．

$$電流制限抵抗 = \frac{(10 \sim 20) \times (制御電圧 - 0.7\,V)}{I_C} \quad \cdots\cdots (1)$$

● ON/OFFの動作解析

どんなバイポーラ・トランジスタも，ベース電流をOFFしてもコレクタ電流がしばらく止まらない性質があります．図1の回路で，バイポーラ・トランジスタ（2SCR554P）のスイッチングのようすをシミュレーション解析してみます．2SCR554Pの仕様は次のとおりです．

h_{FE}：120 〜 390，C_{ob}：10 pF，f_T = 300 MHz，蓄積時間：600 ns，最大定格：80 V，最大コレクタ電流：1.5 A

V_2 はトランジスタをON/OFF駆動する信号源で，PWL記述により振幅5 V，幅10 μs のパルス信号を生成します．

▶ベースを負電圧にバチンッと引っ張って高速OFF

ベース電流を0 Aにするというぬるいやり方ではなく，負電圧を加えて，ベースにたまった電荷を積極的に引き抜くと，トランジスタが素早くOFFするようになります．図2のシミュレーションでは，.stepコマンドで，V_m という変数を0 Vと−5 Vに変化させます．

図2(a)は Q_1 のコレクタ電流，図2(b)はベースに加える制御電圧（V_2）です．

V_2 を0 Vにしても，Q_1 のコレクタ電流がしばらく（1570 ns）OFFしませんが，V_2 を−5 Vにすると，遅延は480 nsに短くなります．2SCR554Pの仕様書には，OFF遅延時間は600 nsと記載されています．測定条件は，図1とは異なりますが，OFFさせるときにマイナスのベース電流を流した場合の値です．

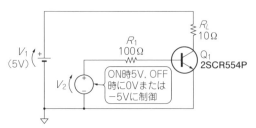

図1 解析回路①…バイポーラ・トランジスタのスイッチング速度を調べる回路
Vmという変数を使って，OFF時に負のベース電流を流す解析も行う

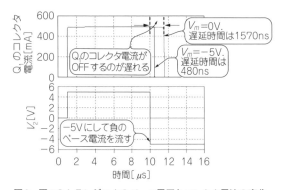

図2 図1のトランジスタのベース電圧とコレクタ電流の変化
V_2＝0Vのときの遅延は1570 ns．V_2＝−5Vのときの遅延は480 ns

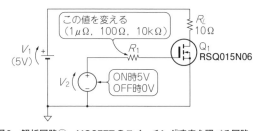

図3 解析回路②…MOSFETのスイッチング速度を調べる回路
R_1 の値を1 $\mu\Omega$（ショート），100 Ω，10 kΩと変えてみる

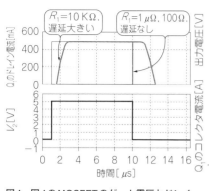

図4　図4のMOSFETのゲート電圧とドレイン電流の変化
$R_1 = 1\,\mu\Omega$ または $100\,\Omega$ のときは遅延がほとんどないが，$10\,k\Omega$ のときはとても大きい

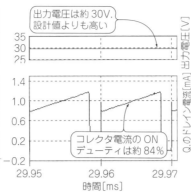

図6　図5 Q_1 のコレクタ電流のONデューティはゲートのONデューティ（75％）より大きく（約84％），出力電圧も設計値（20V）より高い（30V）

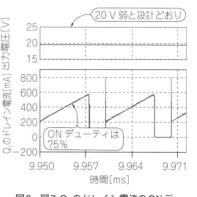

図8　図7 Q_1 のドレイン電流のONデューティはゲート電圧と同じ（75％）で，出力電圧も設計値どおり（20V弱）

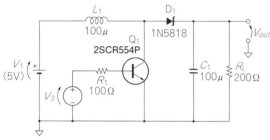

図5　解析回路③…バイポーラ・トランジスタで構成した昇圧型DC-DCコンバータ（帰還をかける前）

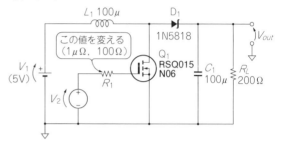

図7　解析回路④…MOSFETで構成した昇圧型DC-DCコンバータ（帰還をかける前）

解析回路13-7-②…MOSFETのスイッチング速度を調べる回路

● 電流制限用のゲート抵抗はなくても大丈夫

　MOSFETは，ゲートに加える電圧の大きさでドレイン電流の量を制御します．バイポーラ・トランジスタと違い，ゲートに電流を流し込むことはできないので，ゲートに抵抗を挿入する必要はありません．

● ON/OFFの動作解析

　MOSFETは，OFFに手間取ることがありません．
　図3に示す回路で，MOSFET（RSQ015N06）のスイッチングのようすを解析してみましょう．RSQ015N06の仕様は次のとおりです．

　　$V_{GS(th)}$：$1 \sim 2.5$V，C_{iss}：110 pF，C_{oss}：28 pF，
　　ターンOFF遅延：15 ns，最大ドレイン電圧：
　　60 V，最大ドレイン電流：1.5 A

　MOSFETのゲートは，コンデンサと同じような特性を示すため，ゲートに直列に挿入する抵抗（R_1）が大きいと，容量を充放電するのに時間がかかります．
　図3のゲート抵抗（R_1）の値を$1\,\mu\Omega$（ショート），100 Ω，10 kΩの3種類で変えて計算します．100 Ωのとき，ドレイン電流はゲート電圧（V_2）と同じタイミングで

ON/OFFしますが，R_1を$10\,k\Omega$にすると遅延します．

解析回路13-7-③…バイポーラで構成したDC-DCコンバータ

　図5は，バイポーラ・トランジスタを使って構成した出力電圧20 Vを狙った，無帰還の昇圧型DC-DCコンバータです．V_2は，周波数100 kHz，振幅5 V，ONデューティ75％のパルス電源です．
　図6に結果を示します．Q_1のコレクタ電流を見ると，ONデューティが約84％，出力電圧が約30 Vと設計値よりも高くなっています．これは遅延が原因です．
　デューティ可変の回路とし，フィードバックをかければ，遅延時間が自動的に制御されて，出力電圧は設計値になります．

解析回路13-7-④…MOSFETで構成したDC-DCコンバータ

　図7はMOSFETで構成した出力電圧20 Vを狙った，無帰還の昇圧型DC-DCコンバータです．.stepコマンドで，抵抗R_1を$1\,\mu\Omega$と100 Ωで計算します．
　図8は計算結果です．R_1による差はわずかで，ドレイン電流のONデューティはV_2と同じ75％です．出力電圧も設計値どおり20 V弱です．

13-8 シンプル1石エミッタ・フォロワ電源

〈小川　敦〉

● 負荷が変わっても電圧が安定しているからこその基準電源

図1に示す抵抗2本で電源電圧を分圧する基準電圧源の無負荷時の出力電圧は，2 V（＝5 V×2 kΩ/5 kΩ）です．

この回路は，負荷抵抗値によって出力電圧が大きく変動するので，実用的ではありません．

図2に示すのは，LTspiceによるシミュレーション結果です．**図2**から負荷抵抗が100 kΩと大きければ，出力電圧は約2 Vです．しかし，負荷抵抗値が下がってくると，出力電圧はみるみる低下します．

● 負荷をつないだときの電圧変動を計算で求める

▶ 無負荷時のエミッタ・フォロワの出力電圧

この問題は，2本の抵抗にトランジスタを1個追加するだけで解決できます（**図3**）．

図3の出力電圧をV_{out}，ベース電圧（点Ⓐ）をV_B，トランジスタ（Q_1）のベース-エミッタ間電圧をV_{BE}とすると，次式が成り立ちます．

$$V_{out} = V_B - V_{BE} \cdots\cdots\cdots\cdots\cdots (1)$$

V_Bは，Q_1のベース電流をI_Bとすると，次式で計算できます．

$$V_B = \frac{R_2}{R_1 + R_2} V_{CC} - \frac{R_1 R_2}{R_1 + R_2} I_B \cdots\cdots (2)$$

トランジスタ（Q_1）のベース-エミッタ間電圧（V_{BE}）は，コレクタ電流とトランジスタの種類で決まります．厳密には次式で求まりますが，たいてい0.6〜0.7 Vの範囲にあります．

$$V_{BE} = V_T \ln \frac{I_C}{I_S}$$

$$V_T = \frac{kT}{q} = 26 \text{ mV} \cdots\cdots\cdots\cdots\cdots\cdots (3)$$

ただし，k：ボルツマン定数（1.379553×10^{-23}）[J/K]，T：絶対温度 [K]，q：電子電荷（1.60218×10^{-19}）[C]，I_S：トランジスタの逆方向飽和電流

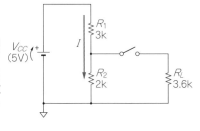

図1　基準電圧回路は抵抗2本だけでも作れるが，負荷抵抗をつなぐと大きく電圧が変動するので，使いにくい

● 負荷抵抗を接続したときの出力電圧の変化を計算で求める

負荷抵抗（R_L）を接続したときの出力電圧の変化は，次の2つの変動を合算すれば求まります．

(1) ベース-エミッタ間電圧 V_{BE} の変動量 ΔV_{BE}

(2) ベース電圧 V_B の変動量 ΔV_B

▶ ベース-エミッタ間電圧 V_{BE} の変動量 ΔV_{BE}

無負荷時にR_3に流れている電流（I_{R3}）は，無負荷時のQ$_1$のエミッタ電流（I_{E1}）と等しく，次式で表されます．

$$I_{R3} = I_{E1} = \frac{V_{out1}}{R_3} \cdots\cdots\cdots\cdots\cdots\cdots (4)$$

負荷抵抗を接続したときの出力電圧は，R_Lに流れる電流がわからないと計算できませんが，その出力電圧はまだわかりません．

そこで，負荷をつないでも出力電圧は無負荷のときと変わらないという前提で，出力電圧（V_{out1}）で，R_Lに流れる電流を計算すると，次のようになります．

$$I_{RL} = \frac{V_{out1}}{R_L} \cdots\cdots\cdots\cdots\cdots\cdots\cdots (5)$$

負荷抵抗を接続したときのQ$_1$のエミッタ電流（I_{E2}）は，I_{R3}とI_{RL}の合算ですから，次式になります．

$$I_{E2} = I_{R3} + I_{RL} = \frac{V_{out1}}{R_3} + \frac{V_{out1}}{R_L}$$

$$= V_{out1} \frac{R_3 + R_L}{R_3 R_L} \cdots\cdots\cdots\cdots\cdots (6)$$

図3の回路定数を使って計算すると，次のようになります．

$$I_{E1} = I_{R3} = 1 \text{ mA}, \quad I_{RL} = 1 \text{ mA}, \quad I_{E2} = 2 \text{ mA}$$

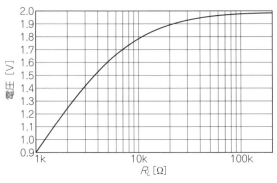

図2　図1の回路の負荷抵抗R_Lを変えたときの出力電圧
負荷抵抗値が下がってくると出力抵抗はみるみる低下する．図3と同じ負荷抵抗 R_L ＝ 2 kΩがつながると，2 Vから1.26 Vまで，約740 mVも低下する

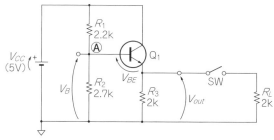

図3 図1の2本の抵抗にトランジスタ1石のエミッタ・フォロワを足すと，そこそこ使える基準電源になる

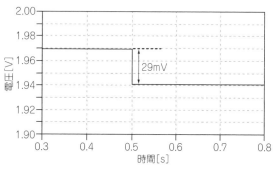

図4 図3の回路で負荷抵抗を接続したときの電圧変化
負荷抵抗（2 kΩ）が接続されたときの電圧変化はわずか29 mV．0.5秒後にスイッチをONして，トランジスタと負荷抵抗を接続する

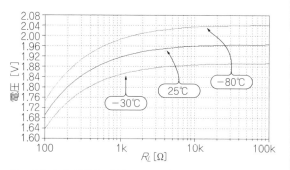

図5 図3の出力電圧は高温で上がり低温で下がる

無負荷時のQ_1のベース-エミッタ電圧V_{BE1}と，負荷抵抗を接続したときのQ_1のベース-エミッタ電圧をV_{BE2}は，次式で求まります．

$$V_{BE1} = V_T \ln\left(\frac{\alpha I_{E1}}{I_S}\right) \cdots\cdots\cdots\cdots\cdots\cdots (7)$$

$$V_{BE1} = V_T \ln\left(\frac{\alpha I_{E2}}{I_S}\right) \cdots\cdots\cdots\cdots\cdots\cdots (8)$$

ベース-エミッタ間電圧の変化量をΔV_{BE}とすると，次のようになります．

$$\Delta V_{BE} = V_{BE2} - V_{BE1} = V_T \ln\left(\frac{\alpha I_{E2}}{I_S}\right) - V_T \ln\left(\frac{\alpha I_{E1}}{I_S}\right)$$

$$= V_T \ln\left(\frac{I_{E2}}{I_{E1}}\right) = V_T \ln\left(\frac{R_3 + R_L}{R_L}\right) \cdots\cdots (9)$$

式(9)から，ΔV_{BE}はI_{E2}とI_{E1}の比の対数に比例することがわかります．**図3**の定数を代入すると，次のようにΔV_{BE}は18 mVと求まります．

$$\Delta V_{BE} = V_T \ln\left(\frac{R_3 + R_L}{R_L}\right) = 26\text{ mV} \ln\left(\frac{2\text{ k}\Omega + 2\text{ k}\Omega}{2\text{ k}\Omega}\right)$$

$$= 18\text{ mV} \cdots\cdots\cdots\cdots\cdots\cdots\cdots\cdots (10)$$

▶ベース電圧V_{BE}の変動量ΔV_B

Q_1のベース電圧はベース電流が増すと低下します．その電圧は次式で計算できます．

$$\Delta V_B = \frac{R_1 R_2}{R_1 + R_2} \frac{I_{RL}}{1 + \beta}$$

$$= \frac{2.2\text{ k}\Omega \times 2.7\text{ k}\Omega}{2.2\text{ k}\Omega + 2.7\text{ k}\Omega} \times \frac{1\text{ mA}}{1 + 100} = 12\text{ mV} \cdots (11)$$

*

以上から，出力電圧の変化量ΔV_{out}は式(12)から，30 mVになります．

$$\Delta V_{out} = \Delta V_{BE} + \Delta V_B = 18\text{ mV} + 12\text{ mV}$$

$$= 30\text{ mV} \cdots\cdots\cdots\cdots\cdots\cdots\cdots\cdots (12)$$

● 負荷をつないだ直後の電圧降下

図3の回路を電子回路シミュレータLTspiceで動かします．

電圧制御スイッチ・モデル（オン抵抗1 mΩ，しきい値0.5 V，名称SW）を使い，以下のように定義しました．

　　　.model sw sw(Ron=1 m Vt=0.5)

スイッチは電圧V_1で制御されており，0.5秒後にONします．

図4に**図3**のシミュレーション結果を示します．負荷抵抗が接続されるとほぼ計算値と同じ29 mV分，電圧が降下します．

● 温度と出力電圧

図3のエミッタ・フォロワを使用した簡易電源は温度によって出力電圧が変化します．トランジスタはどんなものでも，温度が1℃上がるたびに，ベース-エミッタ電圧が約2 mVずつ小さくなります．

温度を変えながら，出力電圧の変化を調べてみましょう．

図5にLTspiceによる計算結果を示します．温度－30℃，＋25℃，＋80℃に変えながら，R_Lを100 Ωから100 kΩまで変化させました．出力電圧は高温で上がり，低温で下がります．

13-9 温度変動が少ない3石ディスクリート電源

〈平賀　公久〉

シリーズ・レギュレータは，負荷と直列に入れたトランジスタで，出力電圧を安定させます．代表的なシリーズ・レギュレータに「3端子レギュレータ」があります．

ここで紹介するのは，3石で作れる電源レギュレータです．出力電圧の温度係数は0.048 mV/℃で，定番の3端子レギュレータに負けない性能をもっています．

解析回路13-9-①…基本回路

● 回路構成

図1に，トランジスタ，ツェナー・ダイオード，抵抗で構成したシンプルなシリーズ・レギュレータを示します．in端子には入力電圧を加え，out端子から一定の電圧を出力します．out端子には，負荷として抵抗R_Lを接続しています．

● 各部の電圧と電流

図1の回路定数より，回路内の電圧と電流を計算します．

out端子の出力電圧V_{out}は，ツェナー・ダイオードの電圧V_ZからトランジスタQ_1のベース-エミッタ電圧V_{BE1}だけ下がった電圧であり，次式で求まります．

$$V_{out} = V_Z - V_{BE1} = 12.1 \text{ V} \cdots\cdots\cdots\cdots (1)$$

負荷抵抗R_Lに流れる電流I_Lは，次式で求まります．

$$I_L = V_{out}/R_L = 121 \text{ mA} \cdots\cdots\cdots\cdots (2)$$

負荷電流I_Lは，トランジスタQ_1のエミッタ電流I_{E1}

なので，電流増幅率h_{FE}を考慮したとき，コレクタ電流I_{C1}は次式で求まります．

$$I_{E1} = (1 + 1/h_{FE})I_{C1}$$
$$I_{C1} = 119 \text{ mA} \cdots\cdots\cdots\cdots\cdots\cdots (3)$$

Q_1のベース電流I_{B1}は式(4)で求まります．

$$I_{B1} = I_{C1}/h_{FE} = 1.8 \text{ mA} \cdots\cdots\cdots\cdots (4)$$

抵抗R_1に流れる電流は，入力電圧V_{in}とV_Zから次式(5)で求まります．

$$I_{R1} = \frac{V_{in} - V_L}{R_1} = 37.5 \text{ mA} \cdots\cdots\cdots\cdots (5)$$

ツェナー・ダイオードに流れる電流I_Zは，抵抗R_1に流れる電流I_{R1}とベース電流I_{B1}より次式で求まります．

$$I_Z = I_{R1} - I_{B1} = 35.7 \text{ mA} \cdots\cdots\cdots\cdots (6)$$

● 出力電圧が一定に保たれるメカニズム

図2にシリーズ・レギュレータのブロックを示します．制御素子，制御回路，基準電圧源の3つのブロックで構成されています．制御素子は出力電圧を調整します．制御回路はout端子の電圧を監視し，その電圧が一定となるよう制御します．基準電圧源は制御回路へ安定した電圧を供給します．

図1の回路と図2のブロックを比較すると，トランジスタQ_1が制御素子と制御回路の働きを担い，ツェナー・ダイオードD_1が基準電圧源です．図1は，out端子の電圧が低下すると，Q_1のV_{BE1}が増加し，Q_1がさらに導通してout端子の電圧を上昇させます．

out端子の電圧が上昇すると，V_{BE1}が低下し，Q_1の導通が減少することで，out端子の電圧が低下します．この一連の動作により，out端子の電圧は一定となります．R_1は，D_1とQ_1のベースへ電流を供給する働きです．

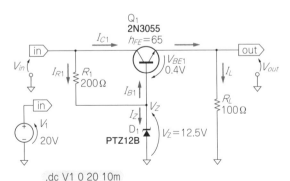

図1　解析回路①…ディスクリート電源の基本回路
トランジスタ，ツェナー・ダイオード，抵抗で作ったシンプルなシリーズ・レギュレータ．出力outには，負荷抵抗(R_L)100 Ωを接続している．シミュレーションを実行するときは，DC解析で，V_1を0 V～20 V間をスイープする

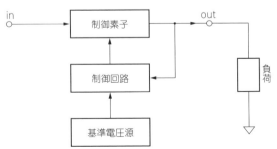

図2　シリーズ・レギュレータは制御素子，制御回路，基準電圧源の3つのブロックで構成される
図1と図2を比較すると，Q_1が制御素子と制御回路の働きを担い，D_1が基準電圧源である

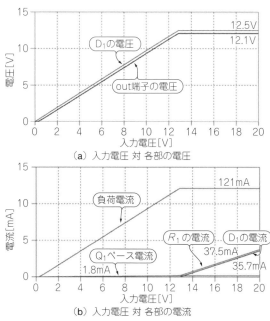

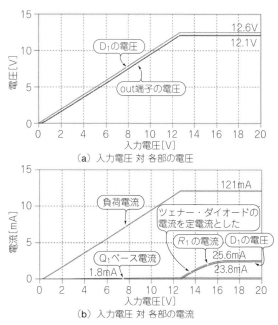

図3　図1の電圧と電流は計算どおりの結果となる
ツェナー・ダイオードの電流は，電流の向きをカソードからアノードとするため，−1を乗じている

図5　ツェナー・ダイオードに流れる電流は，定電流になる
図4の電圧と電流をプロットした

● 動作解析

　図1の回路をDC解析でV_1を0〜20V間でスイープしています．図3に示すようにout端子の電圧は，式(1)で計算した12.1Vです．電流のプロットをみると，式(5)，式(6)ともにシミュレーションと一致しています．

解析回路13-9-②…改良回路

● ツェナー・ダイオードに流れる電流を一定にする

　ツェナー・ダイオードの電圧は，流れる電流とインピーダンスにより変化します．

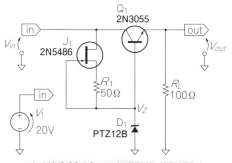

.dc V1 0 20 10m　.dc TEMP -25 125 1

図4　解析回路②…改良して温度変化を小さくしたディスクリート電源回路
ツェナー・ダイオードの電圧を安定させるため図1のR_1を定電流源にした回路．温度による出力電圧の変化を小さくする

　図1に示す回路は，式(5)で計算した通り，in端子の電圧に依存するので，一定ではありません．ツェナー・ダイオードの電圧変動は，out端子の電圧変動となるので，R_1の代わりに，定電流源に置き換えることで対策できます．

　図4は，NチャネルJFET J_1と抵抗R_1を使って，24mAの定電流源に置き換えた回路です．図5に示すようにツェナー・ダイオードに流れる電流は，定電流になっています．

● 回路の温度特性を調べる

　図4の回路の欠点は，V_Z，V_{BE1}に温度特性があり，out端子の電圧が温度で変化することです．

　図4において，D_1の温度係数を調べると8.1mV/℃，V_{BE1}は，−2.6mV/℃です．

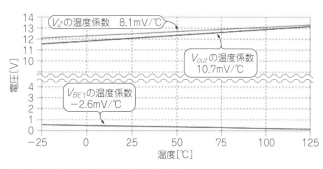

図6　図4は出力電圧の温度変化が大きい
図4の解析コマンドを".dc TEMP -25 125 1"へ変更した

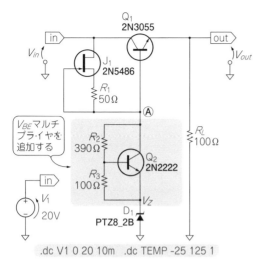

.dc V1 0 20 10m .dc TEMP -25 125 1

図7　解析回路③…温度補償した3石ディスクリート電源回路
V_{BE}マルチプライヤの温度係数を使い，温度補償した

out端子の温度係数は，次式となり，温度が高くなると出力電圧は＋10.7 mV/℃で変化します．

$$\frac{\partial V_{OUT}}{\partial T} = \frac{\partial V_Z}{\partial T} - \frac{\partial V_{BE1}}{\partial T}$$
$$= 8.1 \text{ mV/℃} - (-2.6 \text{ mV/℃})$$
$$= 10.7 \text{ mV/℃} \cdots\cdots\cdots\cdots (7)$$

図6は，図4の−25〜＋125℃の温度特性をシミュレーションした結果です．out端子の温度係数は，式(7)の計算と同じであり，温度により変化します．

解析回路13-9-③…温度補償回路

● V_{BE}マルチプライヤ回路を利用する

式(7)で示したとおり，D_1とQ_1の温度特性により，out端子の電圧は，正の温度係数をもちます．そこで，図7のQ_2，R_2，R_3で構成するV_{BE}マルチプライヤ回路の負の温度係数で温度補償をします．V_{BE}マルチプ

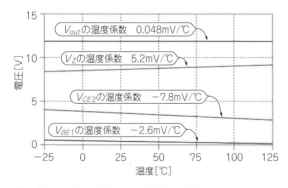

図9　図7の回路は温度による出力電圧の変化が小さい
解析コマンドを".dc TEMP -25 125 1"に変更

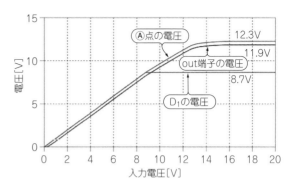

図8　図7の電力電圧は11.9 Vである

ライヤ回路は，トランジスタQ_2のベース-エミッタ間電圧をR_2とR_3の抵抗比により大きくし，その電圧がコレクタ-エミッタ間電圧V_{CE2}になる回路です．V_{CE2}は次式で求まります．

$$V_{CE2} = (1 + R_2/R_3)V_{BE2} \cdots\cdots\cdots\cdots (8)$$

V_{BE2}を抵抗比で大きくするので，温度係数も同じ比率で大きくなります．

図7のout端子の電圧は，次式で求まります．

$$V_{out} = V_Z - V_{BE1} + (1 + R_2/R_3)V_{BE2} \cdots\cdots (9)$$

図4と比べると，図7では，式(9)の右辺第3項が追加されます．同じout端子の電圧付近とするため，V_Zを小さくし，8.7 Vとしました．図7のツェナー・ダイオードの温度係数は5.2 mV/℃，V_{BE1}の温度係数は−2.6 mV/℃，V_{BE2}の温度係数は−1.6 mV/℃です．温度補償するためのR_2/R_3は，式(10)で求まります．

$$\frac{\partial V_{out}}{\partial T} = \frac{\partial V_Z}{\partial T} - \frac{\partial V_{BE1}}{\partial T} + \left(1 + \frac{R_2}{R_3}\right)\frac{\partial V_{BE2}}{\partial T}$$
$$0 = 5.2 \text{ mV/℃} - (-2.6 \text{ mV/℃})$$
$$+ \left(1 + \frac{R_2}{R_3}\right)(-1.6 \text{ mV/℃}) \cdots\cdots\cdots (10)$$
$$\text{よって}\frac{R_2}{R_3} \fallingdotseq 3.9$$

以上より，$R_2 = 390\ \Omega$，$R_3 = 100\ \Omega$としました．

● V_{BE}マルチプライヤ回路を追加したときの温度特性

図8は，図7の回路で，V_1を0 V〜20 V間をスイープした結果です．out端子の電圧，ツェナー・ダイオードの電圧，点Ⓐの電圧をプロットしました．V_{in}＝20 V時のout端子の出力電圧は，11.9 Vです．

図9は，図7の−25〜125℃の温度特性を示します．out端子の温度変化と，式(9)の右辺第1項，第2項，第3項に相当するV_Zの温度変化，V_{BE1}の温度変化，V_{CE2}の温度変化をプロットしています．

式(10)の各項の計算値と図9の結果は同じです．out端子は温度補償され，温度による変化が小さくなります．

13-10 AC100V用整流平滑回路

〈小川　敦〉

整流回路とは，交流電源から直流電源を作り出す回路です．交流信号の片側極性の電圧だけを利用する半波整流回路と，交流信号の両側極性の電圧を利用する全波整流回路があります．

● ① 半波整流回路

▶構成

図1に示すのは半波整流回路です．半波整流回路は，最もシンプルな整流回路です．出力リプルが比較的大きいという欠点があります．本回路は，あまり大きな電流を取り出す必要がない電源に使われます．

入力信号V_1は実効値が$100\,\mathrm{V_{rms}}$なので，ピーク値が$141\,\mathrm{V_{0\text{-}peak}}$で周波数$50\,\mathrm{Hz}$の正弦波とします．トランスは，コイルの$L_1$と$L_2$を組み合わせて構成します．

図1のコイル上部のコマンド"K1 L1 L2 0.999"でL_1とL_2を結合し，トランスとして動作させます．0.999は2つのコイルの結合係数です．1次側のコイルのインダクタンスは$30\,\mathrm{H}$です．入力となる家庭用電源の周波数が$50\,\mathrm{Hz}$と低いため，非常に大きなインダクタンス値になります．コイルのパラメータのSeries Resistanceは$200\,\Omega$に設定しています．

1次側コイルL_1と2次側コイルL_2の巻き数比は10：1です．コイルのインダクタンス値は巻き数の2乗に比例するので，インダクタンス値の比は100：1です．そのため，L_2のインダクタンス値は$0.3\,\mathrm{H}$とします．Series Resistanceは$20\,\Omega$とします．

D_1には整流ダイオードのモデルRRE02VS4S（ローム）を設定しました．

C_1は出力リプルを減らすための平滑コンデンサで

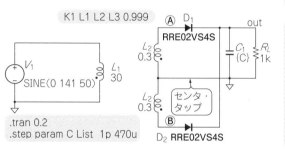

K1 L1 L2 L3 0.999

.tran 0.2
.step param C List　1p 470u

図3　センタ・タップ付き全波整流回路
センタ・タップは2つのコイルを直列接続して実現する．整流ダイオード2個で全波整流を行う

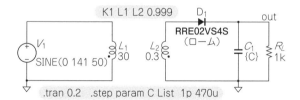

K1 L1 L2 0.999

.tran 0.2　.step param C List　1p 470u

図1　回路構成が最もシンプル半波整流回路
平滑コンデンサの値は1pFと470μFでシミュレーション

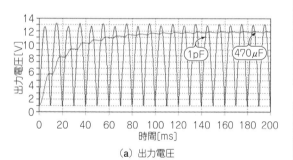

(a) 出力電圧

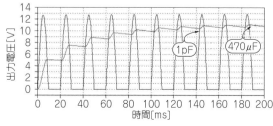

図2　平滑コンデンサが1pFのときは，正弦波の上半分だけのような波形になる
図1の過渡解析結果．直流電圧は約11V．リプル周波数は入力信号の周波数と同じ50Hz

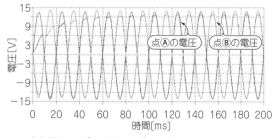

(b) 図3の点Bの電圧は点Aの電圧とは逆位相になる

図4　平滑コンデンサが1pFのときは，正弦波を0Vを中心に折りたたんだような全波整流波形になる
図3の過渡解析結果．(a)の直流電圧は約12V．リプル周波数は入力信号の周波数の2倍で100Hz

（右端縦タブ：センサ回路／フィルタ回路／OPアンプ応用／トランジスタ応用／パワー・アンプ／**電源回路**）

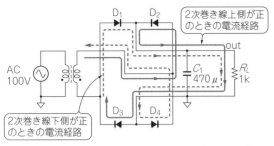

図5 センタ・タップ付きのトランスを使用せず，4つのダイオードで構成されるブリッジ型全波整流回路
out端子は正の電圧になる

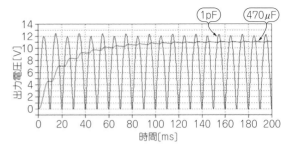

図6 out端子は正の電圧となる
図5の過渡解析結果．平滑後の電圧は約11 V．リプル周波数は入力信号の周波数の2倍で100 Hz

す．.stepコマンドでC_1の容量値を1 pFと470 μFに変化させて平滑のようすを調べます．

▶ふるまい

図2に示すように，平滑コンデンサがないとき（1 pF時）は，正弦波の上半分だけのような波形となります．平滑コンデンサが470 μFのときはリプルが小さくなり，直流電圧が約11 Vです．半波整流の場合，リプル周波数は入力信号の周波数と同じ50 Hzです．

● ② センタ・タップ付きトランスで作る全波整流回路
▶構成

図3にセンタ・タップ付きトランスで作る全波整流回路を示します．2次巻き線にセンタ・タップがついたトランスと整流ダイオード2個で整流されています．

LTspiceでセンタ・タップ付きのトランスが必要なときは，2つのコイルを直列接続して実現します．巻き数比が10：2なので，図1のL_2相当のコイルを2つ直列接続しす．

コマンド "K1 L1 L2L3 0.999" で，3つのコイルを結合すれば，センタ・タップ付きのトランスになります．

▶ふるまい

図4に示すように平滑コンデンサがないときは，正弦波を0 Vを中心に折りたたんだ波形になります．

平滑コンデンサが470 μFのときは，図2よりもさらにリプルが小さくなり，直流電圧は約12 Vです．リプル周波数は入力信号の周波数の2倍（100 Hz）です．

図3の回路において，トランスの2次側のセンタ・タップを基準とすると，図4(b)に示すように点Ⓑの電圧は，点Ⓐの電圧とは逆位相になります．それぞれの電圧をダイオードD_1，D_2で整流するため，out端子には全波整流出力が現れます．

● ③ センタ・タップなしトランスで作る全波整流回路
▶出力が正電圧のときのふるまい

図5にブリッジ型の整流回路を示します．

ブリッジ状に接続された4つのダイオードを使用することで，センタ・タップ付きトランスを使わずに全波整流回路を構成できます．

図5では1次側の交流電源（100 V）の極性の違いで起こる，2次側の電流経路の違いも示しています．どちらの極性のときも，out端子は正電圧になります．電流経路の中に2つのダイオードがあるので，電圧ロスは$2 \times V_F$です．

図6に示すようにout端子には図5と同様，全波整流出力が得られています．
▶出力が負電圧のときのふるまい

図7は図5と同様，ダイオード・ブリッジによる全波整流回路です．図5とはダイオードの向きがすべて逆であるため，out端子には正の電圧ではなく，負の電圧が出力されます．

図8にout端子の波形を示します．全波整流出力が得られていますが，その極性は図6とは反対です．out端子の直流電圧は－11 Vです．

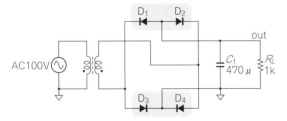

図7 out端子の直流電圧が負電源になるブリッジ型全波整流回路
すべてのダイオードの向きが図5とは逆になっている

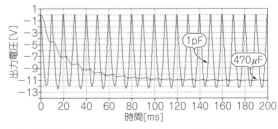

図8 平滑後のout端子の電圧は約－11 Vの直流になる
図7の過渡解析結果．平滑後の電圧は約－11 V

13-11 電力系統の利用効率「力率」

〈小川 敦〉

使いもしないのにエネルギーを取り貯めする力率の低い奴

力率とは，装置で有効に利用される電力と，電源が送り込んだ電力との比です．

抵抗が負荷の場合は，有効に利用される電力と，電源側の見かけ上の電力は等しく，力率は1です．インダクタンスを含む負荷では，有効に利用される電力は，見かけ上の電力よりも小さく，力率は1以下です．

力率の低い装置は，多くのエネルギを供給しても実際にはその一部しか受け取りません．無駄に余裕のある大容量の電源を用意しなければなりません．エネルギ利用効率の低い装置は少ないほうがよいでしょう．

力率の計算

● 抵抗だけよりコイルがあるほうが入力電流が大きい

図1に，2種類のAC100 V電源の回路を示します．

図1(a)は負荷が，電熱線ヒータなどの抵抗です．図1(b)は負荷が，モータなど，コイルと抵抗の直列接続されたものを想定しています．各回路の電流と抵抗で発生する電力を計算します．

図1(a)のV_{in1}とR_1に流れる電流(I_1)は次のように計算できます．

$$I_1 = V_1/R_1 = 100/100 = 1 \text{ A} \cdots\cdots\cdots\cdots\cdots (1)$$

図1(b)の電流を求めるときは，まずコイルのインピーダンス(Z_{L1})を求めます．次式から50 Ωです．

$$Z_{L1} = \omega L_1 = 2\pi f L_1 = 2\pi \times 50 \times 159 \text{ m} \fallingdotseq 50 \text{ Ω} \cdots (2)$$

コイルと抵抗を直列接続した回路のインピーダンス(Z)は，単純にインピーダンス値と抵抗値を加えるのではなく，式(3)のように2乗平均平方根で計算します．

$$Z = \sqrt{Z_{L1}^2 + R_2^2} = \sqrt{50^2 + 50^2} = \sqrt{2 \times 50^2} = \sqrt{2} \times 50$$
$$\cdots\cdots\cdots\cdots\cdots\cdots\cdots\cdots\cdots\cdots\cdots (3)$$

式(3)から，V_{in2}，L_1，R_2に流れる電流(I_2)は次のとおりです．

$$I_2 = V_2/\sqrt{2} = 100/(\sqrt{2} \times 50) = 2/\sqrt{2} = \sqrt{2} \times = 1.414 \text{ A} \cdot\cdot (4)$$

式(1)と式(4)から，図1(a)よりも図1(b)のほうが電流が大きいことがわかります．図1(a)のI_1とV_{in1}の位相は同じですが，図1(b)ではI_2がV_{in2}よりも位相が遅れます．この位相(θ)は次式で計算できます．

$$\theta = \tan^{-1}(Z_{L1}/R_2) = \tan^{-1}(50/50) = 45° \cdots\cdot (5)$$

● 図1(a)と(b)の抵抗が消費している電力は同じ

R_1とR_2に発生する電力を計算します．R_1が消費する電力(P_{R1})は次のとおりです．

$$P_{R1} = I_{V1}^2 \times R_1 = 1^2 \times 100 = 100 \text{ W} \cdots\cdots\cdots\cdots (6)$$

R_2が消費する電力(P_{R2})は次のとおりです．

$$P_{R2} = I_{V2}^2 \times R_2 = \sqrt{2}^2 \times 50 = 100 \text{ W} \cdots\cdots\cdots\cdots (7)$$

式(6)と式(7)から，R_1で発生する電力とR_2で発生する電力は同じであることがわかります．

● あげた電力をどのくらい有効に使うかを表すのが力率

力率は，有効利用される電力(有効電力P)と電源が送り込んだ電力(皮相電力S)との比です．力率(P_F)は次のように表されます．

$$P_F = P/S \cdots\cdots\cdots\cdots\cdots\cdots\cdots\cdots\cdots\cdots (8)$$

有効電力はR_1とR_2が消費する電力なので，図1の回路はどちらも100 Wです．皮相電力は，図1(a)が$V_{in1}I_1$，図1(b)が$V_{in2}I_2$です．前述のように，電源から流れこむ電流の大きさは違っていたのので，皮相電力は異なります．図1(a)の力率をP_{FL}，図1(b)の力率をP_{FR}とすると，次のように計算できます．

$$P_{FL} = \frac{P_{R1}}{V_1 I_1} = \frac{100}{100 \times 1} = 1 \cdots\cdots\cdots\cdots\cdots (9)$$

$$P_{FR} = \frac{P_{R2}}{V_2 \times I_2} = \frac{100}{100 \times \sqrt{2}} = 0.707 \cdots\cdots (10)$$

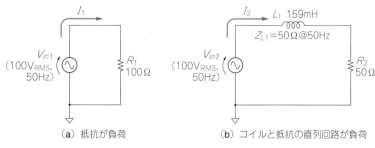

図1　抵抗で消費される電力は同じだけど，供給する電力が違う2つの回路…違いはコイルの有無
図(a)は，50 Hzで100 V$_{RMS}$の交流電源に100 Ωの抵抗が接続されている．図(b)は，50 Hzで100 V$_{RMS}$の交流電源に，周波数が50 Hzのときにインピーダンスが50 Ωになるコイル(159 mH)と50 Ωの抵抗が直列に接続されている

（a）抵抗が負荷　　　（b）コイルと抵抗の直列回路が負荷

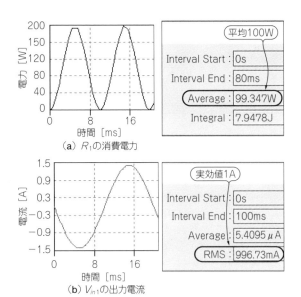

図2 図1(a)のV_{in1}に流れる電流(I_1)と抵抗R_1が消費する電力(P_{R1})の波形
I_1の実効値は1Aで，R_1に発生する電力の平均値は100W

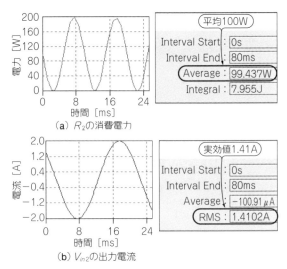

図3 図1(b)のV_{in2}に流れる電流(I_2)と抵抗R_2が消費する電力(P_{R2})の波形
R_2とR_1が消費する電力の平均値は同じだけど，I_2はI_1よりも大きい

　力率は，式(8)の値を100倍してパーセント［%］で表記します．式(8)と式(9)から図1(a)の力率は1，図1(b)の力率は0.707です．

　図1(b)の力率は，式(10)を次のように変形すれば，Z_{L1}とR_2からも計算できます．

$$P_{FR} = \frac{P_{R2}}{V_2 \times I_{V2}} = \frac{I_{V2}^2 R_2}{V_2 I_{V2}} = \frac{I_{V2} R_2}{V_2}$$
$$= \frac{\dfrac{V_2}{\sqrt{Z_{L1}^2 + R_2^2}} R_2}{V_2} = \frac{R_2}{\sqrt{Z_{L1}^2 + R_2^2}} \cdots\cdots (11)$$

　式(11)と式(5)を組み合わせると，次式のように力率を電圧と電流の位相差(θ)で表すこともできます．

$$P_{FR} = \cos(\theta) \cdots\cdots\cdots\cdots\cdots\cdots\cdots\cdots (12)$$
*

　交流電源で動く機器の力率は，1に近いほどエネルギの利用効率が高くなるのでよいことです．力率が低い機器は，同じ有効電力を発生させるために，より大きな電源電流を供給しなければなりません．実際，図1(a)と図1(b)の抵抗が消費する電力は同じですが，電源に流れる電流は力率の低い図1(b)は大きくなっています．力率が低いと，電源側はそれに対応できるように，余分な電流供給能力を確保しなければなりません．

● パソコンで実験①…力率の悪い回路の特徴を調べる
▶解析の準備

　電子回路シミュレータLTspiceを利用して，図1の回路の電流，電力，力率を調べてみましょう．

　V_{in1}とV_{in2}はどちらも，ピークが141V（実効値100V）の50Hzの正弦波です．トランジェント解析を次のように設定して，電流と電力の波形を計算で求めます．

.tran 0 0.1 20 m

　これは「0.1秒分の解析を行い，20ms経過したらデータを保存する」という意味です．

　電流波形の周波数成分も調べます．次のコマンドでフーリエ解析を行います．

.four 50 10 1 I(Vin1)I(Vin2)

▶抵抗が消費する電力は同じだけど，電流はコイルありのほうが大きい

　図2に示すのは，図1(a)のV_{in1}に流れる電流(I_1)と電力(P_{R1})の波形です．電流の実効値は1A_{RMS}，R_1に発生する電力の平均値は100Wです．

　図3に示すのは，図1(b)のV_{in2}に流れる電流(I_2)と電力(P_{R2})の波形です．

　R_1とR_2が消費する電力の平均値は100Wで同じですが，I_2の実効値は1.41A_{RMS}で，I_1の1A_{RMS}より大きいです．

▶電源とコイルに流れるエネルギのようす

　図4(a)はコイルL_1で発生する電力です．0Wを中心にした±100Wの正弦波です．電力の値が正のときはコイルがエネルギをため込んでいます．電力の値が負のときは，エネルギを吐き出しています．平均消費電力は0Wで消費はありません．

　図4(b)はV_{in2}が供給する電力で，平均値は−100Wです．平均値が負になっている理由は，V_{in2}が電力を出しているからです．この値は，電源の電圧の実効値と流れる電流の実効値を乗じた皮相電力ではなく，V_{in2}が実際に供給している電力で，R_2で発生する電力と同じ値です．

▶力率の悪い回路は電圧と電流の位相がずれている

　図5(a)に示すのは，図1(a)の電源電圧と抵抗に流れる電流の波形です．V_{in1}の電圧とR_1の電流の位相はまったく同じです．

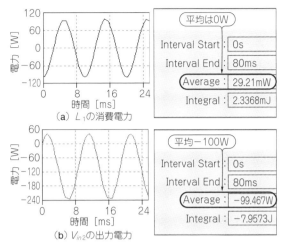

(a) L_1の消費電力

平均は0W	
Interval Start :	0s
Interval End :	80ms
Average :	29.21mW
Integral :	2.3368mJ

(b) V_{in2}の出力電力

平均-100W	
Interval Start :	0s
Interval End :	80ms
Average :	-99.467W
Integral :	-7.9573J

図4　図1(b)のV_{in2}の供給電力とL_1の消費電力
V_{in2}の供給電力はR_2が消費する電力と同じ．L_1は電力を消費していない

図5(b)に示すのは，図1(b)の電源電圧と抵抗に流れる電流の波形です．V_{in2}とR_2に流れる電流は位相がずれています．式(12)からもわかるように，位相のずれがないときの力率が1で，位相のずれが大きくなるほど力率は低下します．

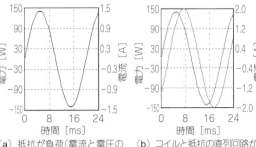

(a) 抵抗が負荷（電流と電圧の位相が同じ）

(b) コイルと抵抗の直列回路が負荷（電流と位相は電圧より遅れる）

図5　図1(a)と図1(b)の電源電圧と抵抗に流れる電流の波形
電圧と電流の位相がずれる回路は力率が悪い

● パソコンで実験②…力率を計算する

シミュレーションが終わった後に，Ctrl＋Lを押すと，図6に示すエラー・ログが表示され，ここでフーリエ解析の結果を確認できます．

Total Harmonic Distortionの末尾にあるPF（Power Factor）が力率です．

図1(a)の力率は1であることがわかります．図1(b)の力率は0.707479で，式(8)と式(9)で計算した値と同じです．

図6　図1の2つの回路の力率
フーリエ解析機能を利用して計算．図1(a)の力率P_{FL}は1．図1(b)の力率は0.707479

```
Fourier components of I(v1)
Total Harmonic Distortion: 0.061026%(0.078709%)  PF=1(1)

Fourier components of I(v2)
Total Harmonic Distortion: 0.044646%(0.063107%)  PF=0.707479(0.707479)
```

column▷01　ひずんだ電流波形の力率を求める

小川 敦

LTspiceのフーリエ解析機能を利用すると，ひずんだ電流波形から力率を計算できます．

電流波形がひずむ，図Aの整流回路で力率を計算してみましょう．

図Aにはコイルがないため，電圧と電流の位相差はありません．ダイオードがあるので，抵抗に電流が流れるのはV_{in1}が正のときだけで，電流はひずん

だ半波整流波形になります．この場合も，皮相電力のほうが実効電力よりも大きくなるので，力率は1以下です．

図Bに計算結果を示します．電流は半波整流の波形になっています．フーリエ解析の結果から力率は0.916とわかります．

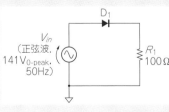

図A　LTspiceのフーリエ解析機能を利用すると，電流波形から力率を求めることができる

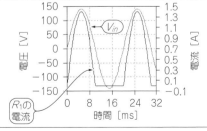

```
Fourier components of I(v1)
Total Harmonic Distortion: 43.740581%(43.759892%)  PF=0.916189(0.916124)
```

図B　図Aのシミュレーション結果
電流は半波整流波形で，力率は0.916189である

13-12 数十mA出力の即席スイッチング電源

〈小川　敦〉

●コイルを利用したスイッチング電源に比べ，低背，低価格，低ノイズ

チャージ・ポンプ電源は，スイッチとコンデンサで構成されています．スイッチとコンデンサの接続方法を変えることで，降圧型，昇圧型，反転型の3種類を作れます．

チップ・コンデンサは，チップ・インダクタに比べ入手しやすいです．磁性材料が不要なので，入力1.6Vから出力3.3V/30mA程度の小容量電源を作るときは，部品の高さを数分の1，価格を約1/10にできます．インダクタのように磁束が発生しないので，輻射ノイズも小さくできます．

本電源は，スペースの狭い場所に入れる必要がある腕時計，カプセル型の医療機器，イヤホンなどに利用されています．出力電流が数十mAまでしか流せない，昇圧型／降圧型の出力電圧を自由に設定しずらい，といった欠点があります．

解析回路13-12-①…昇圧型チャージ・ポンプ電源

● 回路構成

図1にスイッチとコンデンサで構成された昇圧型チャージ・ポンプ電源のシミュレーション回路を示します．入力電圧の2倍の電圧を出力できます．SW_1〜SW_4はクロック信号がHレベルのときにONします．

図2は図1に入力するクロック信号です．同時にHレベルにならないよう，100kHz，3Vのパルス信号CK_1とCK_2を入力しています．

図1ではスイッチ・モデルMySWを利用して，オン抵抗0.1Ω，スレッショルド電圧1.5Vを定義しています．図1の入力電圧は3Vなので出力電圧は6Vです．したがって，負荷R_Lに流れる電流は6mAです．このとき電池V_1に流れる電流Iの平均値は倍の12mAです．

● 回路のふるまい

▶SW_1とSW_4がONしたとき

図1に示す昇圧型チャージ・ポンプ電源のSW_1とSW_4が同じタイミングでONし，SW_2とSW_3が同じタイミングでONしたとします．C_1には実線のように電流が流れ，C_1はV_1と同じ電圧に充電されます．R_LにはC_2に充電された電圧が加わっています．R_Lに流れる電流はC_2が供給します．

▶SW_2とSW_3がONしたとき

V_1とC_1が直列に接続されます．C_1はV_1と同じ電圧

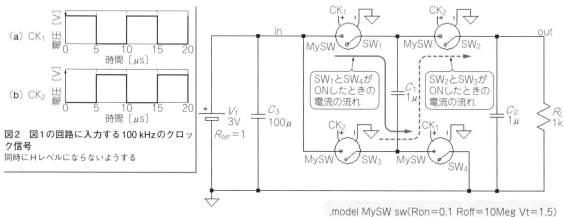

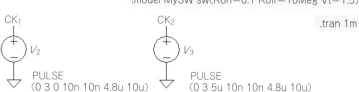

図2　図1の回路に入力する100kHzのクロック信号
同時にHレベルにならないようにする

図1　解析回路①…入力電圧の2倍の電圧を出力する昇圧型チャージ・ポンプ電源
入力電圧3Vで出力電圧は6Vになる．SW_1〜SW_4はオン抵抗が0.1Ωの電圧制御スイッチSW_1とSW_4がONしているとき，C_1はV_1と同じ電圧に充電される．SW_2とSW_3がONしているとき，V_1とC_1が直列に接続され，out端子の電圧はV_1の2倍に昇圧される

.model MySW sw(Ron=0.1 Roff=10Meg Vt=1.5)

.tran 1m

CK_1　V_2
PULSE
(0 3 0 10n 10n 4.8u 10u)

CK_2　V_3
PULSE
(0 3 5u 10n 10n 4.8u 10u)

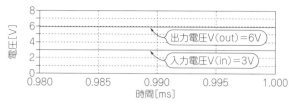

（a）入力電圧と出力電圧

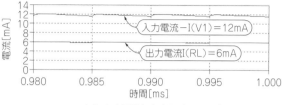

（b）入力電流と出力電流

図3 出力電圧は入力電圧の2倍，入力電流は出力電流の2倍になる
図1の出力電圧と入力電流を確認する

に充電されているので，C_2 は V_1 の2倍の電圧まで充電されます．つまり，out端子の電圧は入力電圧 V_1 の2倍に昇圧されます．

● **入力電流は出力電流の2倍になる**

図1の回路が定常状態のとき，C_2 は V_1 の2倍の電圧に充電されています．

まず，t_0 の期間は SW_1 と SW_4 がON し，SW_2 と SW_3 はOFF しています．SW_2 がOFF しているため，負荷抵抗 R_L に流れる電流は C_2 が供給します．

負荷抵抗 R_L の電流を I_L とし，クロック信号の周期を t とすると，t_0 の期間に C_2 が放電する電荷量 Q_0 は次式で求まります．

$$Q_0 = I_L \frac{t}{2} \quad\cdots\cdots\cdots\cdots\cdots\cdots\cdots (1)$$

t_1 の期間は SW_2 と SW_3 がON するため，C_1 が V_1 と直列に接続されます．t_0 の期間に放電した電荷 Q_0 を補うように C_2 を充電します．

t_1 の期間も R_L には電流が流れています．この電流に必要な電荷も V_1 と C_3 と C_1 が供給します．したがって，この t_1 の期間に V_1 と C_3 が供給する電荷量，C_1 の放電電荷量は $2Q_0$ です．

t_2 の期間は SW_1 と SW_4 がON し，C_1 を充電します．このとき充電される電荷量は，t_1 の期間に C_1 が放電した電荷量 $2Q_0$ と等しくなります．そのため t_2 の期間に V_1 と C_3 が供給する電荷量も $2Q_0$ です．つまり，クロック信号1周期 $(t_1 + t_2)$ の間に V_1 と C_3 が供給する電荷量は $4Q_0 (= 2Q_0 + 2Q_0)$ です．

したがって，クロック信号1周期の間に V_1 と C_3 が供給する電流の平均値 I_{in} は次式で求まります．

$$I_{in} = \frac{4Q_0}{t} = \frac{2I_L t}{t} = 2I_L \quad\cdots\cdots\cdots\cdots\cdots (2)$$

式（2）から，2倍の昇圧型チャージ・ポンプ電源の

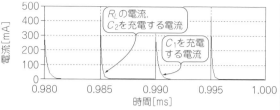

（a）入力電流 I(V1)＋I(C3)

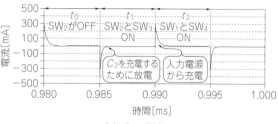

（b）C_1 の電流

図4 スイッチが切り替わった瞬間に大きな電流が流れる
図1の解析結果

入力電流は出力電流の2倍です．

● **出力電圧は入力電圧の2倍，入力電流は出力電流の2倍になることを過渡解析で確認する**

昇圧チャージ・ポンプ電源の出力電流と，電池から供給される入力電流の関係をシミュレーションで確認します．

図3と図4に図1の20 μs付近の過渡解析結果だけを表示しています．

図3（a）にチャージ・ポンプ電源の入力電圧と出力電圧，図3（b）には出力電流と，入力電流を表示しています．電流の極性を合わせるため，入力電流は $-I$(V1) として極性を反転しています．

図3は，出力電圧は入力電圧の2倍の6 V です．入力電流は出力電流（R_L に流れる電流）の2倍の12 mA です．

図4は V_1 と C_3 に流れる電流の加算結果と，C_1 の電流プロットです．V_1 と C_3 の電流の加算結果がチャージ・ポンプ電源の入力電流です．主に直流電流を V_1 が供給し，交流成分を C_3 が供給します．スイッチが切り替わった瞬間に，大きな電流が流れています．

解析回路13-12-②… 降圧型チャージ・ポンプ電源

● **特徴**

降圧型チャージ・ポンプ電源は，リニア・レギュレータに比べ，電力ロスが少なく高効率です．出力電圧は自由に決めることができず，入力電圧の1/2になります．

● **入力電流は出力電流の1/2になる**

図5に降圧型チャージ・ポンプ電源のシミュレーシ

ョン回路を示します．入力電圧を低い電圧に変換するときに使用します．CK_1とCK_2は同時にHレベルになることのない，100 kHzのパルス信号です．SW_1とSW_4はCK_1がHレベル，SW_2とSW_3はCK_2がHレベルのときはONします．out端子の電圧は，入力電圧V_1の半分の1.5 Vです．

V_1が供給する電流の平均値は，負荷抵抗R_Lに流れる電流の半分になります．

図6に降圧型チャージ・ポンプ電源の過渡解析結果を示します．1 kΩの負荷抵抗R_{L2}に流れる出力電流は1.5 mAなので，V_1に流れる平均電流は0.83 mAと出力電流の約半分の値です．

図5のCK_1がHレベルのときは，C_1とC_2が直列接続となるので，C_1，C_2はそれぞれV_1の半分の電圧に充電されます．クロックの周期をt，負荷抵抗R_{L2}に流れる電流をI_{out}とすると，CK_1がHレベルの期間$(t/2)$にV_1から供給される電荷Q_0は次式で求めることができます．

$$Q_0 = \frac{t}{2} I_{out} \cdots\cdots\cdots (3)$$

次にCK_2がHレベルになると，C_1とC_2は並列に接続され，C_1とC_2に蓄えられた電荷を使ってR_{L2}に電流が供給されます．そのため，out端子の電圧はV_1の半分です．クロック1周期の間のV_1の電流I_{in}は次式のようにI_{out}の半分になります．

$$I_{in} = \frac{I_{out}}{2} \cdots\cdots\cdots\cdots\cdots\cdots (4)$$

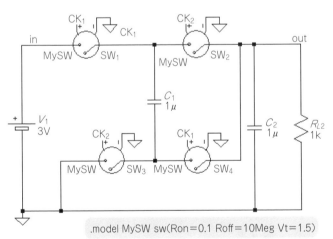

.model MySW sw(Ron=0.1 Roff=10Meg Vt=1.5)

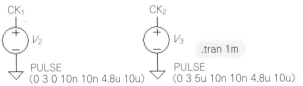

.tran 1m

図5　解析回路②…出力電圧が入力電圧の1/2になる降圧型チャージ・ポンプ電源
SW_1～SW_4はオン抵抗が0.1 Ωの電圧制御スイッチ

解析回路13-12-③… 反転型チャージ・ポンプ電源

● 特徴

反転型チャージ・ポンプ電源は，単一電源から正負電源を作るときに使われます．ヘッドフォン・アンプの出力カップリング・コンデンサを削減する正負電源を作るときに，反転型チャージ・ポンプ電源が使われることがあります．

● 出力電圧は入力電圧と同じで極性は逆になる

図7に反転型チャージ・ポンプ電源のシミュレーション回路を示します．CK_1とCK_2は同時にHレベルになることのない，100 kHzのパルス信号です．SW_1とSW_4はCK_1がHレベル，SW_2とSW_3がCK_2がHレベルのときにONします．out端子の電圧は，入力電圧V_1の極性を反転した－3 Vになります．

CK_1がHレベルのときは，C_1はV_1と同じ電圧に充電されます．このとき，C_2がR_{L2}に電流を供給します．

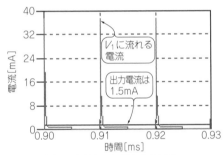

（a）V_1に流れる電流と出力電流

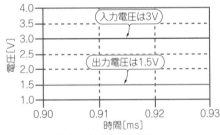

（b）入力電圧と出力電圧

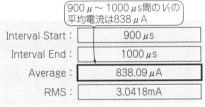

900 μ～1000 μs間のV_1の平均電流は838 μA

Interval Start :	900 μs
Interval End :	1000 μs
Average :	838.09 μA
RMS :	3.0418mA

（c）ダイアログで表示されるV_1の平均電流

図6　出力電圧は入力電圧の半分の1.5 Vである
図1の過渡解析結果

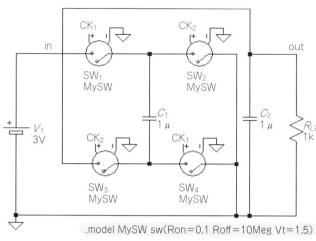

.model MySW sw(Ron=0.1 Roff=10Meg Vt=1.5)

図7　解析回路③…入力とは逆極性の電圧を出力する反転型チャージ・ポンプ電源

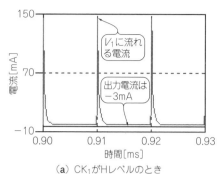

（a）CK$_1$がHレベルのとき

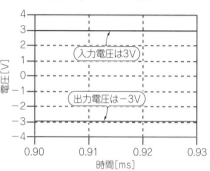

（b）入力電圧と出力電圧

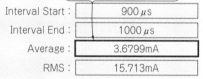

900 μ〜1000 μs間のV$_1$の平均電流は3.68mA

Interval Start :	900 μs
Interval End :	1000 μs
Average :	3.6799mA
RMS :	15.713mA

（c）ダイアログで表示されるV$_1$の平均電流

図8　出力電圧は入力電圧と同じ電圧で逆極性の−3Vとなる
図7の過渡解析結果

CK$_1$がHレベルの期間($t/2$)に放電する電荷Q_0は次式で求めることができます.

$$Q_0 = \frac{t}{2}I_{out} \cdots\cdots\cdots\cdots\cdots\cdots (5)$$

次にCK$_2$がHレベルになると，C_1の上側がグラウンドに接続され，先ほどとは逆さまになった状態で，C_2を充電します. そのため，out端子の電圧はV_1と同じ電圧で極性が反転します.

CK$_2$がHレベルの期間にC_1は，C_2が放電した電荷Q_0を補充し，さらにR_{L2}に流れる電流のための電荷を供給します. このときC_1が放電する電荷量は$2Q_0$です. そのため，クロック1周期間のV_1の電流I_{in}は次式のとおり，I_{out}と同じです.

$$I_{in} = I_{out} \cdots\cdots\cdots\cdots\cdots\cdots\cdots (6)$$

図8に反転型チャージ・ポンプ電源の過渡解析結果を示します. 出力電圧は入力電圧と同じ電圧で逆極性の−3Vです. 反転型チャージ・ポンプ電源を使うことで，正負電源を構成することができることがわかります.

1kΩの負荷抵抗R_{L2}に流れる出力電流は3mAで，V_1に流れる平均電流はその値に近い3.68mAです.

＊

表1に3種類のチャージ・ポンプ電源の特徴をまとめています.

昇圧型／降圧型のチャージ・ポンプ電源は，出力電圧を自由に設定できないので，入力電圧の整数倍となります. そのため，一定の出力電圧が必要なときは，シリーズ・レギュレータと組み合わせるなどの工夫を行います. 市販のチャージ・ポンプ電源ICの多くは，

表1　3種類のチャージ・ポンプ電源の特徴

電源の種類	用　途	出力電圧	入力電流
昇圧型チャージ・ポンプ電源	入力電圧の2倍の電圧に変換する	$V_{out} = 2V_{in}$	$I_{in} = 2I_{out}$
降圧型チャージ・ポンプ電源	入力電圧の半分の電圧に変換する	$V_{out} = \dfrac{V_{in}}{2}$	$I_{in} = \dfrac{I_{out}}{2}$
反転型チャージ・ポンプ電源	入力電圧と同じで逆極性の電圧に変換する	$V_{out} = -V_{in}$	$I_{in} = I_{out}$

このような機能が含まれています.

チャージ・ポンプ電源はスイッチが切り替わったときに，非常に大きな電流が流れます. その電流がほかの回路に影響を与えないよう，元となる電源のバイパス・コンデンサの配置なども重要です.

13-13 電源回路の電力変換効率

〈小川 敦〉

LTspiceで降圧型DC-DCコンバータの電源効率をシミュレーションする方法を解説します. LTspiceは電源の定常状態を自動的に検出する機能を装備しています.

STEP1：回路の動作をチェック

● ターゲット回路

図1は, 降圧型スイッチング・レギュレータLTC3564(アナログ・デバイセズ)を使った, 3.6 Vのリチウム・イオン蓄電池から1.8 Vの電源を作る回路です. 負荷抵抗R_Lが1.8 Ωなので出力電流は, 1 Aです.

スイッチSW_1とSW_2は, 制御回路でON/OFFされます. SW_1とSW_2は互いに逆位相で, 2.25 MHzでON/OFFを繰り返します. 制御回路の実際の動作はかなり複雑ですが, シンプル化するとFB端子の電圧が0.6 Vになるように, SW_1のONデューティを制御します. FB端子の電圧が0.6 Vよりも高くなると, SW_1のONデューティを狭くし, 低くなると, ONデューティを広くするような動作をします.

● 外付けの抵抗の定数を求める

LTC3564は, R_1とR_2の抵抗比を変えることで, 出力電圧を0.6 V～V_{in}の範囲で任意に設定できます. 出力電圧とR_1とR_2の関係は, 次式で表せます.

$$V_{FB} = 0.6 \text{ V} = V_{out} R_2 / (R_1 + R_2) \cdots (1)$$

式(1)を変形してV_{out}を左辺に移動すると, 次式が求まります.

$$V_{out} = 0.6 \times (R_1 + R_2)/R_2 = 0.6 \times (1 + R_1/R_2) \cdots (2)$$

所望の出力電圧を設定するための抵抗値を計算します. 計算は, 式(2)を変形すると便利です. R_1の値を決め, 次式を使用してR_2の値を求めます.

$$R_2 = \frac{0.6 \times R_1}{V_{out} - 0.6 \text{ V}} \cdots (3)$$

図1で出力電圧が1.8 VでR_1を600 kΩとすると, 次式のとおり, R_2は300 kΩとすればよいです.

$$R_2 = \frac{0.6 \times R_1}{V_{out} - 0.6 \text{ V}} = \frac{0.6 \times 600 \text{ k}\Omega}{1.8 \text{V} - 0.6 \text{ V}} = 300 \text{ k}\Omega \cdots (4)$$

● 出力電圧の確認

LTC3564は, 通常デッド・タイムの電流ルートとして必要となる, SW端子とグラウンド間のショットキー・バリア・ダイオードを外付けする必要がありません. コイルやコンデンサの値は, 仕様書の標準回路の定数に準拠しています. コイルL_1のシリーズ抵抗値を10 mΩとし, 出力コンデンサC_2の直列抵抗を5 mΩとしています.

図2に示すように出力電圧は1.79 Vです. この結果から, ほぼ設計値どおりの値が得られています.

STEP2：効率を計算

● ノーマルに電源効率を求める

図3は, 図1の回路の効率を計算するため, シミュレーション結果の最後の100 μsだけを表示しています. R_Lの電力とV_1の電力波形, それぞれの平均電力を表示したものです. 出力は1.781 W, 入力は1.961 Wなので, 次のように$\eta = 90.8$ %と求まります.

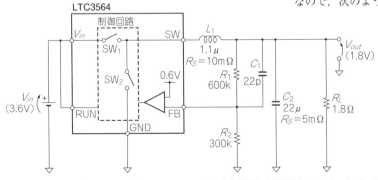

図1 ターゲット回路…LTC3564(アナログ・デバイセズ)を利用した降圧型DC-DCコンバータ
コイルや, コンデンサの値は仕様書の標準回路の定数に準拠している. 本稿ではスイッチング電源の効率をシミュレーションする方法を解説する

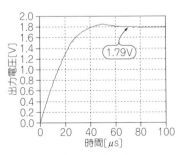

図2 出力電圧は設計値とほぼ同じ1.79 Vとなる
図2 図1の回路シミュレーション結果

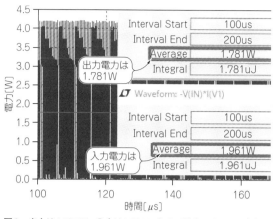

図3　出力は1.781 W，入力は1.961 Wなので効率ηは90.8%となる
図1の出力電力，入力電力/波形，平均電力を表示した

$$\eta = \frac{P_{out}}{P_{in}} = \frac{1.781}{1.961} \fallingdotseq 0.908 \cdots\cdots\cdots\cdots\cdots (5)$$

● LTspiceの効率計算機能を利用する

　LTspiceには，ライブラリに登録されているスイッチング電源ICの効率を計算し，結果を回路図上に表示する機能があります．この機能を使って図1の回路の効率を計算してみます．

　図4にLTspiceの効率計算機能を示します．電源としての効率と各素子の電流の実効値やピーク値，消費電力(損失)も表示されます．

　その手順は次のとおりです．

▶ ［STEP1］負荷を電流源にする

　図5に示すようにR_Lを1 Aの定電流源I_1に置き換えます．普通の電流源を使用すると，出力電圧が0 Vのときも電流が流れ，シミュレーションすることができません．そのためI_1には，loadオプションをつけます．

　オプションをつけるには，電流源の値を設定するメニューの中の「This is an load」にチェックを入れます．このオプションをつけることで，出力電圧が0 Vのときは電流が流れなくなります．

▶ ［STEP2］定常状態を検出するオプションを設定

　シミュレーション・コマンド設定画面で，「Stop simulating if steady state is detected」にチェックを入れます．これは，回路が過渡状態から定常状態に移行したことを検出するオプションです．出力電圧が一定の電圧に落ち着いた状態になると，自動的に解析を終了します．本オプションをつけることで，電源の効率計算機能が働くようになります．

　この定常状態の検出機能は，万全ではなく，検出に失敗して所望の状態ではないときに解析を終了してしまうことがあります．そのため，出力電圧などを表示させて，電圧が安定した状態になるまで解析しているかを確認する必要があります．

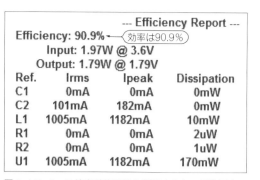

図4　LTspiceの効率計算機能を利用すると，回路図上に効率だけでなく，各素子の電流や消費電力も表示される

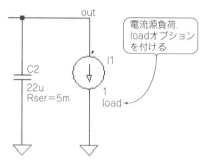

図5　効率計算機能を使うときは，図1のR_Lを定電流源に変更する

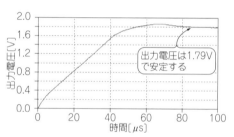

図6　解析は116 μsで自動的に終了し，出力電圧は1.79 Vで安定する

　さらに「Don't reset T = 0 when steady state is detected」にもチェックを入れます．通常，steadyオプションをつけると，定常状態に到達した，直前の時間のシミュレーション結果だけが表示されます．

　本オプションにチェックを入れるとシミュレーションの0 sから結果が表示されます．

▶ ［STEP3］効率計算結果を出力する

　図6に示すように，LTspiceは定常状態を検出し，解析は116 μsで自動的に終了します．出力電圧は，80 μs以降は安定するので，定常状態を検出できます．

　図5のように回路図上に効率の計算結果を表示するためには，シミュレーションが終了後，回路図ウィンドウのメニューから［View］-［Efficiency Report］-［Show on Schematic］にチェックを入れます．回路図上に効率レポートが表示されます．

初出一覧

本書の下記の章項は，「トランジスタ技術」誌および「トランジスタ技術便り」に掲載された記事を元に再編集したものです．

〈著者一覧〉 五十音順

漆谷 正義

遠坂 俊昭

小川 敦

平賀 公久

山田 一夫

NO 館外貸出不可　本書に付属のCD-ROMは、図書館およびそれに準ずる施設において、館外へ貸し出すことはできません。

CD-ROM付き

設計のためのLTspice回路解析101選

編　集	トランジスタ技術SPECIAL編集部	2021年10月1日発行
発行人	小澤 拓治	©CQ出版株式会社 2021
発行所	CQ出版株式会社	（無断転載を禁じます）
	〒112-8619　東京都文京区千石4-29-14	
電　話	販売 03-5395-2141	定価は裏表紙に表示してあります
	広告 03-5395-2132	乱丁，落丁本はお取り替えします

編集担当者　島田 義人／上村 剛士
DTP・印刷・製本　三晃印刷株式会社
Printed in Japan